吉林省矿产资源潜力评价系列成果，

是所有在白山松水间

辛勤耕耘的几代地质工作者

集体智慧的结晶。

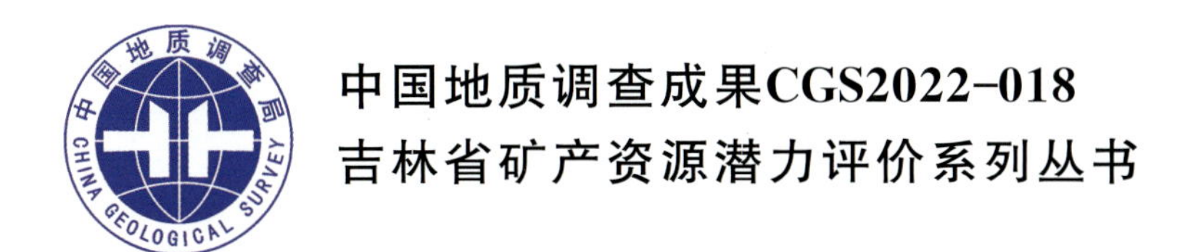

吉林省镍矿矿产资源潜力评价

JILIN SHENG NIEKUANG KUANGCHAN ZIYUAN QIANLI PINGJIA

李德洪 崔 丹 松权衡 于 城 等编著

图书在版编目(CIP)数据

吉林省镍矿矿产资源潜力评价/李德洪等编著.—武汉:中国地质大学出版社,2022.7
(吉林省矿产资源潜力评价系列丛书)
ISBN 978-7-5625-4975-8

Ⅰ.①吉…
Ⅱ.①李…
Ⅲ.①镍矿床-资源潜力-资源评价-吉林
Ⅳ.①P618.630.623.4

中国版本图书馆CIP数据核字(2022)第058239号

吉林省镍矿矿产资源潜力评价 李德洪 崔 丹 松权衡 于 城 **等编著**

责任编辑:杨 念 张旻玥 选题策划:毕克成 段 勇 张 旭 责任校对:何澍语

出版发行:中国地质大学出版社(武汉市洪山区鲁磨路388号) 邮编:430074
电 话:(027)67883511 传 真:(027)67883580 E-mail:cbb@cug.edu.cn
经 销:全国新华书店 http://cugp.cug.edu.cn

开本:880毫米×1230毫米 1/16 字数:396千字 印张:13.75
版次:2022年7月第1版 印次:2022年7月第1次印刷
印刷:武汉中远印务有限公司

ISBN 978-7-5625-4975-8 定价:198.00元

吉林省矿产资源潜力评价系列丛书
编委会

《吉林省镍矿矿产资源潜力评价》

编著者：李德洪　崔　丹　松权衡　于　城
庄毓敏　杨复顶　王　信　张廷秀
李任时　王立民　徐　曼　张　敏
苑德生　袁　平　张红红　王晓志
曲洪晔　宋小磊　任　光　马　晶
崔德荣　王鹤霖　岳宗元　付　涛
闫　冬　李　楠　李　斌

前　言

“吉林省矿产资源潜力评价”为原国土资源部（现为自然资源部）中国地质调查局部署实施的“全国矿产资源潜力评价”省级工作项目，主要目标是在现有地质工作程度的基础上，充分利用吉林省基础地质调查和矿产勘查工作成果和资料，充分应用现代矿产资源评价理论方法和GIS评价技术，开展全省重要矿资源潜力评价，基本摸清全省矿资源潜力及其空间分布，开展吉林省成矿地质背景、成矿规律、物探、化探、遥感、自然重砂、矿产预测等多项研究工作，编制各项工作的基础和成果图件，建立与全省重要矿产资源潜力评价相关的地质、矿产、物探、化探、遥感、自然重砂空间数据库。该项目由原吉林省国土资源厅（现为吉林省自然资源厅）统一领导，承担单位为吉林省地质调查院，参加单位有吉林省煤田地质局、吉林省区域地质矿产调查所、吉林省地质科学研究所、吉林省勘查地球物理研究院、吉林省地质资料馆等。

《吉林省镍矿矿产资源潜力评价成果报告》是“吉林省矿产资源潜力评价”的主要工作内容之一，研究工作以资料收集与综合集成为主，充分利用已有地质矿产调查成果、矿产勘查成果、相关综合研究成果及矿产预测研究成果等，搜集近年勘查新发现、新认识、新成果等资料，全面系统地总结了吉林省镍矿的勘查研究历史、存在的问题、资源分布及未来勘查开发前景，划分了矿床成因类型，研究了成矿地质条件及控矿因素。完成了5个典型镍矿床研究，编制了典型矿床成矿要素图和预测要素图、成矿模式图和预测模型图及数据库、说明书、元数据各5份；编制了预测工作区成矿要素图、工作区预测要素图、预测成果图及数据库、说明书、元数据各9份，预测工作区成矿模式图、预测模型图各9幅。编制了吉林省1∶50万镍矿矿产预测类型分布图、成矿规律图、预测成果图、勘查工作部署图、未来矿产开发基地预测图及数据库、说明书、元数据各1份。从吉林省大地构造演化与镍矿时空的关系、区域控矿因素、区域成矿特征、矿床成矿系列、区域成矿规律研究，以及物探、化探、遥感信息特征等方面总结了预测工作区及吉林省镍矿成矿规律，预测了吉林省镍矿资源量，总结评价了吉林省重要找矿远景区地质特征与资源潜力。为矿产地质科学的研究和发展，地质矿产勘查开发，提高矿产资源保证程度提供了重要依据。

编著者

2020年6月

目　录

第一章　概　述

第一节　工作概况

一、项目来源

为了贯彻落实《国务院关于加强地质工作的决定》中提出“积极开展矿产远景调查和综合研究，科学评估区域矿产资源潜力，为科学部署矿产资源勘查提供依据”的要求和精神，原国土资源部部署了“全国矿产资源潜力评价”工作。“吉林省矿产资源潜力评价”为“全国矿产资源潜力评价”的省级工作项目，根据《中国地质调查局地质调查项目任务书》要求，“吉林省矿产资源潜力评价”项目由吉林省地质调查院承担。

项目编码：1212011121005。

任务书编号：资〔2011〕02－39－07号、资〔2012〕02－001－007号。

所属计划项目：全国矿产资源潜力评价。

项目承担单位：吉林省地质调查院。

归口管理部室：资源评价部。

项目性质：资源评价。

项目工作时间：2007—2012年。

项目参加单位：吉林省区域地质调查研究所。

二、工作目标

(1)在现有地质工作程度的基础上，充分利用吉林省基础地质调查和矿产勘查工作成果与资料，充分应用现代矿产资源预测评价的理论方法和GIS评价技术，开展全省镍矿资源潜力评价，基本摸清镍矿资源潜力及其空间分布。

(2)开展吉林省与镍矿有关的成矿地质背景、成矿规律、物探、化探、遥感、自然重砂、矿产预测等多项研究工作，编制各项工作的基础和成果图件，建立与全省镍矿资源潜力评价相关的地质、矿产、物探、化探、遥感、自然重砂空间数据库。

(3)培养一批综合型地质矿产人才。

三、工作任务

1. 成矿地质背景

对吉林省已有的区域地质调查和专题研究等资料(包括沉积岩、火山岩、侵入岩、变质岩、大型变形构造等)，按照大陆动力学理论和大地构造相分析方法，依据技术要求的内容、方法和程序进行系统整理归纳。以1∶25万实际材料图为基础，编制吉林省沉积(盆地)建造构造图、火山岩相构造图、侵入岩浆构造图、变质建造构造图以及大型变形构造图，从而完成吉林省1∶50万大地构造相图的编制工作；在初步分析成矿大地构造环境的基础上，按镍矿产预测类型的控制因素以及分布特征，分析成矿地质构造条件，为镍矿产资源潜力评价提供成矿地质背景和地质构造预测要素信息，为吉林省镍矿产资源潜力评价项目提供区域性和评价区基础地质资料，完成吉林省镍矿成矿地质背景课题研究工作。

2. 成矿规律与矿产预测

在现有地质工作程度的基础上，全面总结吉林省基础地质调查和矿产勘查工作成果与资料，充分应用现代矿产资源预测评价的理论方法和 GIS 评价技术，开展镍矿资源潜力预测评价，基本摸清吉林省重要矿产资源潜力及其空间分布。

开展镍典型矿床研究，提取典型矿床的成矿要素和预测要素，建立典型矿床的成矿模式和预测模型。在典型矿床研究的基础上，结合区域内地质、物探、化探、遥感和矿产勘查等综合成矿信息，确定镍矿的区域成矿要素和预测要素，建立区域成矿模式和预测模型。深入开展全省范围的镍矿区域成矿规律研究，建立镍矿成矿谱系，编制镍矿成矿规律图；按照全国统一划分的成矿区（带），充分利用地质、物探、化探、遥感和矿产勘查等综合成矿信息，圈定成矿远景区和找矿靶区，逐个评价Ⅴ级成矿远景区资源潜力，并进行分类排序，编制镍矿成矿规律与预测图。以地表至 2000m 以浅为主要预测评价深度范围，进行镍矿资源量估算。汇总全省镍矿预测总量，编制镍矿预测图、勘查工作部署建议图、未来开发基地预测图。

以成矿地质理论为指导、吉林省矿区及区域成矿地质构造环境及成矿规律研究为基础，以物探、化探、遥感、自然重砂先进的找矿方法为科学依据，为建立典型矿床成矿模式、区域成矿模式及区域成矿谱系研究提供信息，为圈定成矿远景区和找矿靶区、评价成矿远景区资源潜力、编制成矿区（带）成矿规律与预测图提供可靠的依据。

3. 信息集成

对 1∶50 万地质图数据库、1∶20 万数字地质图空间数据库、全省矿产地数据库、1∶20 万区域重力数据库、航磁数据库、1∶20 万化探数据库、自然重砂数据库、全省工作程度数据库、典型矿床数据库进行全面系统的维护，为吉林省重要矿产资源潜力评价提供基础信息数据。

用 GIS 技术服务于矿产资源潜力评价工作的全过程（解释、预测、评价和最终成果的表达）。

资源潜力评价过程中针对各专题进行信息集成工作，建立吉林省重要矿产资源潜力评价信息数据库。

建立并不断完善与镍矿产资源潜力评价相关的物探、化探、遥感、自然重砂数据库，实现省级资源潜力预测评价综合信息集成空间数据库，为今后开展矿产勘查的规划部署奠定扎实的基础。

四、项目管理

以省领导小组办公室为管理核心，以项目总负责、技术负责、各专题项目负责为主要管理人员，具体开展如下管理工作。

（1）与全国矿产资源潜力评价项目办公室（以下简称全国项目办）、沈阳地质调查中心的业务沟通和联系。及时传达中国地质调查局资源评价部、全国项目办、沈阳地质调查中心的技术要求与行政管理精神，并组织好吉林省矿产资源潜力评价项目的开展工作，做到及时、准确地与中国地质调查局资源评价部、全国项目办、沈阳地质调查中心的业务沟通和联系。

（2）落实省领导小组、领导小组办公室的指示。对省领导小组、领导小组办公室针对项目实施过程中存在的各种问题所做出的指示或指导性意见与建议，要及时落实，贯彻项目组在工作中的实施或修正。

（3）协调省内各地勘行业地质成果资料的统一使用。由于本次工作需要的资料种类繁杂、涉及矿种多，尤其是以往形成的原始资料，要协调省内所有地质资料馆和地勘行业部门或行业内部的单位，将已经取得的成果统一使用。

（4）组织业务培训。组织项目组技术骨干参加全国项目办组织的各种业务培训。经常组织项目组全体人员开展业务讨论，使每一个项目组成员对项目的重要性、技术要求都有比较深入的了解，更好地理解统一组织、统一思路、统一方法、统一标准、统一进度的基本工作原则，发挥项目组成员主观能动性和各方面优势，实现项目有序、融合、协调、和谐的开展。

(5)组织省内、省际及全国的业务技术交流。为了使项目更加顺利地开展，组织项目组的技术骨干到工作开展速度快、水平较高并且阶段性成果比较显著的省份进行业务学习和交流。

(6)解决项目实施中的技术问题。由于吉林省矿产资源潜力评价在吉林省地质工作历史上尚属首次，所采用的全部是新理论、新技术、新方法，所以在项目开展的实际工作中，会存在对新理论理解和认识上的偏差，也会存在对新技术理解、认识、应用上的难点，对新方法的实际应用难免会存在这样或那样的问题。项目管理组要对项目实施过程中出现的技术问题及时解决，保障项目的顺利开展。解决办法包括项目管理组的技术负责或专业技术人员自行研究解决，或是与全国项目办或专题组进行沟通，共同研究解决办法，及时解决技术问题。

(7)严格质量管理，建立建全三级质量管理体系，对质量严格考核。

第二节　工作思路

一、指导思想

以科学发展观为指导，以提高吉林省镍矿矿产资源对经济社会发展的保障能力为目标，以先进的成矿理论为指导，以全国矿产资源潜力评价项目总体设计书为总纲，以 GIS 技术为平台，以规范而有效的资源评价方法、技术为支撑，以地质矿产调查、勘查以及科研成果等多元资料为基础，在中国地调局及全国项目办的统一领导下，采取专家主导、产学研相结合的工作方式，全面、准确、客观地评价吉林省镍矿矿产资源潜力，提高对吉林省区域成矿规律的认识水平，为吉林省及国家编制中长期发展规划、部署矿产资源勘查工作提供科学依据及基础资料。同时通过工作完善资源评价理论与方法，培养一批科技骨干及综合研究队伍。

二、工作原则

坚持尊重地质客观规律实事求是的原则；坚持一切从国家整体利益和地区实际情况出发，立足当前、着眼长远、统筹全局、兼顾各方的原则；坚持全国矿产资源潜力评价“五统一”的原则；坚持由点及面，由典型矿床到预测区逐级研究的原则；坚持以基础地质成矿规律研究为主，以物探、化探、遥感、自然重砂多元信息并重的原则；坚持由表及里，由定性到定量的原则；坚持充分发挥各方面优势尤其是专家的积极性，产学研相结合的原则；坚持既要自主创新，符合地区地质情况，又可进行地区对比和交流的原则；坚持全面覆盖、突出重点的原则。

三、技术路线

充分搜集以往的地质矿产调查、勘查、物探、化探、自然重砂、遥感以及科研成果等多元资料；以成矿理论为指导，开展区域成矿地质背景、成矿规律、物探、化探、自然重砂、遥感多元信息研究，编制相应的基础图件，以Ⅳ级成矿区(带)为单位，深入全面总结主要矿产的成矿类型，研究以成矿系列为核心内容的区域成矿规律；全面利用物探、化探、遥感所显示的地质找矿信息；运用体现地质成矿规律内涵的预测技术，全面全过程应用 GIS 技术，在Ⅳ、Ⅴ级成矿区(带)内圈定预测区基础上，实现全省镍矿资源潜力评价。

四、工作流程

工作流程见图 1-2-1。

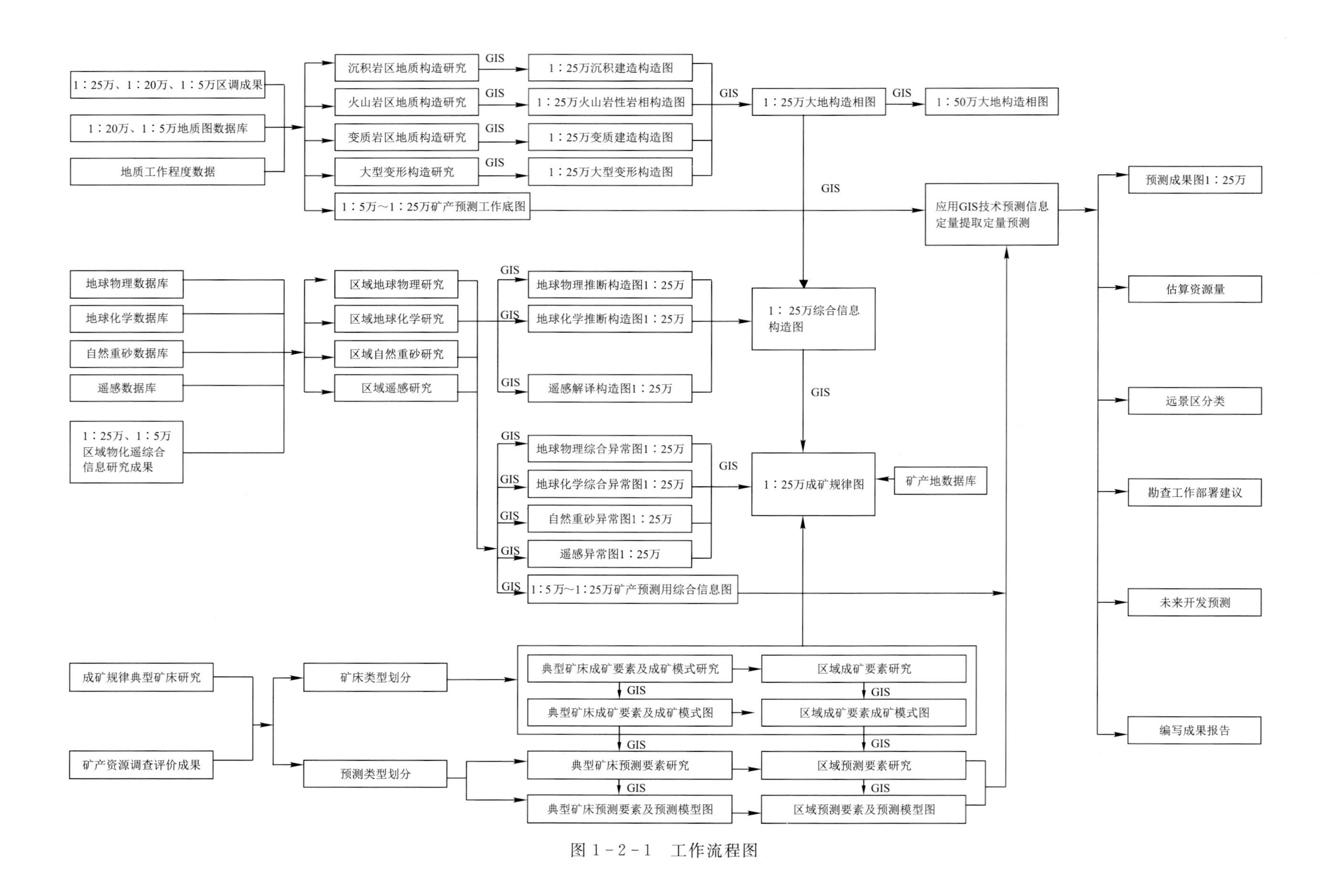
1：25万、1：20万、1：5万区调成果
1：20万、1：5万地质图数据库
地质工作程度数据
沉积岩区地质构造研究
火山岩区地质构造研究
变质岩区地质构造研究
大型变形构造研究
1：5万～1：25万矿产预测工作底图
GIS
1：25万沉积建造构造图
1：25万火山岩岩性岩相构造图
1：25万变质建造构造图
1：25万大型变形构造图
1：25万大地构造相图
1：50万大地构造相图
应用GIS技术预测信息定量提取定量预测
预测成果图1：25万
估算资源量
远景区分类
勘查工作部署建议
未来开发预测
编写成果报告
地球物理数据库
地球化学数据库
自然重砂数据库
遥感数据库
1：25万、1：5万区域物化遥综合信息研究成果
区域地球物理研究
区域地球化学研究
区域自然重砂研究
区域遥感研究
地球物理推断构造图1：25万
地球化学推断构造图1：25万
遥感解译构造图1：25万
1：25万综合信息构造图
地球物理综合异常图1：25万
地球化学综合异常图1：25万
自然重砂异常图1：25万
遥感异常图1：25万
1：5万～1：25万矿产预测用综合信息图
1：25万成矿规律图
矿产地数据库
成矿规律典型矿床研究
矿产资源调查评价成果
矿床类型划分
预测类型划分
典型矿床成矿要素及成矿模式研究
典型矿床成矿要素及成矿模式图
区域成矿要素研究
区域成矿要素成矿模式图
典型矿床预测要素研究
典型矿床预测要素及预测模型图
区域预测要素研究
区域预测要素及预测模型图

图1-2-1 工作流程图

第三节 完成的工作量及取得的主要成果

一、完成的主要工作量

1. 成矿地质背景

编制了镍矿预测工作区 1∶5 万预测建造构造底图 9 幅，编写了编图说明书 9 份，建立了相关数据库、元数据文件 9 份。

2. 成矿规律与成矿预测

完成的工作量见表 1-3-1。

表 1-3-1 镍矿成矿规律与成矿预测图件

编图类别	图件名称	编图数量/幅	数据库、说明书、元数据
典型矿床	镍矿典型矿床成矿要素图及数据库、说明书、元数据	5	各 5 份
	镍矿典型矿床预测要素图及数据库、说明书、元数据	5	各 5 份
	镍矿典型矿床成矿模式图	5	
	镍矿典型矿床预测模型图	5	
预测工作区	镍矿预测工作区成矿要素图及数据库、说明书、元数据	9	各 9 份
	镍矿预测工作区预测要素图及数据库、说明书、元数据	9	各 9 份
	镍矿预测工作区预测成果图及数据库、说明书、元数据	9	各 9 份
	镍矿区域预测网格单元分布图及数据库、说明书、元数据	9	各 9 份
	镍矿区域预测网格单元优选分布图及数据库、说明书、元数据	9	各 9 份
	镍矿预测工作区成矿模式图	9	
	镍矿预测工作区预测模型图	9	
省级基础图件类	省级镍矿矿产预测类型分布图及数据库、说明书、元数据	1	各 1 份
	省级镍矿区域成矿规律图及数据库、说明书、元数据	1	各 1 份
	省级镍矿Ⅳ、Ⅴ级成矿区带图及数据库、说明书、元数据	1	各 1 份
	省级镍矿预测成果图及数据库、说明书、元数据	1	各 1 份
	省级镍矿勘查工作部署图及数据库、说明书、元数据	1	各 1 份
	省级镍矿未来矿产开发基地预测图及数据库、说明书、元数据	1	各 1 份
合 计		89	各 61 份

3. 物探

1）重力

完成的工作量见表 1-3-2。

2）磁测

完成的工作量见表1-3-2。

表1-3-2 镍矿重力与磁测图件

专业	编图类别	图件名称	编图数量/幅	数据库、说明书、元数据
重力	预测工作区	镍矿预测工作区布格重力异常图及数据库、说明书、元数据	9	各9份
		镍矿预测工作区剩余重力异常图及数据库、说明书、元数据	9	各9份
		镍矿预测工作区重力推断地质构造图及数据库、说明书、元数据	9	各9份
		镍矿预测工作区重力异常推断地质剖面图及数据库、说明书、元数据	2	各2份
	典型矿床	镍矿典型矿床所在区域地质矿产及物探剖析图	5	
		镍矿典型矿床所在地区地质矿产及物探剖析图	5	
		镍矿典型矿床所在位置地质矿产及物探剖析图	3	
		镍矿典型矿床勘探剖面（概念模型）图	3	
小计			45	各29份
磁测	预测工作区	镍矿预测工作区航磁 ΔT 异常等值线平面图及数据库、说明书、元数据	9	各9份
		镍矿预测工作区航磁 ΔT 化极等值线平面图及数据库、说明书、元数据	9	各9份
		镍矿预测工作区航磁 ΔT 化极垂向一阶导数等值线平面图及数据库、说明书、元数据	9	各9份
		镍矿预测工作区磁法推断地质构造图及数据库、说明书、元数据	9	各9份
		镍矿预测工作区磁法推断地质构造定量剖面图及数据库、说明书、元数据	2	各2份
	典型矿床	镍矿典型矿床所在区域地质矿产及物探剖析图	5	
		镍矿典型矿床所在地区地质矿产及物探剖析图	5	
		镍矿典型矿床所在位置地质矿产及物探剖析图	3	
		镍矿典型矿床勘探剖面（概念模型）图	3	
小计			54	各38份
重磁合计			99	各67份

4. 化探

完成的工作量见表1-3-3。

表 1-3-3　镍矿化探图件

编图类别	图件名称	编图数量/幅	数据库、说明书、元数据
预测工作区	镍矿预测工作区单元素地球化学图及数据库、说明书、元数据	9	各 9 份
	镍矿预测工作区单元素地球化学异常图及数据库、说明书、元数据	53	各 53 份
	镍矿预测工作区地球化学组合异常图	16	
	镍矿预测工作区地球化学综合异常图及数据库、说明书、元数据	9	各 9 份
	镍矿预测工作区地球化学找矿预测图	9	
典型矿床	镍矿典型矿床地球化学异常剖析图	5	
省级图件	预测矿种组合异常图	3	
	预测矿种综合异常图及数据库、说明书、元数据	1	各 1 份
	镍矿地球化学找矿预测图及数据库、说明书、元数据	1	各 1 份
合 计		106	各 73 份

5. 自然重砂

完成的工作量见表 1-3-4。

表 1-3-4　镍矿自然重砂图件

编图类别	图件名称	编图数量/幅	数据库、说明书、元数据
预测工作区	镍矿预测工作区自然重砂异常分布图及数据库、说明书、元数据	8	各 8 份
	镍矿预测工作区自然重砂组合异常分布图及数据库、说明书、元数据	5	各 5 份
合 计		13	各 13 份

6. 遥感

完成的工作量见表 1-3-5。

表 1-3-5　镍矿遥感图件

编图类别	图件类型	编图数量/幅	数据库、说明书、元数据
预测工作区	镍矿预测工作区遥感影像图及数据库、说明书、元数据	9	各 9 份
	镍矿预测工作区遥感矿产地质特征与近矿找矿标志解译图及数据库、说明书、元数据	9	各 9 份
	镍矿预测工作区遥感羟基异常分布图及数据库、说明书、元数据	9	各 9 份
	镍矿预测工作区遥感铁染异常分布图及数据库、说明书、元数据	9	各 9 份

续表 1-3-5

编图类别	图件类型	编图数量/幅	数据库、说明书、元数据
典型矿床	镍矿典型矿床遥感影像图及数据库、说明书、元数据	2	各 2 份
	镍矿典型矿床矿产地质特征与近矿找矿标志解译图及数据库、说明书、元数据	2	各 2 份
	镍矿典型矿床遥感羟基异常图及数据库、说明书、元数据	2	各 2 份
	镍矿典型矿床遥感铁染异常图及数据库、说明书、元数据	2	各 2 份
合 计		44	各 44 份

二、取得的主要成果

(1)总结了吉林省镍矿的勘查研究历史及存在的问题、资源分布；划分了镍矿矿床类型；研究了镍矿成矿地质条件及控矿因素。

(2)从空间分布、成矿时代、大地构造位置、赋矿层位、岩浆岩特点、围岩蚀变特征、成矿作用及演化、矿体特征、控矿条件等方面，总结了预测区及吉林省镍矿成矿规律。

(3)建立了不同成因类型镍矿典型矿床成矿模式和预测模型。

(4)确立了不同预测方法类型预测工作区的成矿要素和预测要素，建立了不同预测方法类型预测工作区的成矿模式和预测模型。

(5)用地质体积法预测吉林省镍矿矿产资源量为 116.16 万 t。其中 334-1 类为 108.50 万 t，334-2 类为 7.66 万 t；500m 以浅 33.16 万 t，1000m 以浅 71.64 万 t，2000m 以浅 116.16 万 t。

(6)提出了吉林省镍矿勘查工作部署建议，对未来矿产开发基地进行了预测。

(7)提交了《吉林省镍矿矿产资源潜力评价成果报告》及相应图件。

第四节 矿产勘查研究程度及基础数据库现状

一、矿产勘查研究程度

1. 矿产勘查工作程度

吉林省铜镍矿产的勘查工作始于 1958 年，发现并勘探了红旗岭大型铜镍矿床，其后相继发现了赤柏松中型铜镍矿床、长仁中型铜镍矿床，茶尖岭、漂河川、山门、金斗、新安等小型铜镍矿床，并发现多处铜镍矿点和矿化点。自 2000 年开展国土资源地质大调查以来，在红旗岭铜镍矿床等老矿区继续开展了深入评价，发现了红旗岭新 3 号含矿岩体等一批具有较好找矿前景的铜镍矿点及矿化点。

吉林省镍矿的成因类型主要为侵入岩浆型，其次为沉积变质型。基性—超基性岩浆熔离-贯入型铜镍硫化物矿床是吉林省铜镍优势矿床。据统计，全省有基性—超基性岩体 1081 个，分属 47 个岩群，目前发现铜镍矿体的有 24 个。赋存于基性—超基性岩中的岩浆铜镍矿床受深断裂构造影响，除地台区北缘活动带产出的赤柏松铜镍矿床外，大多沿辉发河-古洞河壳断裂槽台分界线地槽区的南缘活动带分布，目前在此活动带上已探明大型铜镍矿1处，中型铜镍矿2处，小型铜镍矿15处。截至2008年底，全省累计查明镍资源储量44.87万t。

2.成矿规律研究及矿产预测

从1958年起，根据大量区域调查和矿产勘查资料，找矿部署上由“就矿找矿”逐步转到运用成矿规律预测找矿远景区的方向上来，建立了“构造成矿带”和“矿化集中区”的概念。该阶段主要评价勘探了红旗岭铜镍矿，发现并初步评价了长仁铜镍矿。在铜镍矿床勘探过程中，开展了大量的成矿规律和矿产预测的研究工作。1965年，由冶金部矿山研究院（后改北京地质研究所）等提交的《红旗岭镍矿成矿规律、找矿方向及岩体评价报告》，总结了镍矿地质成矿规律，丰富与发展了铜镍矿床的成矿理论；1978—1980年，张振清、洪京柱等在赤柏松矿床及其外围开展1∶5万硫化铜镍矿床区划工作，提交了《吉林省通化县赤柏松硫化铜镍矿床成矿区划说明书》，划分了金斗等5个成矿预测区；1981—1982年，地矿部安排洪京柱、张暄等开展赤柏松铜镍矿床的专题研究工作，提交了《吉林省通化县赤柏松硫化铜镍矿床研究报告》，确定了成矿时代、成岩成矿温度、成矿物质来源，深入探讨了岩浆演化规律和成岩成矿模式，为开展区域找矿指明了方向，相继探明了赤柏松、新安和金斗铜镍矿床；1981—1983年，刘兴汉、金逢诛等开展了长仁铜镍矿床的研究工作，提出了三级成岩成矿构造，对长仁地区的基性—超基性岩体进行了深入对比研究，初步划分了单期单相、单期多相、多相复合3种岩体类型和3种成矿类型，明确了后两种岩体类型是找矿评价的方向及岩体侧伏端为有利成矿部位，提出了新的找矿思路。

1990年吉林省地质矿产局第二地质调查所完成的《吉林省吉林地区金、银、铜、铅、锌、锑、锡中比例尺成矿预测报告》，吉林省地质矿产局第四地质调查所完成的《吉林省通化-浑江地区金、银、铜、铅、锌、锑、锡中比例尺成矿预测报告》，吉林省地质矿产局第六地质调查所完成的《吉林省延边地区金、银、铜、铅、锌、锑、锡中比例尺成矿预测报告》，吉林省地质矿产局第三地质调查所完成的《吉林省四平-梅河地区金、银、铜、铅、锌、锑、锡中比例尺成矿预测报告》，上述为第一轮区划成果。1992年吉林省地质矿产局完成了《吉林省东部山区贵金属及有色金属矿产成矿预测报告》，为第二轮区划成果。2001年陈尔臻主编了《吉林省重要成矿带成矿规律研究报告》，明确了吉林省岩浆熔离型矿床以铜、镍为主，伴生铂、钯，它们是与基性—超基性侵入岩体有关的矿床，其成矿过程可分为地壳浅部就地熔离和地壳深部熔离分异的富硫化物熔浆，贯入到地壳浅部或岩体底部的两种成矿作用，成矿作用以后者为主。

二、地质基础数据库现状

1.1∶50万数字地质图空间数据库

吉林省地质调查院于1999年12月完成1∶50万地质图库，该图是在原《吉林省1∶50万地质图》《吉林省区域地质志》附图的基础上补充少量1∶20万和1∶5万地质图资料及相关研究成果，结合现代地质学、地层学、岩石学等新理论和新方法，地层按岩石地层单位、侵入岩按时代加岩性和花岗岩类谱系单位编制。此图库属数字图范围，没有GIS的图层概念，适合用作小比例尺的地质底图。目前没有对其进行更新维护。

2.1∶20万数字地质图空间数据库

1∶20万地质图空间数据库，共有33个标准和非标准图幅，由吉林省地质调查院完成，经中国地质调查局发展中心整理汇总后返交吉林省。该库图层齐全，属性完整，建库规范，单幅质量较好。填图过程中因认识不同，各图幅接边问题严重。按本次工作要求进行了更新维护。

3. 吉林省矿产地数据库

吉林省矿产地数据库于2002年建成。该库采用DBF和ACCESS两种格式保存数据。矿产地数据库更新至2004年。按本次工作要求进行了更新维护。

4. 物探数据库

1)重力

完成了吉林省东部山区1∶20万重力调查区26个图幅的建库工作,入库有效数据23 620个物理点。数据采用DBF格式且数据齐全。

重力数据库只更新到2005年,主要是对数据库管理软件进行更新,数据内容与原库内容保持一致。

2)航磁

吉林省航磁数据共由21个测区组成,总物理点数据631万个,比例尺分为1∶5万、1∶20万、1∶50万,在省内主要成矿区(带)多数有1∶5万数据覆盖。

存在问题:测区间数据没有调平处理,且没有飞行高度信息,数据采集方式有早期模拟的和后期数字的。精度从几十纳特到几纳特。若要有效地使用航磁资料,必须解决不同测区间数据调平的问题。本次工作采用中国国土资源航空物探遥感中心提供的航磁剖面和航磁网格数据。

5. 遥感影像数据库

吉林省遥感解译工作始于20世纪90年代初期,由于当时工作条件和计算机技术发展的限制,缺少相关应用软件和技术标准,没能对解译成果进行相应的数据库建设。在此次资源总量预测期间,应用中国国土资源航空物探遥感中心提供的遥感数据,建设吉林省遥感数据库。

6. 区域地球化学数据库

吉林省化探数据主要以1∶20万水系测量数据为主并建立数据库,共有入库元素39个,原始数据点以$4km^2$内原始采集样点的样品做一个组合样。此库建成后,吉林省没有开展同比例尺的地球化学填图工作,因此没有做数据更新工作。由于入库数据是采用组合样的分析结果,因此入库数据不包含原始点位信息,这对通过划分汇水盆地来确定异常和更有效地利用原始数据带来了一定的困难。

7. 自然重砂数据库

1∶20万自然重砂数据库的建设与1∶20万地质图库的建设基本保持同步。入库数据35个图幅,采样47 312个点,涉及矿物473个,入库数据内容齐全,并有相应空间数据采样点位图层。数据采用ACCESS格式。目前没有对其进行更新维护。

8. 工作程度数据库

吉林省地质工作程度数据库由吉林省地质调查院于2004年完成,内容全面,涉及地质、物探、化探、矿产、勘查、水文等内容。库中基本反映了自1949年后吉林省地质调查、矿产勘查工作程度。采集的资料截至2002年。按本次工作要求进行了更新维护。

第二章　地质矿产概况

第一节　成矿地质背景

一、地层

吉林省地层发育，其分布和时间演化主要受古亚洲洋与太平洋两大构造体制的制约，总体上划分为前中生代和中、新生代地层。吉林省镍矿主要为基性—超基性岩浆熔离-贯入型和沉积变质型，目前尚未发现与基性—超基性岩浆熔离-贯入型镍矿成矿有关的地层；与沉积变质型镍矿（伴生镍）成矿关系密切的地层为古元古界老岭（岩）群花山岩组（$Pt_1hs.$），自下而上划分为3个岩性段。一段下部为绢云千枚岩夹石英岩、石英千枚岩夹薄层条纹状-条带状石英岩，上部为中厚层绢云千枚岩夹石英千枚岩；二段下部为绢云千枚岩夹大理岩透镜体、石英千枚岩夹条纹状石英岩透镜体，上部为绿泥绢云千枚岩、含碳绢云千枚岩；三段含钙千枚岩、绢云千枚岩夹含钙质绢云千枚岩。该岩组为沉积变质型铜钴矿（伴生镍）的主要含矿建造，为铜钴镍矿找矿主要目的层。

二、火山岩

吉林省火山活动频繁，按其喷发时代、喷发类型、喷发产物、构造环境等特征，自太古宙至新生代，共有6期火山喷发旋回。自老至新为：阜平期、中条期、加里东期、海西期、晚印支期—燕山期、喜马拉雅期火山活动旋回。但吉林省内几乎没有发现与镍矿成矿有关的火山岩。

三、侵入岩

吉林省自太古宙至新生代侵入岩浆活动强烈，自老至新为：阜平期、中条期、加里东期、海西期、晚印支期—燕山期，形成了多个基性—超基性岩体群及大面积的中酸性侵入岩。省内与镍矿成矿有密切关系的是中条期、海西期、印支期基性—超基性侵入岩。

（一）中条期岩浆活动

中条期侵入岩浆活动比较发育，主要分布在华北陆块区龙岗山脉及和龙一带，各类岩体产出的规模不等。基性—超基性岩体主要分布在华北陆块区，面积一般在0.5km^2，主要分布在凉水河子、夹皮沟、露水河、赤柏松、快大茂子等地，为多次侵入复合岩体，具深源液态分离及良好的就地分异特征。赋矿岩体类型主要有辉绿辉长岩-橄榄苏长辉长岩-二辉橄榄岩-细粒苏长岩型、辉长玢岩型等，就地分异良好，似层状矿体位于底部斜长二辉橄榄岩中，细粒苏长辉长岩内矿体主要为浸染状及细脉浸染状，含矿辉长玢岩内矿体为细脉浸染状及胶结角砾状。通化赤柏松铜镍矿床、金斗铜镍矿床、新安铜镍矿床即产于该期基性—超基性岩体中。

(二)海西期岩浆活动

本期侵入岩基性—超基性岩较少,随着区域变质作用的发生,发育了中酸性岩浆侵入活动,并形成了过渡性地壳同熔型花岗岩。较少的一部分基性—超基性岩体延着陆缘北缘发育,主要分布在吉林中部杨木林子、敦化江源、万宝大蒲柴河、和龙獐项、柳水平等地区,均展布于古洞河深大断裂以北,呈北西向带状展布,可划分 3 种类型,即单期单相岩体、单期多相岩体、多期多相岩体。按岩石组合及分异特征,可划分 4 种类型,即辉石橄榄岩型、辉石岩型、辉石岩-橄榄岩型、橄榄岩-辉石岩-辉长岩-闪长岩杂岩型。其中单期多相、多期多相,并有一定规模的辉石岩相分异良好的岩体,与镍成矿关系密切,以 Cu、Ni、Pt、Pd 成矿作用为主,岩体的边缘多受混合岩化。和龙长仁铜镍矿床、柳水平 6 号铜镍矿床即产于该期基性—超基性岩体中。

(三)印支期岩浆活动

印支期侵入岩分早、中、晚 3 期。基性—超基性侵入岩主要是发育在早期和晚期,岩体一般呈脉状、岩墙状,具有东西向呈带、北西结群的分布特点,如漂河川基性—超基性岩体群。

本期的基性—超基性侵入岩岩体主要分布在吉林中部侵入岩区,常见的岩石类型有红旗岭橄榄岩岩体,呼兰镇橄榄岩岩体,漂河川橄榄岩岩体,一座营子、黄泥河子、额穆、细枝、唐大营、土顶子、蛟河、石峰等辉长岩岩体,富太橄榄岩岩体,放牛沟橄榄岩岩体,放牛沟辉长岩岩体,溪河辉长岩岩体;延边侵入岩区常见的岩石类型有江源橄榄岩岩体、天桥岭辉长岩岩体、老牛沟辉长岩岩体。红旗岭铜镍矿床、漂河川铜镍矿床即产于该期基性—超基性岩体中。

四、变质岩

根据吉林省内存在的几期重要地壳运动及其所产生的变质作用特征,划分为迁西期、阜平期、五台期、兴凯期、加里东期、海西期 6 个主要变质作用时期。目前省内尚未发现与镍矿成矿有关系的变质岩。

五、大型变形构造

吉林省自太古宙以来,经历了多次地壳运动。在各地质历史阶段都形成了一套相应的断裂系统,包括地体拼帖带、走滑断裂、大断裂、推覆-滑脱构造-韧性剪切带等。与镍矿成矿关系密切的主要为辉发河-古洞河地体拼贴带、伊通-舒兰断裂带(简称伊舒断裂带)、敦化-密山走滑断裂带(简称敦密断裂带)。

(一)辉发河-古洞河地体拼贴带

该拼贴带横贯吉林省东南部东丰至和龙一带,两端分别进入辽宁省和朝鲜,规模巨大,它是海西晚期辽吉台块与吉林-延边古生代增生褶皱带的拼贴带。由西向东可分 3 段,即和平-山城镇段、柳树河子-大蒲柴河段、古洞河-白金段。该拼贴带两侧的岩石强烈片理化,形成剪切带,航磁异常、卫片影像反映都很明显,显示平行、密集的线性构造特征。两侧具有与地质发展历史截然不同的两个大地构造单元,也反映出不同的地球物理场、不同的地球化学场;北侧是吉林-延边古生代增生褶皱带,为海相火山-碎屑岩及陆源碎屑岩、碳酸盐岩为主的火山沉积岩系。南侧前寒武系广泛分布,基底为太古宙、古元古代的中深变质岩系,盖层为新元古代—古生代的稳定浅海相沉积岩系,反映出两侧具有完全不同的地壳演化历史。该拼贴带控制了基性—超基性岩体的产出,在该拼贴带的北缘分布有双凤山、茶尖岭、红旗岭、六棵松-长仁等基性—超基性岩体群，为基性—超基性岩体的主要控岩构造。

（二）伊舒断裂带

该断裂带是一条地体拼接带，即在早志留世末，华北板块与吉林古生代增生褶皱带相拼接。它位于吉林省二龙山水库—伊通—双阳—舒兰一线，呈北东方向延伸，过黑龙江省依兰-佳木斯-罗北进入俄罗斯境内。在吉林省内是由南东、北西两支相互平行的北东向断裂带组成，省内长达260km，具左行扭动性质。该断裂带两侧地质构造性质明显不同，这条断裂的南东侧重力高，航磁为北东向正负交替异常，西侧重力低，航磁为稀疏负异常。两侧的地层发育特征、岩性、含矿性等截然不同。从辽北到吉林该断裂两侧晚期断层方向明显不一致，南东侧以北东向断层为主，北西侧以北北东向断层为主。北西侧北北东向断裂与华北板块和西伯利亚板块间的缝合线展布方向一致，反映是继承古生代基底构造线特征；南东侧的北东向断裂是和库拉-太平洋板块向北俯冲有关。说明在吉林省境内，早古生代伊舒断裂带两侧属于性质不同的两个大地构造单元，西部属于华北板块，东部总体上为被动大陆边缘。它经历了早志留世末华北板块与吉黑古生代增生褶皱带发生对接的走滑拼贴阶段、新生代库拉-太平洋板块向亚洲大陆俯冲的活化阶段和第三纪（古近纪＋新近纪）至第四纪初亚洲大陆应力场转向，使伊舒断裂带接受了强烈的挤压作用，导致了两侧基底向槽地推覆并形成了外倾对冲式冲断层构造带的挤压阶段。该断裂带内分布有山门基性—超基性岩体群，为基性—超基性岩体的主要控岩构造。

（三）敦化-密山走滑断裂带

该断裂带是我国东部一条重要的走滑构造带，对大地构造单元划分及金、有色金属成矿具有重要的意义。该断裂带经辉南、桦甸、敦化等地进入黑龙江省，省内长达360km，宽10～20km，习惯称之为辉发河断裂带。该断裂带活动时间较长，沿该断裂带的岩浆活动强烈。该断裂带不仅是构造单元的分界线，也是含镍基性—超基性岩体的导岩构造，控制了红旗岭、漂河川、大山咀子等基性—超基性岩体群的分布，对红旗岭铜镍矿床、漂河川铜镍矿床的形成起着重要作用。

六、大地构造特征

吉林省大地构造位置处于华北古陆块（龙岗地块）和西伯利亚古陆块（佳木斯-兴凯地块）及其陆缘增生构造带内。由于多次裂解、碰撞、拼贴、增生，岩浆活动、火山作用、沉积作用、变形变质作用异常强烈，形成若干稳定地球化学块体和地球物理异常区，相对应出现若干大型-巨型成矿区（带），它们共同控制着吉林省重要的贵金属、有色金属、黑色金属、能源、非金属和水气等不同矿产的成矿、矿种种类、矿床规模和分布。

省内出露有太古宙、元古宙、古生代、新生代各时代多种类型的地质体，地质演化过程较为复杂，经历太古宙陆块形成阶段、古元古代陆内裂谷（拗陷）阶段、新元古代—古生代古亚洲构造域多幕陆缘造山阶段、中新生代滨太平洋构造域阶段的地质演化过程。

（一）太古宙陆核形成阶段

吉南地区位于华北板块的东北部龙岗地块中，地质演化始于太古宙，近年来研究发现原龙岗地块是由多个陆块在新太古代末拼贴而成，包括夹皮沟地块、白山地块、清原地块（柳河）、板石沟地块、和龙地块等。这些地块普遍形成于新太古代并于新太古代末期拼合在一起。

这些地块的表壳岩都为一套基性火山-硅铁质建造，以含铁、含金为特征；变质深成侵入体以石英闪长质片麻岩-英云闪长质片麻岩-奥长花岗质片麻岩、变质二长花岗岩为主。成矿以Fe、Au、Cu为主，代表性矿床有夹皮沟金矿、老牛沟铁矿、板石沟铁矿、鸡南铁矿、官地铁矿、金城洞金矿等。

(二)古元古代陆内裂谷(拗陷)演化阶段

新太古代末期的构造拼合作用使得吉南地区形成统一的龙岗复合陆块,在古元古代早期开始裂解形成裂谷,即"辽吉裂谷带",以赤柏松等基性—超基性岩体群侵位为标志,并伴有铜、镍矿化,形成赤柏松铜镍矿床。古元古代中期裂谷闭合,伴有辽吉花岗岩侵入,完成了区域地壳的二次克拉通化。古元古代晚期已形成的克拉通地壳发生拗陷,形成坳陷盆地,其早期沉积物为一套石英砂岩建造;中期为一套富镁碳酸盐岩建造,以含镁、金、铅锌为特点,代表性矿床有荒沟山铅锌矿、南岔金矿、遥林滑石矿、花山镁矿等;上部为一套页岩-石英砂岩建造,富含 Cu、Co、Au、Fe,代表性矿床有大横路铜钴矿(伴生镍)、大栗子铁矿床;古元古代末期盆地闭合,见有巨斑状花岗岩侵入。

(三)新元古代—晚古生代古亚洲构造域多幕陆缘造山阶段

新元古代—古生代吉南地区构造环境为稳定的克拉通盆地环境,其沉积物为典型的盖层沉积。在吉黑造山带上晚前寒武纪末期至早寒武世,吉中地区处于华北板块稳定大陆边缘的中亚-蒙古洋扩张中脊形成阶段,主要形成了一套大洋底基性火山喷发,夹有碎屑岩、少量碳酸盐岩和含铁、锰沉积,构成一套完整的火山沉积旋回;海西期侵入岩以长仁-獐项基性—超基性侵位为特征,以 Cu、Ni、Pt、Pd 成矿作用为主,代表性矿床为长仁铜镍矿。古亚洲多幕造山运动结束于三叠纪,其侵入岩标志为红旗岭-漂河川岩体群的就位,在区域上构造了长仁-漂河川-红旗岭基性—超基性岩带,以 Cu、Ni 成矿作用为主,代表性矿床有红旗岭铜镍矿、漂河川铜镍矿。

第二节　区域矿产特征

一、成矿特征

吉林省已经发现的镍矿床成因类型主要为岩浆岩型,其次为沉积变质型。

(一)沉积变质型

与古元古界老岭(岩)群花山岩组地层有关的沉积变质型镍矿(伴生镍),代表性的为白山市杉松岗铜钴矿床。

(二)岩浆岩型

矿床为基性—超基性岩浆熔离-贯入型镍矿。主要有产于中条期基性—超基性侵入岩内的镍矿,代表性的为通化县赤柏松铜镍矿床;产于海西晚期基性—超基性侵入岩内的镍矿,代表性的为和龙市长仁铜镍矿床;产于印支期基性—超基性侵入岩内的镍矿,代表性的为磐石县红旗岭铜镍矿床、蛟河县漂河川铜镍矿床。

吉林省涉镍矿产地见表 2-2-1。

表 2-2-1　吉林省涉镍矿产地成矿特征一览表

序号	矿产地名称	矿种	共伴生矿产	矿床成因类型	成矿时代	品位/%	矿床规模
1	磐石市红旗岭 1 号岩体(大岭矿)镍矿床	铜镍	钴-硒	熔离矿床	印支期	0.530	中型
2	磐石市红旗岭 2 号岩体镍矿床	铜镍	钴-硒	熔离矿床	印支期	0.380	小型
3	磐石市红旗岭 3 号岩体镍矿床	铜镍	钴-硒	熔离矿床	印支期	0.550	小型
4	磐石市红旗岭新 3 号岩体镍矿床	铜镍	钴-硒	熔离矿床	印支期	0.640	小型
5	磐石市红旗岭 7 号岩体(富家矿)镍矿床	铜镍	钴-硒	熔离矿床	印支期	1.974	大型
6	磐石市红旗岭 9 号岩体镍矿床	铜镍	钴-硒	熔离矿床	印支期	0.420	小型
7	磐石市茶尖岭 1、10、6 号岩体镍矿床	铜镍	钴	熔离矿床	印支期	0.626 7	小型
8	磐石市茶尖岭新 6 号岩体(二道岗镍矿)镍矿床	镍		熔离矿床	印支期	0.775	小型
9	磐石市茶尖岭 9 号岩体镍矿床	铜镍		熔离矿床	印支期	0.740	小型
10	磐石市三道岗(富太)镍矿床	镍		熔离矿床	印支期	0.437	小型
11	蛟河市漂河川铜镍矿 4 号岩体镍矿床	铜镍		熔离矿床	印支期	0.830	小型
12	蛟河市漂河川铜镍矿 5 号岩体镍矿床	铜镍		熔离矿床	印支期	0.600	小型
13	桦甸市漂河川 115 岩体(二道沟镍矿)镍矿床	铜镍		熔离矿床	印支期	0.850	小型
14	桦甸市漂河川 120 岩体镍矿点	铜镍		熔离矿床	印支期		矿点
15	桦甸市小陈木沟铜镍矿床	镍		熔离矿床	印支期	0.450	小型
16	桦甸市老金厂乡苇厦河屯镍矿床	镍		熔离矿床	印支期		矿点
17	通化县赤柏松铜镍矿(1 号岩体)镍矿床	铜镍		熔离矿床	古元古代	0.508	大型
18	通化县新安铜镍矿床	铜镍		熔离矿床	古元古代	0.330	小型
19	通化县金斗Ⅶ-5 号岩体镍矿床	镍		熔离矿床	古元古代	0.378	小型
20	和龙市长仁龙门乡(11 号岩体)镍矿床	铜镍	钴	熔离矿床	海西期	0.650	中型
21	和龙市长仁 4 号岩体镍矿床	铜镍	钴	熔离矿床	海西期	0.760	小型
22	和龙市柳水坪镍矿镍矿床	铜镍		熔离矿床	海西期	0.430	小型
23	和龙市 305 矿区铜镍矿床	铜镍		熔离矿床	海西期	0.490	小型
24	安图县石人沟铜镍矿床	铜镍		熔离矿床	古元古代	0.390	矿点
25	四平市山门镍矿床	镍	铜钴	熔离矿床	海西期	0.390	小型
26	白山市大横路铜钴矿床	钴	铜镍	沉积变质型	古元古代	0.020	大型
27	白山市杉松岗铜钴矿床	钴	铜镍	沉积变质型	古元古代	0.095	小型

二、镍矿预测类型划分及其分布范围

(一)镍矿预测类型及其分布范围

矿产预测类型是指为了进行矿产预测,根据相同的矿产预测要素以及成矿地质条件,对矿产划分的类型。

吉林省镍矿预测类型划分为红旗岭式基性—超基性岩浆熔离-贯入型、赤柏松式基性—超基性岩浆熔离-贯入型、杉松岗式沉积变质型。

(1)红旗岭式基性—超基性岩浆熔离-贯入型:分布在红旗岭、双凤山、川连沟-二道岭子、漂河川、大山咀子、六棵松-长仁地区。

(2)赤柏松式基性—超基性岩浆熔离-贯入型:分布在赤柏松-金斗、大肚川-露水河地区。

(3)杉松岗式沉积变质型:分布在荒沟山-南岔地区。

(二)镍矿预测方法类型及其分布范围

吉林省镍矿预测方法类型划分为侵入岩体型、变质型。

(1)侵入岩体型:分布在红旗岭、双凤山、川连沟-二道岭子、漂河川、大山咀子、六棵松-长仁、赤柏松-金斗、大肚川-露水河地区。

(2)变质型:分布在荒沟山-南岔地区。

第三节　区域地球物理、地球化学、遥感、自然重砂特征

一、区域地球物理特征

(一)重力

1.岩(矿)石密度

(1)各大岩类的密度特征:沉积岩的密度值小于岩浆岩和变质岩。不同岩性间的密度值变化情况为:沉积岩(1.51～2.96)g/cm^3;变质岩(2.12～3.89)g/cm^3;岩浆岩(2.08～3.44)g/cm^3。喷出岩的密度值小于侵入岩的密度值(图 2-3-1)。

(2)不同年代各类地质单元岩石密度变化规律:不同年代地层单元总平均密度存在有密度的差异,其值大小有年代由新到老增大的趋势,地层年代越老,密度值越大:新生界(2.17g/cm^3),中生界(2.57g/cm^3),古生界(2.70g/cm^3),元古宇(2.76g/cm^3),太古宇(2.83g/cm^3)。由此可见新生界的密度值均小于前各年代地层单元的密度值,各年代地层单元均存在着密度差(图 2-3-2)。

2.区域重力场基本特征及其地质意义

(1)区域重力场特征:在全省重力场中,宏观呈现二高一低重力区,具有西北部及中部为重力高、东南部为重力低的基本分布特征。最低值在白头山—长白一线;高值区出现在大黑山条垒;瓦房镇-东屏镇为另一高值区;洮南—长岭一带异常较为平缓;中部及东南部布格重力异常等值线大多呈北东向展

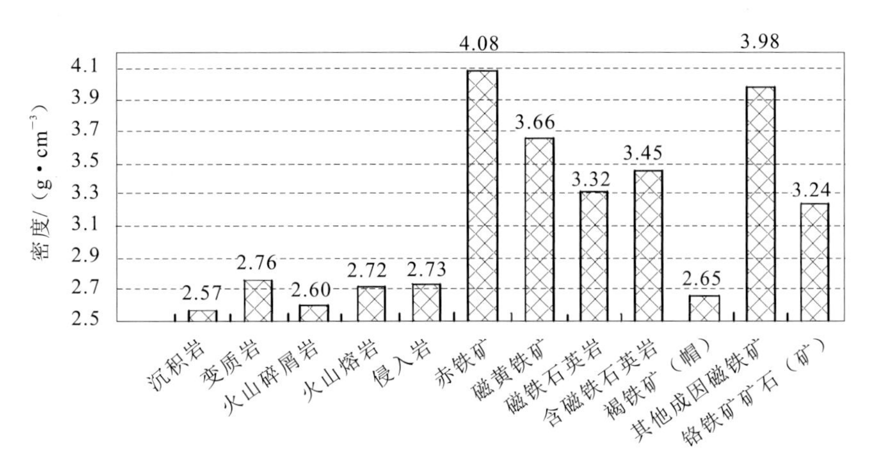

图 2-3-1　吉林省各类岩(矿)石密度参数直方图

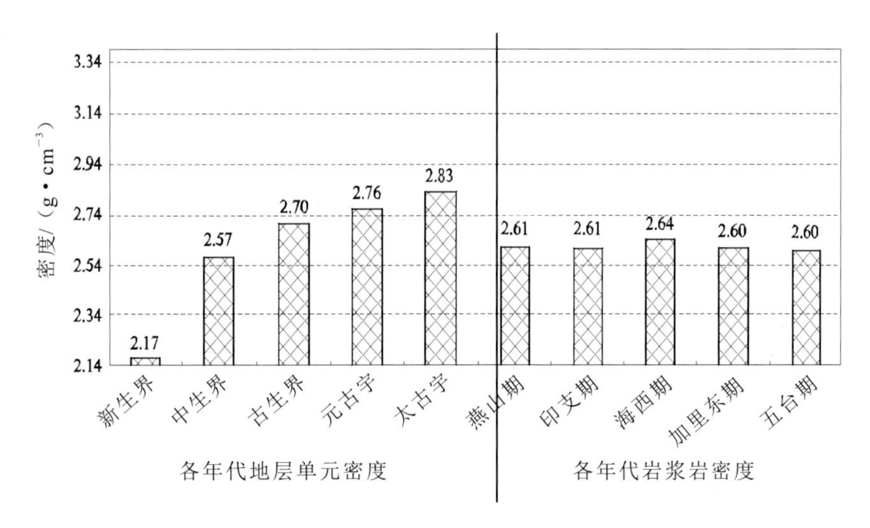

图 2-3-2　吉林省各年代地层、岩浆岩密度参数直方图

布，大黑山条垒，尤其是辉南—白山—桦甸—黄泥河镇一带，等值线展布方向及局部异常轴向均呈北东向。北部桦甸—夹皮沟—和龙一带，等值线则多以北西向为主，向南逐渐变为东西向，至漫江则转为南北向，围绕长白山天池呈弧形展布，延吉—珲春一带也呈近弧状展布。

(2)深部构造特征：重力场值的区域差异特征反映了莫霍面及康氏面的变化趋势，曲线的展布特征则反映了明显地质构造及岩性特征的规律性。从莫霍面图上可见，西北部及东南部两侧呈平缓椭圆或半椭圆状，西北部洮南-乾安为幔坳区，中部松辽为幔隆区，中部为北东走向的斜坡，东南部为张广才岭-长白山幔坳区，而东部延吉-珲春-汪清为幔隆区。安图—延吉、柳河—桦甸一带所出现的北西向及北东向等深线梯度带表明，华北板块北缘边界断裂，反映了不同地质的演化阶段及形成的不同地质体。

3. 区域重力场分区

依据重力场分区的原则，将吉林省重力场划分为南北 2 个Ⅰ级重力异常区(表 2-3-1)。

表 2-3-1　吉林省重力场分区一览表

Ⅰ	Ⅱ	Ⅲ	Ⅳ
I_{1} 白城-吉林-延吉复杂异常区	II_{1} 大兴安岭东麓异常区	III_{1} 乌兰浩特-哲斯异常分区	IV_{1} 瓦房镇-东屏镇正负异常小区
	II_{2} 松辽平原低缓异常区	III_{2} 兴龙山-边昭正负异常分区	(1)重力低小区；(2)重力高小区
		III_{3} 白城-大岗子低缓负异常分区	(3)重力低小区；(4)重力高小区；(5)重力低小区；(6)重力高小区
		III_{4} 双辽-梨树负异常分区	(7)重力高小区；(11)重力低小区；(20)重力高小区；(21)重力低小区
		III_{5} 乾安-三盛玉负异常分区	(8)重力低小区；(9)重力高小区；(10)重力高小区；(12)重力低小区；(13)重力低小区；(14)重力高小区
		III_{6} 农安-德惠正负异常分区	(17)重力高小区；(18)重力高小区；(19)重力高小区
		III_{7} 扶余-榆树负异常分区	(15)重力低小区；(16)重力低小区
	II_{3} 吉林中部复杂正负异常区	III_{8} 大黑山正负异常分区	
		III_{9} 伊舒带状负异常分区	
		III_{10} 石岭负异常分区	IV_{2} 辽源异常小区
			IV_{3} 椅山-西保安异常低值小区
		III_{11} 吉林弧形复杂负异常分区	IV_{4} 双阳-官马弧形负异常小区
			IV_{5} 大黑山-南楼山弧形负异常小区
			IV_{6} 小城子负异常小区
			IV_{7} 蛟河负异常小区
		III_{12} 敦化复杂异常分区	IV_{8} 牡丹岭负异常小区
			IV_{9} 太平岭-张广才岭负异常小区
	II_{4} 延边复杂负异常区	III_{13} 延边弧状正负异常区	
		III_{14} 五道沟弧线形异常分区	
I_{2} 龙岗-长白半环状低值异常区	II_{5} 龙岗复杂负异常区	III_{15} 靖宇异常分区	IV_{10} 龙岗负异常小区
			IV_{11} 白山负异常小区
			IV_{12} 和龙环状负异常小区
		III_{16} 浑江负异常低值分区	IV_{13} 清和复杂负异常小区
			IV_{14} 老岭负异常小区
			IV_{15} 浑江负异常小区
	II_{6} 八道沟-长白异常区	III_{17} 长白负异常分区	

4. 深大断裂

吉林省地质构造复杂，在漫长的地质历史演变中，经历过多次地壳运动，在各个地质发展阶段和各个时期的地壳运动中，均相应形成了一系列规模不等、性质不同的断裂。这些断裂，尤其是深大断裂一般都经历了长期的、多旋回的发展过程，它们与吉林省地质构造的发展、演化及成岩成矿作用有着密切的关系。根据《吉林省地质志》将吉林省断裂按切割地壳深度的规模大小、控岩控矿作用以及展布形态等大致分为超岩石圈断裂、岩石圈断裂、壳断裂和一般断裂及其他断裂。

(1)超岩石圈断裂：吉林省超岩石圈断裂只有1条，称中朝准地台北缘超岩石圈断裂，系指赤峰-开源-辉南-和龙深断裂。该超岩石圈断裂横贯吉林省南部，由辽宁省西丰县进入吉林省海龙、桦甸，过老金厂、夹皮沟、和龙，向东延伸至朝鲜境内，是一条规模巨大、影响很深、发育历史长久的断裂构造带，是中朝准地台和天山-兴蒙地槽的分界线。总体走向为东西向，省内长达260km，宽5～20km。由于受后期断裂的干扰、错动，使其早期断裂痕迹不易辨认，并且使走向在不同地段发生北东向、北西向偏转和断开、位移，从而形成了现今平面上具有折断状的断裂构造。

重力场基本特征：断裂线在布格重力异常平面图上呈北东向、东西向密集梯度带排列，南侧为环状、椭圆形，西部断裂以北东向的重力异常为主。这种不同性质重力场的分界线，无疑是断裂存在的标志。从东丰到辉南段为重力梯度带，梯度较陡；夹皮沟到和龙一段，也是重力梯度带，水平梯度走向有变化，应该是被多个断裂错断所致，但梯度较密集。在重力场上延10km、20km以及重力垂向一导和二导图上，该断裂更为显著，东丰经辉南到桦甸折向和龙。除东丰到辉南一带为线状的重力高值带外，其余均为线状重力低值带，它们的极大值和极小值是该断裂线的位置。从莫霍面等深度曲线可知，该断裂只在个别地段有显示，说明该断裂切割深度并非连续均匀。西丰至辉南段表现出同向扭曲，辉南至桦甸段显示不出断裂特征，而桦甸至和龙段有同向扭曲，表明有断裂存在。莫霍面上表示深度为37～42km，从而断定此断裂在部分地段已切入上地幔。

地质特征：小四平—海龙一带，断裂南侧为太古宇夹皮沟群、中元古界色洛河群，北侧为早古生代地槽型沉积。断裂明显，发育在海西期花岗岩中。柳树河子至大浦柴河一带有基性—超基性岩平行断裂展布，和龙至白铜一带有大规模的花岗岩体展布。因此，此断裂为超岩石圈断裂。

(2)岩石圈断裂：该断裂带位于二龙山水库-伊通-双阳-舒兰呈北东方向延伸，过黑龙江依兰-佳木斯-箩北进入俄罗斯境内。该断裂于二龙山水库，被北东向四平-德惠断裂带所截。在省内由2条相互平行的北东向断裂构成，宽15～20km，走向45°～50°，省内长达260km。在其狭长的槽地中，沉积了厚达2000多米的中新生代陆相碎屑岩，其中第三纪(古近纪＋新近纪)沉积物应有1000多米，从而形成了狭长的依兰-伊通地堑盆地。

重力场特征：断裂带重力异常梯度带密集，呈线状，走向明显，在吉林省布格重力异常垂向一阶、二阶导平面图，及滑动平均(30km×30km、14km×14km)剩余异常平面图上可见，延伸狭长的重力低值带，在其两侧狭长延展的重力高值带的衬托下，其异常带显著，该重力低值带宽窄不断变化，并非均匀展布，而在伊通至乌拉街一带稍宽大些，这段分别被东西向重力异常隔开，这说明其在形成过程中受东西向构造影响。

从重力场上延5km、10km、20km等值线曲线显示该断裂尤为清晰，线状重力低值带与重力高值带相依为伴，并行延展，它们的极小与极大是该断裂在重力场上的反映。重力二次导数的零值及剩余异常图的零值，为圈定断裂提供了更为准确可靠的依据。

在莫霍面和康氏面等深曲线及滑动平均60km×60km曲线上，该断裂显示：此段等值线密集，重力梯度带十分明显；双阳至舒兰段，莫霍面及康氏面等深线密集，形状规则，呈线状展布。沿断裂方向莫霍面深度为36～37.5km，断裂的个别地段已切入下地幔，由上述重力特征可见，此断裂反映了岩石圈断裂定义的各个特征。

(二)航磁

1. 区域岩(矿)石磁性参数特征

根据收集的岩(矿)石磁性参数整理统计,吉林省岩(矿)石的磁性强弱可以分成4个级次。极弱磁性($\kappa<300\times4\pi\times10^{-6}$SI),弱磁性($\kappa$:$(300\sim2100)\times4\pi\times10^{-6}$SI),中等磁性($\kappa$:$(2100\sim5000)\times4\pi\times10^{-6}$SI),强磁性($\kappa>5000\times4\pi\times10^{-6}$SI)。

沉积岩基本上无磁性,但是四平、通化地区的砾岩和砂砾岩有弱的磁性。

变质岩类,正常沉积的变质岩大都无磁性,角闪岩、斜长角闪岩普遍具中等磁性,而通化地区的斜长角闪岩、吉林地区的角闪岩只具有弱磁性。

片麻岩、混合岩在不同地区具不同的磁性。吉林地区该类岩石具较强磁性,延边及四平地区则为弱磁性,而在通化地区则为无磁性。总的来看,变质岩的磁性变化较大,部分岩石在不同地区有明显差异。

火山岩类岩石普遍具有磁性,并且具有从酸性火山岩→中性火山岩→基性、超基性火山岩由弱到强的变化规律。

岩浆岩中酸性岩浆岩磁性变化范围较大,可由无磁性变化到有磁性。其中吉林地区的花岗岩具有中等程度的磁性,而其他地区花岗岩类多为弱磁性,延边地区的部分酸性岩表现为无磁性。

四平地区的碱性岩-正长岩表现为强磁性。吉林、通化地区的中性岩磁性为弱—中等强度,而在延边地区则为弱磁性。

基性—超基性岩类除在延边和通化地区表现为弱磁性外,其他地区则为中等—强磁性。

磁铁矿及含铁石英岩均为强磁性,而有色金属矿矿石一般来说均不具有磁性。

以总的趋势来看,各类岩石的磁性基本上按沉积岩、变质岩、火成岩的顺序逐渐增强,见图2-3-3。

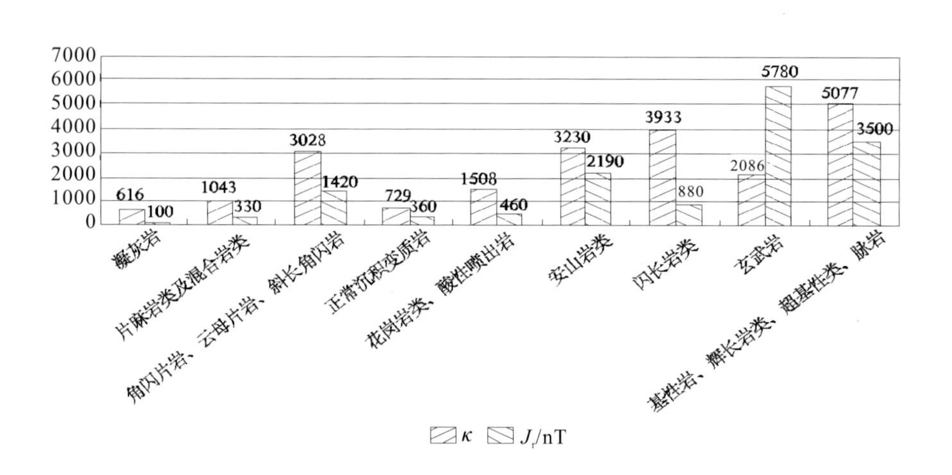

图2-3-3 吉林省东部地区岩石、矿石磁参数直方图

2. 吉林省区域磁场特征

吉林省在航磁图上基本反映出3个不同场区特征,东部山区敦化-密山断裂以东地段,以东升高波动的老爷岭长白山磁场区,该磁场区向东分别进入俄罗斯和朝鲜境内,向南向北分别进入辽宁省和黑龙江省境内;敦化-密山断裂以西,四平、长春、榆树以东的中部为丘陵区,磁异常强度和范围都明显低于东部山区磁异常,向南向北分别进入辽宁省和黑龙江省境内;西部为松辽平原中部地段,为低缓平稳的松

辽磁场区，向南向北分别进入辽宁省及黑龙江省。

(1)东部山区磁场特征：东部山区北起张广才岭，向西南沿至柳河、通化交界的龙岗山脉以东地段，该区磁场特征是以大面积正异常为主，一般磁异常极大值 500～600nT，大蒲柴河—和龙一线为华北地台北缘东段一级断裂（超岩石圈断裂）的位置。

① 大蒲柴河-和龙以北区域磁场特征：在大蒲柴河-和龙以北区域，航磁异常整体上呈北西走向，两块宽大北西走向正磁场区之间夹北西走向宽大的负磁场区，正磁场区和负磁场区上的各局部异常走向大多为北东向。异常最大值 300～550nT。航磁正异常主要是晚古生代以来花岗岩、花岗闪长岩及中新生代火山岩磁性的反映。磁异常整体上呈北西走向，主要与区域上的一级、二级断裂构造方向及局部地体的展布方向为北西走向有关，而局部异常走向北东向主要受次级的二级、三级断裂构造及更小的局部地体分布方向所控制。

② 大蒲柴河-和龙以南区域磁场特征：大蒲柴河-和龙以南区域是东南部地台区，西部以敦密断裂带为界，北部以地台北缘断裂带为界，西南到吉林省和辽宁省界，东南到吉林省和朝鲜接壤处。

靠近敦密断裂带和地台北缘断裂带的磁场以正场区为主，磁异常走向大致与断裂带平行。

西部正异常强度 100～400nT，走向以北东为主，正背景场上的局部异常梯度陡，主要反映的是太古宙花岗质、闪长质片麻岩，中、新太古代变质表壳岩及中新生代火山岩的磁场特征。

北部靠近地台北缘断裂带的磁场区，以北西走向为主，强度 150～450nT，正背景场上的局部异常梯度陡，靠近北缘断裂带的磁异常以串珠状形式向外延展，总体呈弧形或环形异常带。

西支的弧形异常带从松山、红石、老金厂、夹皮沟、新屯子、万良到抚松，围绕龙岗地块的东北侧外缘分布，主要是中太古代闪长质片麻岩、中太古代变质表壳岩、新太古代变质表壳岩、寒武纪花岗闪长岩磁性的反映，中太古代变质表壳岩、新太古代变质表壳岩是含铁的主要层位。

东支的环形异常带从二道白河、两江、万宝、和龙到崇善以北区域，主要围绕和龙地块的边缘分布，各局部异常则多以东西走向为主，但异常规模较大，异常梯度也陡。大面积中等强度航磁异常主要是中太古代花岗闪长岩的反映，强度较低异常主要由侏罗纪花岗岩引起，半环形磁异常上几处强度较高的局部异常则由强磁性的玄武岩和新太古代表壳岩、太古宙变质基性岩引起。对应此半环形航磁异常，有一个与之基本吻合的环形重力高异常，说明环形异常主要由新太古代表壳岩、太古宙变质基性岩引起。特别在半环形磁异常上东段的几处局部异常，结合剩余重力异常为重力高的特征，推断是由半隐伏、隐伏新太古代表壳岩和太古宙变质基性岩引起的异常，非常具备寻找隐伏磁铁矿的前景。

中部以大面积负磁场区为主，是吉南元古宙裂谷区内碳酸盐岩、碎屑岩及变质岩的磁异常反映，大面积负磁场区内的局部正异常主要是中生代中酸性侵入岩体及中新生代火山岩磁性的反映。

南部长白山天池地区，是一片大面积的正负交替、变化迅速的磁场区，磁异常梯度大，强度 350～600nT，是大面积玄武岩的反映。

③ 敦化-密山断裂带磁场特征：敦密深大断裂带，省内长度 250km，宽度 5～10km，走向北东，是一系列平行的、成雁行排列的次一级断裂组成的一个相当宽的断裂带。它的北段在磁场图上显示一系列正负异常剧烈频繁交替的线性延伸异常带，是一条由第三纪（古近纪＋新近纪）玄武岩沿断裂带喷溢填充的线性岩带。这条呈线性展布的岩带，恰是断裂带的反映。

(2)中部丘陵区磁场特征：东起张广才岭—富尔岭—龙岗山脉一线以西，四平、长春、榆树以东的中部为丘陵区。该区磁场特征可分为 4 种场态特征，叙述如下。

① 大黑山条垒场区：航磁异常呈楔形，南窄北宽，各局部异常走向以北东为主，以条垒中部为界，南部异常范围小，强度低，北部异常范围大，强度大，最大值达 350～450nT。航磁异常主要是由中生代中酸性侵入岩体引起的。

② 伊通-舒兰地堑（简称伊舒地堑）：为中新生代沉积盆地，磁场为大面积的北东走向的负场区，西侧陡，东侧缓，负场区中心靠近西侧，说明西侧沉积厚度比东侧深。

③ 南部石岭隆起区：异常多数呈条带状分布，走向以北西为主，南侧强度 100～200nT。南侧异常为东西走向，这与所处石岭隆起区域北西向断裂构造带有关，这些北西走向的各个构造单元控制了磁异常分布形态特征。异常主要与中生代中酸性侵入岩体有关。石岭隆起区北侧为盘双接触带，接触带附近的负场区对应下古生界。

④ 北侧吉林复向斜：区内航磁异常大部分是由晚古生代、中生代中酸性侵入岩体引起的。

(3)平原区磁场特征：吉林西部为松辽平原中部地段，两侧为一宽大的负异常，表明该地段中新生代正常沉积岩层的磁场。这是岩相岩性较为典型的湖相碎屑沉积岩，沉积韵律稳定，厚度巨大，产状平稳，火山活动很少，岩石中缺少铁磁性矿物组分，松辽盆地中中新生代沉积岩磁性极弱，因此在这套中新生代地层上显示为单调平稳的负磁场，强度－50～－150nT。

二、区域地球化学特征

(一)元素分布及浓集特征

1.元素的分布特征

经过对吉林省 1∶20 万水系沉积物测量数据的系统研究以及依据地球化学块体的元素专属性，编制了中东部地区地球化学元素分区及解释推断地质构造图，并在此基础上编制了主要成矿元素分区及解释推断图，见图 2-3-4、图 2-3-5。

图 2-3-4 中，以 3 种颜色分别代表内生作用铁族元素组合特征富集区；内生作用稀有、稀土元素组合特征富集区；外生与内生作用元素组合特征富集区。

铁族元素组合特征富集区的地质背景是吉林省新生代基性火山岩、太古宙花岗-绿岩地质体的主要分布区，主要表现的是 Cr、Ni、Co、Mn、V、Ti、P、Fe_2O_3、W、Sn、Mo、Hg、Sr、Au、Ag、Cu、Pb、Zn 等元素(氧化物)的高背景区(元素富集场)，尤以太古宙花岗-绿岩地质体表现突出。是吉林省铜成矿的主要矿源层位。

图 2-3-5 更细致地划分出主要成矿元素的分布特征。如：太古宙花岗-绿岩地质体内，划分出 5 处 Au、Ag、Ni、Cu、Pb、Zn 成矿区域，构成吉林省重要的 Cu、Au 成矿带。

内生作用稀有、稀土元素组合特征富集区，主要表现的是 Th、U、La、Be、Li、Nb、Y、Zr、Sr、Na_2O、K_2O、MgO、CaO、Al_2O_3、Sb、F、B、As、Ba、W、Sn、Mo、Au、Ag、Cu、Pb、Zn 等元素(氧化物)的高背景区。主要的成矿元素为 Au、Cu、Pb、Zn、W、Sn、Mo，尤以 Au、Cu、Pb、Zn、W 表现优势。地质背景为新生代碱性火山岩、中生代中酸性火山岩、火山碎屑岩以及海西期、印支期、燕山期为主的花岗岩类侵入岩体。

外生与内生作用元素组合特征富集区，以槽区分布良好。主要表现的是 Sr、Cd、P、B、Th、U、La、Be、Zr、Hg、W、Sn、Mo、Au、Cu、Pb、Zn、Ag 等元素富集场，主要的成矿元素为 Au、Cu、Pb、Zn。地质背景为古元古代、古生代的海相碎屑岩、碳酸盐岩以及晚古生代的中酸性火山岩、火山碎屑岩，同时有海西期、燕山期的侵入岩体分布。

2.元素的浓集特征

应用 1∶20 万化探数据，计算吉林省 8 个地质子区的元素算术平均值(图 2-3-6)。通过与全省元素算术平均值和地壳克拉克值对比，可以进一步量化吉林省 39 种地球化学元素(氧化物)区域性的分布趋势和浓集特征。

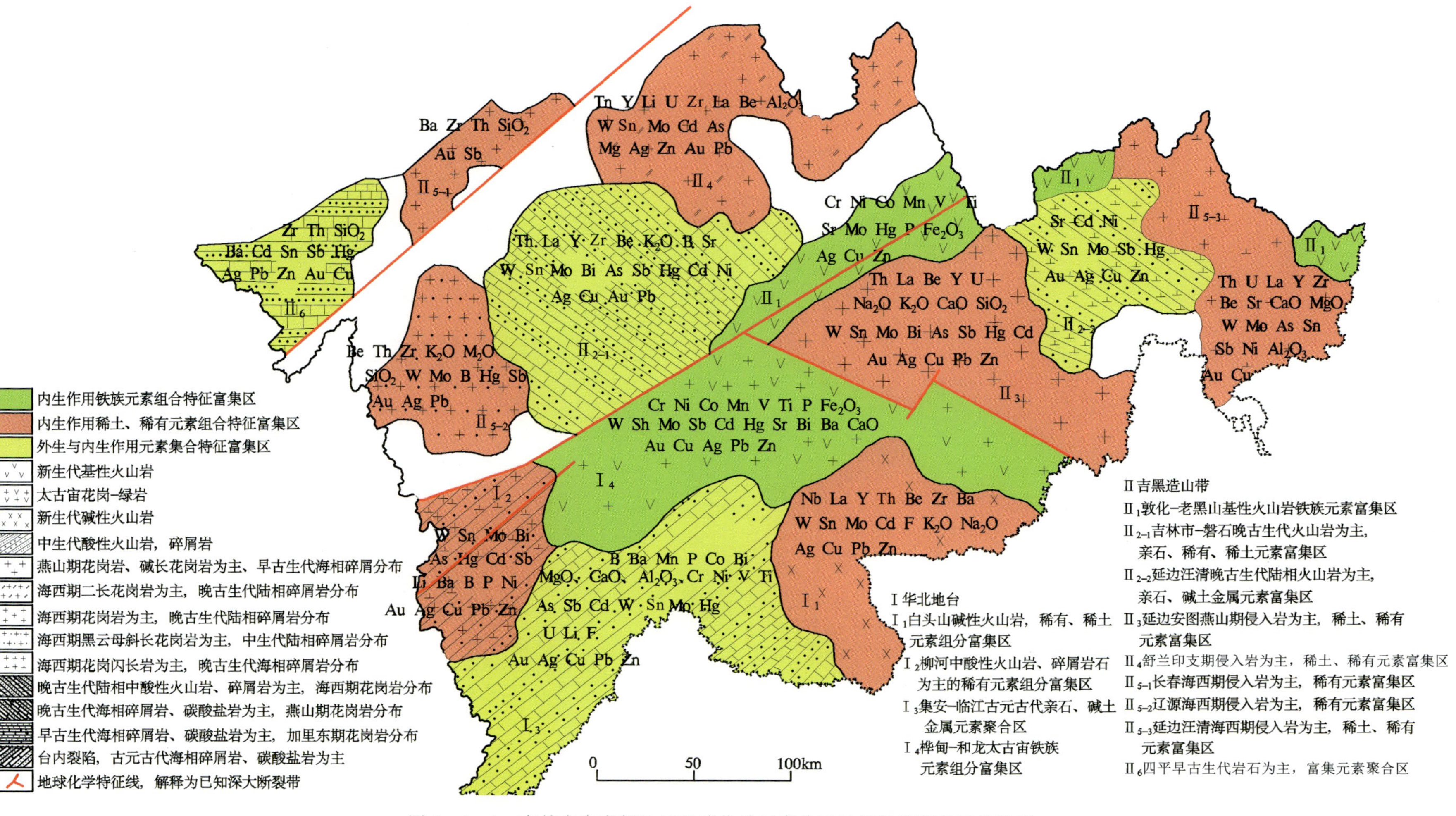

图2-3-4 吉林省中东部地区地球化学元素分区及解释推断地质构造图

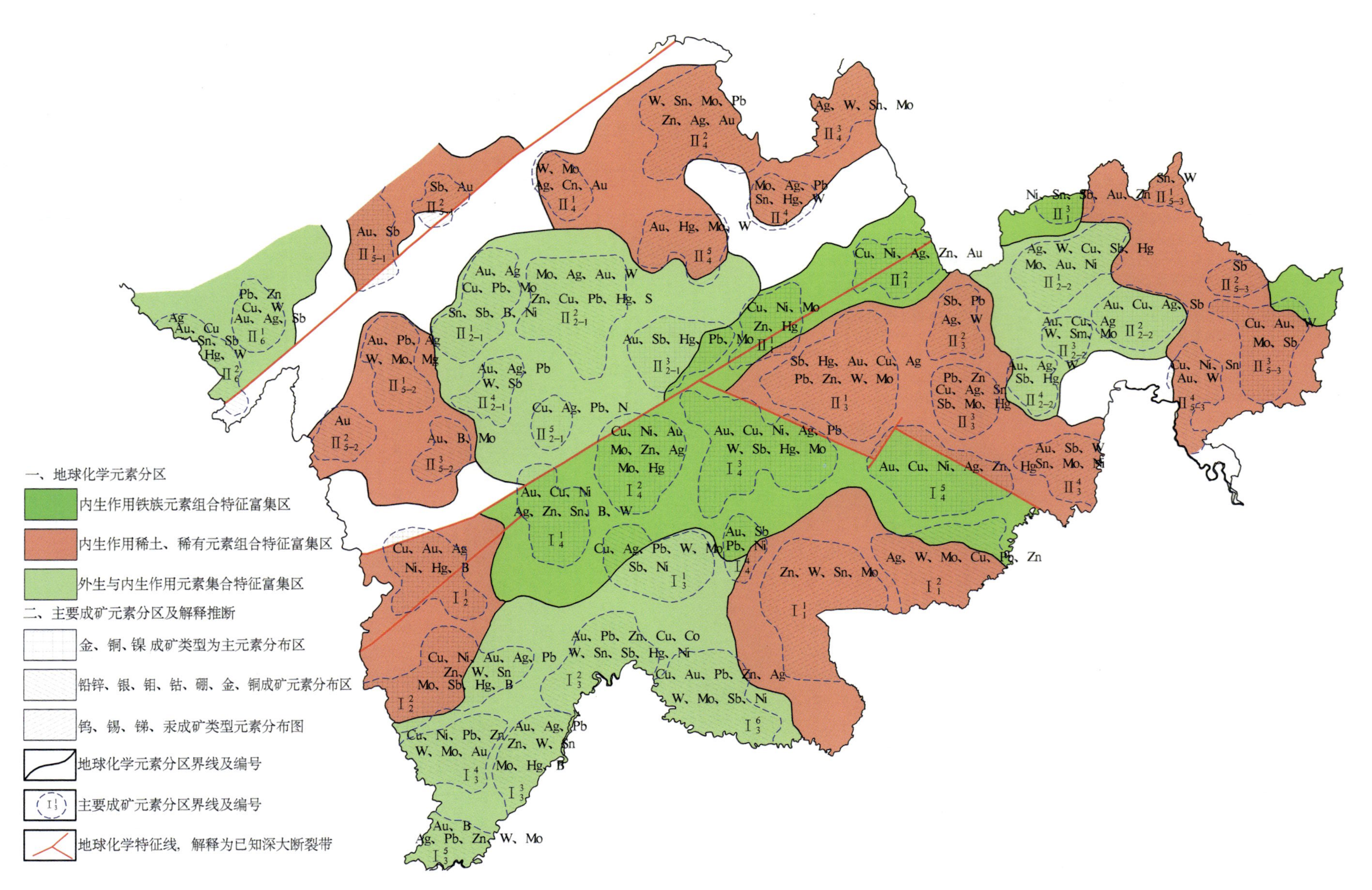

图2-3-5　吉林省主要成矿元素分区及解释推断图

图 2-3-6 吉林省地质子区划分

全省 39 种元素(氧化物)在中东部地区的总体分布态势及在 8 个地质子区当中的平均分布特征，按照元素平均含量从高到低排序为：$SiO_2-Al_2O_3-Fe_2O_3-K_2O-MgO-CaO-Na_2O$ - Ti - P - Mn - Ba - F - Sr - Zr - Rb - V - Zn - Cr - La - B - Li - Y - Ni - Pb - Cu - Nb - Co - Th - As - Sn - Be - U - W - Mo - Sb - Bi - Cd - Ag - Hg - Au，表现出造岩元素-微量元素-成矿系列元素的总体变化趋势，说明吉林省 39 种元素(氧化物)在区域上的分布分配符合元素在空间上的变化规律，这对研究吉林省元素在各种地质体中的迁移富集贫化有重要意义。

从整体上看，主要成矿元素 Au、Cu、Zn、Sb 在 8 个地质子区内的均值比地壳克拉克值要低。Au 元素能够在吉林省重要的成矿带上富集成矿，说明 Au 元素的富集能力超强，另一方面也表明在本省重要的成矿带上，断裂构造非常发育，岩浆活动极其频繁，使得 Au 元素在后期叠加地球化学场中变异、分散的程度更强烈。

Cu、Sb 元素在 8 个地质子区内的分布呈低背景状态，而且其富集能力较 Au 元素弱，因此 Cu、Sb 元素在吉林省重要的成矿带上富集成矿的能力处于弱势，成矿规模偏小。

Pb、W、稀土元素均值高于地壳克拉克值，显示高背景值状态，对成矿有利。

特别需要说明的是，7 地质子区为长白山火山岩覆盖层，属特殊景观区，Nb、La、Y、Be、Th、Zr、Ba、W、Sn、Mo、F、Na_2O、K_2O、Au、Cu、Pb、Zn 等元素(氧化物)均呈高背景值状态分布，是否矿化富集需进一步研究。

8 个地质子区均值与地壳克拉克值的比值大于 1 的元素有 As、B、Zr、Sn、Be、Pb、Th、W、Li、U、Ba、La、Y、Nb、F，如果按属性分类，Ba、Zr、Be、Th、W、Li、U、Ba、La、Nb、Y 均为亲石元素，与酸碱性的花岗岩浆侵入关系密切。在辽源-舒兰子区、敦化地体子区、延边地体子区广泛分布。As、Sn、Pb 为亲硫元素，是热液型硫化物成矿的反映，在辽源-舒兰子区、敦化地体子区、延边地体子区有较好的展现。尤其是 As(4.19)、B(4.01)，显示出较强的富集态势，而 As 为重矿化剂元素，来自深源构造，对寻找矿体具有直接指示作用。B、F 属气成元素，具有较强的挥发性，是酸性岩浆活动的产物，As、B 的强富集反映出岩浆活动、构造活动的发育，也反映出吉林省东部山区后生地球化学改造作用的强烈，对吉林省成岩、成矿作用影响巨大。这一点与 Au 元素富集成矿所表现出来的地球化学意义相吻合。

8 个地质子区元素平均值与吉林省元素平均值比值研究表明，主要成矿元素 Au、Ag、Cu、Pb、Zn、Ni 相对于省均值，在延边地体子区、地台陆核子区、台内裂谷子区、长白山火山岩子区、和龙地体子区的富集系数都大于 1 或接近 1，说明 Au、Ag、Cu、Pb、Zn、Ni 在这 5 个地质区域内处于较强的富集状态，即本省的台区为高背景值区，是重点找矿区域。区域成矿预测证明延边地体子区、地台陆核子区、台内裂谷子区、长白山火山岩子区、和龙地体子区是吉林省贵金属、有色金属的主要富集区域，典型的大型矿床、中型矿床都聚于此。

在辽源-舒兰子区，Ag、Pb 富集系数都为 1.02，Au、Cu、Zn、Ni 的富集系数都接近 1，也显示出较好的富集趋势，值得重视。

W、Sb 的富集态势总体显示较弱，只在大黑山条垒子区、辽源-舒兰子区和台内裂谷子区、长白山火山岩子区表现出一定的富集趋势。表明在表生介质中元素富集成矿的能力呈弱势。这与吉林省 W、Sb 矿产的分布特点相吻合。

稀土元素除 Nb 以外，Y、La、Zr、Th、Li 在大黑山条垒子区、辽源-舒兰子区、长白山火山岩子区、和龙地体子区的富集系数都大于或接近 1，显示一定的富集状态，是稀土矿预测的重要区域。

Hg 是典型的低温元素，可作为前缘指示元素用于评价矿床剥蚀程度。另一方面，Hg 作为远程指示元素，是预测深部盲矿的重要标志。Hg 富集系数大于 1 的有敦化地体子区、地台陆核子区、台内裂谷子区，显示 Hg 元素在吉林省主要的成矿区，对 Au、Ag、Cu、Pb、Zn 的找矿可起到重要指示作用。

F 作为重要的矿化剂元素，在台内裂谷子区、长白山火山岩子区、和龙地体子区中有较明显的富集态势，表明 F 元素在后期的热液成矿中，对 Au、Ag、Cu、Pb、Zn 等主成矿元素的迁移、富集起到了非常重要的作用。

（二）区域地球化学场特征

吉林省可以划分为以铁族元素为代表的同生地球化学场；以稀有、稀土元素为代表的同生地球化学场；以亲石、碱土铜属元素为代表的同生地球化学场。本次根据元素的因子分析图示，对以往的构造地球化学分区进行适当修整，见图 2-3-7。

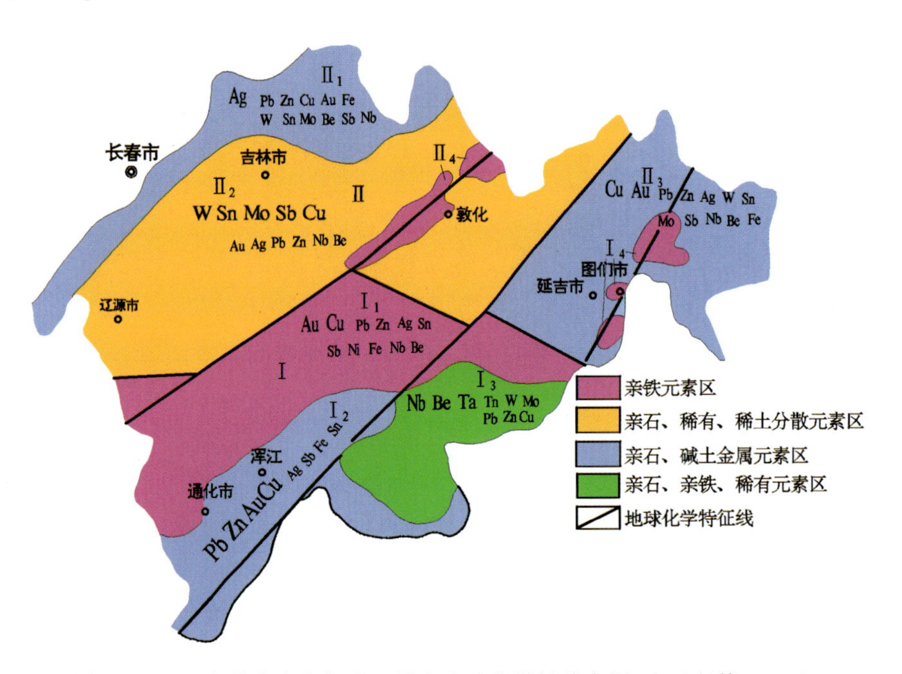

图 2-3-7 吉林省中东部地区同生地球化学场分布图(金丕兴等，1992)

注：图中大号字体元素为主要成矿元素。

（三）镍矿的成矿地球化学分析

Ni 的离子电位在 2.5～8 之间，属于酸碱两性元素，具有亲石、亲硫特征，与 Cr、Co、Cu 紧密共生，在热水溶液中形成$[Ni(S_2O_3)_2]^{2-}$络合物迁移。吉林省 Ni 在滨太平洋多金属成矿阶段，由于龙岗地块、和龙地块的地台化，Au、Cu、Ni 得到初始富集，伴随着晚古生代—中生代的构造-岩浆隆起，以岩浆侵入为主，基性—超基性侵入体构成亲铁元素同生地球化学场，使 Au、Cu、Ni 再次聚集。因此，发生在滨太平洋构造域的成矿作用，不仅促使古老基底的成矿物质进一步活化、迁移，而且后期强烈的岩浆活动又为成矿系统提供了大量的新物质和热能。

Ni 异常显示的成矿地球化学专属性特征明显，从其分布特征看，主要分布在红旗岭-漂河川成矿带（红旗岭铜镍矿、漂河川铜镍矿），夹皮沟-金城洞成矿带（长仁铜镍矿），二密-靖宇成矿带（赤柏松铜镍矿），均为 Ni 典型矿床的成矿岩浆系统分布区，以铁镁质的基性—超基性为基础地质背景。在 Ni 的成矿岩浆系统中，同源元素（氧化物）Ni、Co、Cr、Cu、MgO、Fe_2O_3 围绕能量"核心"环状迁移，在正交、斜交的构造空间分异侵位，形成颇具规模的铜镍矿体。

大肚川—露水河一带表征的是太古宙花岗-绿岩地质体，原岩是一套基性—超基性的火山岩；而大山咀子、抚松—长白一带反映的是新生代的基性火山岩分布区。这些基性火山岩分布区的 Ni、Co、Cr、Cu 异常规模与出露的基性火山岩界线是吻合的，呈现超高背景的成岩异常及潜在的矿致异常。

三、区域遥感特征

（一）区域遥感特征分区及地貌分区

吉林省遥感影像图是利用 2000—2002 年接收的吉林省境内 22 景 ETM 数据经计算机录入、融合、校正并镶嵌后，选择 B7、B4、B3 三个波段分别赋予红、绿、蓝后形成的假彩色图像。

吉林省的遥感影像特征可按地貌类型分为长白山中低山区，包括张广才岭、龙岗山脉及其以东的广大区域，遥感图像上主要表现为绿色、深绿色，中山地貌。除山间盆地谷地及玄武岩台地外，其他地区地形切割较深，地形较陡，水系发育；长白低山丘陵区，西部以大黑山西麓为界，东至蛟河-辉发河谷地，多为海拔 500m 以下的缓坡宽谷的丘陵组成，沿河一带发育成串的小盆地群或长条形地堑，其遥感影像特征主要表现为绿色、浅绿色，山脚及盆地多显示为粉色或藕荷色，低山丘陵地貌，地形坡度较缓，冲沟较浅，植被覆盖度 30%～70%；大黑山条垒以西至白城西岭下镇，为松辽平原部分，东部为台地平原区，又称大黑山山前台地平原区，地面高度在 200～250m 之间，地形呈波状或浅丘状；西部为低平原区，又称冲积湖积平原或低原区，该区地势最低，海拔 110～160m，为大面积冲湖积物，湖泡周边及古河道发生极强的土地盐渍化，遥感图像上显示为粉色、浅粉色及粉白色，西南部发育土地沙化，呈沙垄、沙丘等，遥感图像上为砖红色条带状或不规则块状；岭下镇以西，为大兴安岭南麓，属低山丘陵区，遥感图像上显示为红色及粉红色，丘陵地貌，多以浑圆状山包显示，冲沟极浅，水系不甚发育。

（二）区域地表覆盖类型及其遥感特点

长白山中低山区及低山丘陵区，植被覆盖度高达 70%，并且多以乔木、灌木林为主，遥感图像上主要表现为绿色、深绿色；盆地或谷地主要表现为粉色或藕荷色，主要被农田覆盖；松辽平原区，东部为台地平原，此区为大面积新生代冲洪积物，为吉林省重要产粮基地，地表被大面积农田覆盖，遥感图像上为绿色或紫红色；西部为低平原区，又称冲积湖积平原或低原区，该区地势最低，海拔为 110～160m，为大面积冲湖积物，湖泡周边及古河道发生极强的土地盐渍化，遥感图像上显示为粉色、浅粉色及粉白色，西南部发育土地沙化，呈沙垄、沙丘等，遥感图像上为砖红色条带状或不规则块状；岭下镇以西，为大兴安岭南麓，属低山丘陵区，植被较发育，多以低矮草地为主，遥感图像上显示为浅绿色或浅粉色。

（三）区域地质构造特点及其遥感特征

吉林省地跨两大构造单元，大致以开原-山城镇-桦甸-和龙连线为界，南部为中朝准地台，北部为天山-兴安地槽区，槽台之间为一规模巨大的超岩石圈断裂带（华北地台北缘断裂带），遥感图像上主要表现为近东西走向的冲沟、陡坎、两种地貌单元界线，并伴有与之平行的糜棱岩带形成的密集纹理。吉林省境内的大型断裂全部表现为北东走向，它们多为不同地貌单元的分界线，或对区域地形地貌有重大影响，遥感图像上多表现为北东走向的大型河流、两种地貌单元界线，北东向排列陡坎等。吉林省的中型断裂表现在多方向上，主要有北东向、北西向、近东西向和近南北向，它们以成带分布为特点，单条断裂长度十几千米至几十千米，断裂带长度几十千米至百余千米，其遥感影像特征主要表现为冲沟、山鞍、洼地等，控制二、三级水系。小型断裂遍布吉林省的低山丘陵区，规模小，分布规律不明显，断裂长几千米至十几千米或数十千米，遥感图像上主要表现为小型冲沟、山鞍或洼地。

吉林省环状构造比较发育，遥感图像上多表现为环形或弧形色线、环状冲沟、环状山脊，偶尔可见环形色块，其规模从几千米到几十千米，大者可达数百千米，其分布具有较强的规律性，主要分布于北东向线性构造带上，尤其是该方向线性构造带与其他方向线性构造带交会部位，环形构造成群分布；块状影像主要为北东向相邻线性构造形成的挤压透镜体以及北东向线性构造带与其他方向线性构造带交会，形成棱形块状或眼球状块体，其分布明显受北东向线性构造带控制。

四、区域自然重砂矿物特征及其分布规律

1.铁族矿物

铁族矿物主要包括磁铁矿、黄铁矿、铬铁矿。

磁铁矿在吉林省中东部地区分布较广，在放牛沟地区、头道沟-吉昌地区、塔东地区、五凤地区以及闹枝-棉田地区集中分布。这一分布特征与本省航磁 ΔT 等值线相吻合。

黄铁矿主要分布在通化、白山及龙井、图们地区。

铬铁矿分布较少，只在香炉碗子-山城镇、刺猬沟-九三沟和金谷山-后底洞地区展现。

2.有色金属矿物

有色金属矿物主要包括白钨矿、锡石、方铅矿、黄铜矿、辰砂、毒砂、泡铋矿、辉钼矿、辉锑矿。

白钨矿是吉林省分布较广的重砂矿物，主要位于吉林省中东部地区中部的辉发河-古洞河东西向复杂成矿构造带上，即红旗岭-漂河川成矿带；柳河-那尔轰成矿带；夹皮沟-金城洞成矿带和海沟成矿带上。在辉发河-古洞河成矿构造带西北端的大蒲柴河-天桥岭成矿带、百草沟-复兴成矿带和春化-小西南岔成矿带上也有较集中的分布。在吉林地区的江蜜峰镇、天岗镇、天北镇以及白山地区的石人镇、万良镇亦有少量分布。

锡石主要分布在吉林省中东部地区的北部，以福安堡、大荒顶子和柳树河-团北林场最为集中，中部地区的漂河川及刺猬沟-九三沟有零星分布。

方铅矿作为重砂矿物主要分布在矿洞子-青石镇地区，大营-万良地区和荒沟山-南岔地区，其次是山门地区，天宝山地区和闹枝-棉田地区；在夹皮沟-溜河地区、金厂镇地区有零星分布。

黄铜矿集中分布在二密-老岭沟地区，部分分布在赤柏松-金斗地区、金厂地区和荒沟山-南岔地区；在天宝山地区、五凤地区、闹枝-棉田地区呈零星分布状态。

辰砂在吉林省中东部地区的山门-乐山、兰家-八台岭成矿带，那丹伯-一座营、山河-榆木桥子、上营-蛟河成矿带，红旗岭-漂河川、柳河-那尔轰、夹皮沟-金城洞-海沟成矿带，大蒲柴河-天桥岭、百草沟-复兴、春化-小西南岔成矿带，以及二密-靖宇、通化-抚松、集安-长白成矿带都有较密集的分布，是金矿、银矿、铜矿、铅锌矿评价预测的重要矿物之一。

毒砂、泡铋矿、辉钼矿、辉锑矿在吉林省中东部地区分布稀少，其中，毒砂在二密-老岭沟地区以一小

型汇水盆地出现，在刺猬沟-九三沟地区、金谷山-后底洞地区及其北端以零星状态分布。泡铋矿集中分布在五凤地区和刺猬沟-九三沟地区及其外围。辉钼矿零星点分布在石咀-官马地区、闹枝-棉田地区和小西南岔-杨金沟地区中。辉锑矿以4个点异常分布在万宝地区。

3. 贵金属矿物

贵金属矿物主要包括自然金、自然银。

自然金与白钨矿的分布状态相似，以沿着敦密断裂及辉发河-古洞河东西向复杂构造带分布为主，在其两侧亦有较为集中的分布。从分级图上看，整体分布态势可归纳为4部分：第一带沿石棚沟—夹皮沟—海沟—金城洞一线呈带状分布；第二带在矿洞子—正岔—金厂—二密一带；第三带分布于五凤—闹枝—刺猬沟—杜荒岭—小西南岔一带；第四带沿山门—放牛沟到上河湾呈零星状态分布。第一带近东西向横贯吉林省中部区域，称为中带；第二带位于吉林省南部，称为南带；第三带在吉林省东北部延边地区，称为北带；第四部分在大黑山条垒一线，称为西带。

自然银只有2个高值点异常，分布在矿洞子-青石镇地区北侧。

4. 稀土矿物

稀土矿物主要包括独居石、钍石、磷钇矿。

独居石在吉林省中东部地区分布广泛，分布在万宝-那铜成矿带，山门-乐山、兰家-八台岭成矿带，那丹伯-一座营、山河-榆木桥子、上营-蛟河成矿带，红旗岭-漂河川、柳河-那尔轰、夹皮沟-金城洞、海沟成矿带，大蒲柴河-天桥岭、百草沟-复兴、春化-小西南岔成矿带，二密-靖宇、通化-抚松、集安-长白等Ⅳ级成矿区(带)中，整体呈条带状分布。

钍石分布比较明显，主要集中在五凤地区，闹枝-棉田地区，山门-乐山、兰家-八台岭地区，那丹伯-一座营、山河-榆木桥子、上营-蛟河地区。

磷钇矿分布较稀少而且零散，主要分布在福安堡地区，上营地区的西侧，大荒顶子地区西侧，漂河川地区北端，万宝地区。

5. 非金属矿物

非金属矿物主要包括磷灰石、重晶石、萤石。

磷灰石在吉林省中东部地区分布最为广泛，主要体现在整个中东部地区的南部。以香炉碗子—石棚沟—夹皮沟—海沟—金城洞一带集中分布，而且分布面积大，沿复兴屯—金厂—赤柏松—二密一带也分布有较大规模的磷灰石；椅山-湖米地区、火炬丰地区、闹枝-棉田地区有部分分布。其他区域磷灰石以零散状态存在。

重晶石亦主要存在于东部山区的南部，呈2条带状分布，即古马岭-矿洞子-复兴屯-金厂和板石沟-浑江南-大营-万良。在椅山-湖米地区、金城洞-木兰屯地区和金谷山-后底洞地区以零星状分布。

萤石只在山门地区和五凤地区以零星点形式存在。

以上20种重砂矿物均分布在吉林省中东部地区，其分布特征与不同时代的岩性组合、侵入岩的不同岩石类型都具有一定的内在联系。以往的研究表明：这20种重砂矿物在白垩系、侏罗系、二叠系、寒武系—石炭系、震旦系以及太古宇中都有不同程度的存在。古元古界集安群和老岭(岩)群作为吉林省重要的成矿建造层位，其重砂矿物分布众多，重砂异常发育，与成矿关系密切。燕山期和海西期侵入岩在吉林省中东部地区大面积出露，其重砂矿物如自然金、白钨矿、辰砂、方铅矿、重晶石、锡石、黄铜矿、毒砂、磷钇矿、独居石等的含量都很高，而且在人工重砂取样中也达到了较高的含量。

第三章　成矿地质背景研究

第一节　技术流程

（1）明确任务，学习全国矿产资源潜力评价项目地质构造研究工作技术要求等有关文件。

（2）收集有关的地质、矿产资料，特别注意收集最新的有关资料，编绘实际材料图。

（3）编绘过程中，以 1 ∶ 25 万综合建造构造图为底图，再以预测工作区 1 ∶ 5 万区域地质图的地质资料加以补充，将收集到的与侵入岩体型、沉积变质型镍矿有关的资料编绘于图中。

（4）明确目标地质单元，划分图层，以明确的目标地质单元为研究重点，同时研究控矿构造、矿化、蚀变等内容。

（5）图面整饰，按统一技术要求，编制图示、图例。

（6）编图。遵照沉积岩、变质岩、岩浆岩研究工作要求进行编图。要将与相应类型镍矿形成有关的地质矿产信息较全面地标绘在图中，形成预测底图。

（7）编写说明书。按照统一要求的格式编写。

（8）建立数据库。按照规范要求建库。

第二节　建造构造特征

根据吉林省镍矿成矿地质作用特点和已知矿床的成矿特征，在充分分析前人工作成果资料的基础上，划分了 3 种矿产预测类型，并依据镍矿的含矿地质条件，地球化学异常特征，重力、磁力推断地质体及构造特征，遥感解译特征等圈定了 9 个预测工作区。

（1）红旗岭式基性—超基性岩浆熔离-贯入型，划分 6 个预测工作区：红旗岭预测工作区、双凤山预测工作区、川连沟-二道岭子预测工作区、漂河川预测工作区、大山咀子预测工作区、六棵松-长仁预测工作区。

（2）赤柏松式基性—超基性岩浆熔离-贯入型，划分 2 个预测工作区：赤柏松-金斗预测工作区、大肚川-露水河预测工作区。

（3）杉松岗式沉积变质型，划分 1 个预测工作区：荒沟山-南岔预测工作区。

一、红旗岭预测工作区

1. 区域建造构造特征

红旗岭预测工作区大地构造位置处于南华纪—中三叠世天山-兴蒙-吉黑造山带（Ⅰ）包尔汉图-温

都尔庙弧盆系(Ⅱ)下二台-呼兰-伊泉陆缘岩浆弧(Ⅲ)盘桦上叠裂陷盆地(Ⅳ)内。

红旗岭预测工作区位于天山-兴安地槽褶皱区与中朝准地台两大构造单元接壤地带的槽区一侧的吉黑褶皱系吉林优地槽褶皱带南缘。辉发河超岩石圈断裂不仅是两构造单元的分界线，也是含镍基性—超基性侵入岩体的导岩(矿)构造，其次一级的北西向断裂为储岩(矿)构造。由于辉发河超岩石圈断裂带不断活动，深度不断增大，引起基性—超基性岩和花岗岩沿断裂带大量侵入。

2. 预测工作区建造特征

1)火山岩建造

火山岩建造包括下古生界呼兰(岩)群海相英安岩、砂岩夹灰岩建造(窝瓜地组)，凝灰岩夹流纹岩建造和凝灰质碎屑岩夹灰岩建造(大河深组)；中生代陆内造山和火山构造洼地中安山质角砾岩和流纹质凝灰岩(玉兴屯组)，安山岩、安山-英安质凝灰岩、流纹岩(南楼山组)；中生代大陆裂谷和断陷盆地中的英安岩夹英安质火山碎屑岩建造(金家屯组)和新生界船底山组玄武岩、军舰山组玄武岩建造。

2)侵入岩建造

(1)印支期侵入岩建造。岩体类型为辉长岩-辉石岩-橄榄岩型与斜方辉石岩-苏长岩型，为红旗岭岩体群的组成部分，分布于红旗岭一带。印支期侵入岩建造东西向，西始茶尖岭，东至呼兰河口，宽20km；南北向，南始黑石镇，北达官马屯—三道岗一带，长约28km，呈北西向带状分布。在区内有30余个基性—超基性岩体。

(2)燕山早期侵入岩建造。燕山早期侵入岩十分发育，构成张广才岭岩浆带的一部分。主要岩石类型有闪长岩、石英闪长岩、二长花岗岩、花岗闪长岩和正长花岗岩。

(3)燕山晚期、喜马拉雅期侵入岩建造。燕山晚期侵入岩为花岗斑岩类，喜马拉雅期侵入岩为细晶辉长岩类。

3)沉积岩建造

区内有晚古生代海相碳酸盐岩沉积建造(磨盘山组)、碎屑岩夹灰岩沉积建造(石嘴子组、寿山沟组)和碎屑岩沉积建造(范家屯组)；中生代火山盆地和陆内裂谷形成的碎屑岩夹煤建造与碎屑岩建造(前者有义河组、长安组，后者为小南沟组)；新生代有碎屑岩夹有机岩建造(桦甸组)、碎屑岩夹硅藻土建造(土门子组)和砂-砾石层、黏土层堆积(阶地及河流相)。

4)变质岩建造

有太古宙黑云片麻岩夹斜长角闪岩及磁铁石英岩变质建造、英云闪长质片麻岩变质建造、元古宙变质辉长-辉绿岩建造，分布于辉发河断裂的南侧。辉发河断裂北侧有下古生界呼兰(岩)群变质建造，包括变粒岩与大理岩互层夹斜长角闪岩变质建造[黄莺屯(岩)组]、大理岩夹变粒岩变质建造[小三个顶子(岩)组]。值得注意的是在大孤顶子、黄莺屯一带有变质角闪石岩、变质橄榄辉石岩、变质辉长岩类，其原岩属喷出岩，还是侵入岩类，应进一步研究。呼兰(岩)群变质建造为基性—超基性岩的主要围岩。红旗岭7号岩体南端黑云母片麻岩、花岗片麻岩与顽火辉石岩(含矿)、蚀变辉石岩(含矿)互层产出，超镁铁质岩与片麻岩之间为构造接触，属于构造推覆体。

二、双凤山预测工作区

1. 区域建造构造特征

双凤山预测工作区大地构造位置处于南华纪—中三叠世天山-兴蒙-吉黑造山带(Ⅰ)包尔汉图-温都尔庙弧盆系(Ⅱ)下二台-呼兰-伊泉陆缘岩浆弧(Ⅲ)盘桦上叠裂陷盆地(Ⅳ)内。

双凤山预测工作区位于天山-兴安地槽褶皱区与中朝准地台两大构造单元接壤地带的槽区一侧的

吉黑褶皱系吉林优地槽褶皱带南缘，辉发河断裂（梅河段）北西侧。辉发河超岩石圈断裂不仅是两构造单元的分界线，也是含镍基性—超基性侵入岩体的导岩（矿）构造，由于辉发河超岩石圈断裂带不断活动，深度不断增大，引起基性—超基性岩和花岗岩沿断裂带大量侵入。区内断裂构造展布方向主要为近东西向、北东向，北西向次之，基性—超基性岩体总体呈近东西向—北西向展布，呈现出岩浆就位受近东西向构造控制的特征。

2. 预测工作区建造特征

1）火山岩建造

火山岩建造为新生界船底山组玄武岩、军舰山组玄武岩。

2）侵入岩建造

（1）印支期侵入岩建造。印支期侵入岩十分发育，主要有二叠纪辉长（橄榄）岩、花岗闪长岩、石英（霓辉）正长岩。双凤山基性岩群分布于双凤山一带，岩带呈北西西向带状展布，侵入体呈近东西向，长约20km，区内有3个基性（超基性）岩体群为镍矿产预测目标地质体。

（2）燕山早期侵入岩建造。燕山早期侵入岩十分发育，构成张广才岭岩浆带的一部分。主要有闪长岩、石英闪长岩、二长花岗岩。

（3）燕山晚期侵入岩建造。燕山晚期侵入岩为早白垩世花岗斑岩类。

3）沉积岩建造

区内有晚古生代海相碎屑岩夹碳酸盐岩沉积建造（鹿圈屯组杂砂岩、粉砂岩夹薄层灰岩）；现代（阶地及河流相）砾石层、黏土层堆积。

4）变质岩建造

新元古界西保安（岩）群绢云石英片岩、黑云斜长片岩夹大理岩及磁铁石英岩建造；下古生界石缝组千枚状板岩夹结晶灰岩建造，变质砂岩、粉砂岩夹大理岩建造。

三、川连沟-二道岭子预测工作区

1. 区域建造构造特征

川连沟-二道岭子预测工作区大地构造位置处于南华纪—中三叠世天山-兴蒙-吉黑造山带（Ⅰ）大兴安岭弧形盆地（Ⅱ）锡林浩特岩浆弧（Ⅲ）白城上叠裂陷盆地（Ⅳ）内。

川连沟-二道岭子预测工作区位于华北陆块北缘活动陆缘带，早古生代伊泉岩浆弧南东，伊舒地堑的东南部，大黑山条垒的构造叠合部位。北东向伊舒断裂带是一条地体拼接带，为性质不同的2个大地构造单元的分界线，也是含镍基性—超基性侵入岩体的导岩（矿）构造，由于伊舒断裂带不断活动，深度不断增大，导致基性—超基性岩和花岗岩沿断裂带大量侵入。区内断裂构造主要有北东向、北西向、近东西向，中基性—超基性侵入岩呈近东西向—北西向展布。

2. 预测工作区建造特征

1）火山岩建造

火山岩建造包括中生界白垩系上统营城组安山岩、流纹岩、泥质粉砂岩夹煤层建造；新生界船底山组橄榄玄武岩、黑色玄武岩建造。

2）侵入岩建造

（1）加里东晚期侵入岩建造。主要为晚志留世片麻状石英闪长岩、花岗闪长岩、二长花岗岩。

（2）海西期侵入岩建造。主要有中二叠世石英闪长岩建造、晚二叠世辉石角闪岩建造。

(3)印支期侵入岩建造。印支期侵入岩较发育,主要有中三叠世花岗闪长岩、晚三叠世辉长岩。

(4)燕山早期侵入岩建造。燕山早期侵入岩十分发育,主要有早侏罗世花岗闪长岩,中侏罗世石英闪长岩、花岗闪长岩、二长花岗岩,晚侏罗世闪长岩。

3)沉积岩建造

区内有中生界下侏罗统登楼库组碎屑岩沉积建造(砂砾岩、砂岩、粉砂岩及泥岩);新生代砂-砾石层、黏土层堆积(阶地及河流相)。

4)变质岩建造

区内主要有早古生代变质岩建造[奥陶系盘岭(岩)组:由角闪片岩、二云片岩、黑云角闪片岩组成]、海相碳酸盐岩夹碎屑岩沉积建造[黄顶子(岩)组:条带状大理岩夹二云石英片岩、含石榴子石红柱石片岩、变质长石石英砂岩、黑云变粒岩]。

四、漂河川预测工作区

1.区域建造构造特征

漂河川预测工作区大地构造位置处于南华纪—中三叠世天山-兴蒙-吉黑造山带(Ⅰ)包尔汉图-温都尔庙弧盆系(Ⅱ)下二台-呼兰-伊泉陆缘岩浆弧(Ⅲ)盘桦上叠裂陷盆地(Ⅳ)内。

漂河川预测工作区位于天山-兴安地槽褶皱区与中朝准地台两大构造单元接壤地带的槽区一侧的吉黑褶皱系吉林优地槽褶皱带南缘。辉发河超岩石圈断裂不仅是两构造单元的分界线,也是含镍基性—超基性侵入岩体的导岩(矿)构造,由于辉发河超岩石圈断裂带不断活动,深度不断增大,引起基性—超基性岩和花岗岩沿断裂带大量侵入。

与含矿有关的建造为变质岩建造及侵入岩建造,变质岩建造即寒武系黄莺屯(岩)组,其本身富含铜元素,受后期岩浆热液活动的影响,使有用矿物迁移、沉淀,局部富集形成矿体。

2.预测工作区建造特征

1)火山岩建造

预测区工作区内火山岩主要分布于北西和南东两侧,沿着敦密断裂带分布,为中—新生代火山岩。包括中生界下白垩统安民组火山碎屑岩建造,以喷溢相为主,岩石组合以安山岩为主夹砂岩、页岩;新生界船底山组致密块状玄武岩、气孔状玄武岩及橄榄玄武岩建造,军舰山组橄榄玄武岩、玄武岩建造。

2)侵入岩建造

(1)印支期侵入岩建造。辉长岩、斜长辉岩、闪辉岩建造:为漂河川岩体群的组成部分。分布于漂河川一带二道甸子-暖木条子轴向近东西背斜北翼,东西长40km,南北宽4km,呈北东向带状分布。岩性以基性岩为主,伴有少量超基性岩和中性岩,在区内有100余个基性—超基性岩体。

(2)燕山早期侵入岩建造。燕山早期侵入岩十分发育,构成吉林东部火山-岩浆岩带的一部分。主要有二长花岗岩、花岗闪长岩。

(3)燕山晚期侵入岩建造。燕山晚期侵入岩为二长花岗岩、晶洞花岗岩、闪长玢岩、花岗斑岩。

3)沉积岩建造

区内有中生代早白垩世一套砾岩夹砂岩建造(小南沟组);新生代全新世河漫滩相砂-砾石层、黏土层堆积(阶地及河流相)。

4)变质岩建造

下古生界呼兰(岩)群变质岩建造,包括变粒岩与大理岩互层夹斜长角闪岩变质岩建造[黄莺屯(岩)组]、大理岩夹变粒岩变质岩建造[小三个顶子(岩)组]。

五、大山咀子预测工作区

1. 区域建造构造特征

大山咀子预测工作区大地构造位置处于南华纪—中三叠世天山-兴蒙-吉黑造山带(Ⅰ)小兴安岭-张广才岭弧盆系(Ⅱ)小顶山-张广才岭-黄松裂陷槽(Ⅲ)双阳-永吉-蛟河上叠裂陷盆地(Ⅳ)内。

大山咀子预测工作区位于天山-兴安地槽褶皱区吉黑褶皱系吉林优地槽褶皱带内,敦密断裂带的北东侧,与磐石红旗岭铜镍矿床、桦甸漂河川铜镍矿床处于同一构造单元,成矿地质条件相似。敦密深大断裂是含镍基性—超基性侵入岩体的导岩(矿)构造,由于该断裂带不断活动,深度不断增大,引起基性—超基性岩和花岗岩沿断裂带大量侵入。区内断裂构造展布方向主要为北东向,北西向次之,基性岩体就位于北东向、北东东向的断裂系统中,辉长岩类、斜长辉岩类基性岩体控矿。

2. 预测工作区建造构征

1)火山岩建造

预测工作区内火山岩主要沿敦密断裂带分布,为中—新生代火山岩。包括中生界上三叠统托盘沟组安山岩建造,下白垩统金沟岭组安山岩、含角砾安山岩建造;新生界船底山组致密块状玄武岩、气孔状玄武岩及橄榄玄武岩建造,老爷岭组块状玄武岩、气孔状玄武岩建造,军舰山组橄榄玄武岩、玄武岩建造。

2)侵入岩建造

(1)印支期侵入岩建造。为印支晚期辉长岩建造,区内玄武岩覆盖层下赋存有基性—超基性岩石,断裂构造控制基性—超基性岩侵入就位。岩性以基性岩为主,伴有少量超基性岩和中性岩。

(2)燕山早期侵入岩建造。燕山早期侵入岩十分发育,构成吉林东部火山-岩浆岩带的一部分。主要有闪长岩、二长花岗岩、花岗闪长岩。

(3)燕山晚期侵入岩建造。燕山晚期侵入岩为二长花岗岩。

3)沉积岩建造

区内有上古生界上二叠统红山组泥质、粉砂质板岩夹细砂岩、凝灰质砂岩建造;新生界土门子组碎屑岩夹硅藻土建造,全新世河漫滩相砂-砾石层、黏土层堆积(阶地及河流相)。

4)变质岩建造

区内新元古代变质岩建造,包括斜长片麻岩-斜长角闪岩-变粒岩夹磁铁石英岩变质岩建造[啦啦沟(岩)组],原岩为基性火山岩-火山碎屑岩-碎屑岩组合;斜长片麻岩-变粒岩-角闪片麻岩-斜长角闪岩-浅粒岩-二云石英片岩-透辉大理岩及石英岩建造[朱墩店(岩)组],原岩为泥砂质沉积岩-火山岩;黑云变粒岩-角闪变粒岩夹大理岩建造(杨木岩组);变质砂岩-石英片岩建造(新兴岩组)。

六、六棵松-长仁预测工作区

1. 区域建造构造特征

六棵松-长仁预测工作区大地构造位置处于南华纪—中三叠世天山-兴蒙-吉黑造山带(Ⅰ)包尔汉图-温都尔庙弧盆系(Ⅱ)清河-西保安-江域岩浆弧(Ⅲ)图们-山秀岭上叠裂陷盆地(Ⅳ)内。

六棵松-长仁预测工作区位于两大构造单元交接处之褶皱区一侧,以古洞河深断裂为界,北为吉黑古生代大洋板块褶皱造山带之东段与古洞河深大断裂交会处,华北陆块北缘、江域岩浆弧与中生代火山盆地群改造部位。出露的新元古界青龙村岩群新东村(岩)组、长仁大理岩是本区含镍基性—超基性岩体群的主要围岩。区内的断裂构造主要有东西向、北西向、北东向,其中北北西向长仁-獐项断裂是重要的控矿断裂,控制了六棵松-长仁基性岩群的展布,矿床、矿体的展布受超基性岩体的规模、形态及分布特征所制约,含矿建造主要为辉石岩、二辉橄榄岩、橄榄二辉岩、二辉岩。

2. 预测工作区建造特征

1)火山岩建造

区内火山岩为中—新生代火山岩建造,有中生界上侏罗统屯田营组蚀变安山岩、气孔杏仁状安山岩,下白垩统金沟岭组安山岩、角闪安山岩,火山构造属金沟岭-五凤-罗子沟火山洼地;新生界船底山组橄榄玄武岩、块状玄武岩,火山岩相为喷溢相。火山构造泛流玄武岩,隶属长白山-闹枝沟火山构造洼地。

2)侵入岩建造

区内的侵入岩比较发育,海西早期、海西晚期及燕山期侵入岩均有出露。

(1)六棵松-长仁基性—超基性岩。

①超基性岩群(ΣD):由10～15个小岩株组成,岩性有橄榄岩、二辉橄榄岩、二辉岩、含长二辉岩、次闪石化辉岩等,该超基性岩侵入新元古界新东村(岩)组片麻岩中,该超基性岩与铜镍成矿关系极为密切。

②基性岩(νD):主要分布在新东村、长仁、柳水坪、獐项等地,由9个小岩株构成基性岩群,岩性为辉长岩、角闪辉长岩等。

(2)中二叠世闪长岩。出露于鸡南村附近,以岩株产出,岩性为黑灰色中细粒闪长岩。

(3)晚二叠世二长花岗岩。分布于预测区西南部,以岩基状产出,侵入新太古界鸡南岩组和新太古代英云闪长质片麻岩,被早侏罗世花岗闪长岩侵入。岩性为浅肉红色中细粒二长花岗岩。

(4)早侏罗世花岗闪长岩、闪长岩、二长花岗岩。其中花岗闪长岩分布于预测区东南部,以岩基产出,该岩体侵入新元古界新东村(岩)组,岩性为灰白色中细粒花岗闪长岩。

(5)脉岩。区内脉岩比较发育,有闪长玢岩、花岗斑岩、花岗细晶岩、含钾伟晶岩等。

3)沉积岩建造

(1)中二叠统庙岭组(P_2m)。岩性为灰色细砂岩、粉砂岩夹灰色灰岩。

(2)白垩系下统长财组(K_1c)。岩性为灰黄色砾岩、砂岩、粉砂岩夹煤。

(3)白垩系下统大拉子组(K_1dl)。岩性为灰黄色砾岩、砂岩,发育有较好的水平层理和斜层理。

(4)白垩系上统龙井组(K_2l)。岩性以紫色、土黄色粗砂岩、细砂岩为主夹泥岩、泥灰岩,交错层理发育。

(5)第四系全新统Ⅰ级阶地及河漫滩堆积(Qh^{al})。主要为冲积砂、砾石,松散砂砾、亚砂土、亚黏土。

4)变质岩建造

(1)新太古代变质深成岩(Ar_3gn)。岩性为变英云闪长质片麻岩。

(2)新太古界南岗岩群。

①新太古界鸡南岩组($Ar_3j.$):岩石组合为黑云角闪变粒岩夹角闪岩及磁铁石英岩变质岩建造。变质矿物组合为Pl+Bi+Hb。原岩建造为中基性火山岩-沉积岩含硅铁建造。变质相为角闪岩相。变质作用类型为中温中压区域变质作用。

②新太古界官地岩组($Ar_3g.$):岩石组合为黑云变粒岩与浅粒岩互层夹磁铁石英岩变质岩建造。变质矿物组合为Pl+Bi+Hb+Qz。原岩建造为中酸性火山岩-沉积岩含硅铁建造。变质相为绿片岩相。变质作用类型为低温中压区域变质作用。

(3)新元古界青龙村(岩)群。

①新元古界新东村(岩)组($Pt_3xd.$):岩石组合为黑云变粒岩、黑云浅粒岩、黑云斜长片麻岩、含石墨方解石大理岩。变质岩建造为黑云变粒岩夹黑云斜长片麻岩及含墨方解石大理岩建造。变质矿物组合为Pl+Bi+Hb+Qz。原岩建造为泥岩、粉砂岩建造。变质相为角闪岩相;变质作用类型为中温中压区域变质作用。

②新元古代长仁大理岩(Pt_3c):岩石组合为白色含墨大理岩、含硅质条带大理岩、含墨硅质条带大理岩。变质岩建造为大理岩变质岩建造。变质矿物组合为Ab+Qz+Cal。原岩建造为火山-陆源碎屑沉积建造。变质相为绿片岩相,变质作用类型为低温区域变质。

七、赤柏松-金斗预测工作区

1.区域建造构造特征

赤柏松-金斗预测工作区大地构造位置处于前南华纪华北陆块(Ⅰ)华北东部陆块(Ⅱ)龙岗-陈台沟-沂水前新太古代陆核(Ⅲ)板石新太古代地块(Ⅳ)内。

赤柏松-金斗预测工作区位于中朝准地台辽东台隆,铁岭-靖宇台拱与太子河-浑江凹陷褶断束接触带隆起一侧。区内地层主要以太古宙地体表壳岩为主,主要岩性为黑云斜长片麻岩、斜长角闪岩夹浅粒岩、透闪石岩及麻粒岩,变质程度较深,属高级角闪岩相与麻粒岩相,多被太古宙英云闪长岩侵入,仅以包体存在于英云闪长岩中。预测区东侧湾湾川一带表壳岩以片状斜长角闪岩、浅粒岩为主,多被钾长花岗岩侵入。

2.预测工作区建造特征

1)火山岩建造

(1)中生界上侏罗统果松组。砾岩、玄武安山岩、安山岩、安山质火山碎屑岩建造。

(2)中生界上侏罗统林子头组。安山质集块岩建造、安山岩建造、火山碎屑岩建造。

2)侵入岩建造

区内侵入岩分布有古元古代基性—超基性建造和晚中生代白垩纪酸性侵入岩建造。

(1)赤柏松基性—超基性岩建造。赤柏松基性—超基性构造岩浆带北西走向,长21km,宽11km,带内有大、小基性—超基性岩体近70余个(包括带外大泉源、头道镇一带)。预测区内绘出11个(条)基性—超基性岩体,众多的辉绿玢岩脉、闪长玢岩、部分辉长岩、橄榄辉长岩及碱性岩脉没有填制。11条岩体北西成带,北东成脉,岩石类型有辉绿玢岩脉、变质辉长岩、橄榄苏长辉长岩、二辉橄榄岩、变质辉绿岩。其中赤柏松岩体长约2.5km,宽200~300m,砬缝一带的岩体略大,长约4.5km,一般岩体宽1.5~2km。岩体分异作用不明显,没有基性—超基性岩所具有的按基性程度分异的似层状构造。但是岩体的不同部位岩性、岩相有差异,由此有人提出岩体形成的脉动说,认为基性熔浆在岩浆房发生重力分异阶段,多次侵入,形成复合岩体。岩体的围岩都是新太古代变质二长花岗岩。

(2)晚中生代白垩纪酸性侵入岩建造。通化县-干沟花岗斑岩构造岩浆亚带,为晚中生代构造岩浆带,主要由碱长花岗岩、花岗斑岩小岩体或岩株呈北西向断续展布,为二密(松顶山)构造岩浆带的组成部分。

3)沉积岩建造

(1)中侏罗统小东沟组。砾岩、砂岩夹泥质岩沉积岩建造。

(2)上侏罗统鹰嘴砬子组。砾岩、页岩、砂岩、泥灰岩沉积岩建造。

4)变质岩建造

区内变质岩建造主要为新太古界红透山岩组,岩性为黑云变粒岩、斜长角闪岩夹磁铁石英岩。新太古代变质二长花岗岩建造。

八、大肚川-露水河预测工作区

1.区域建造构造特征

大肚川-露水河预测工作区大地构造位置处于前南华纪华北陆块(Ⅰ)华北东部陆块(Ⅱ)龙岗-陈台沟-沂水前新太古代陆块(Ⅲ)夹皮沟新太古代地块(Ⅳ)内。

大肚川-露水河预测工作区位于中朝准地台、龙岗断块北缘,处于辉发河-古洞河超岩石圈断裂向北突出弧的顶部。区内构造复杂,主要以阜平期的褶皱构造和韧性剪切带为基础构造,其褶皱轴及韧性剪切带展布方向总体上都为北西向,在韧性剪切带中有多次脆性构造叠加,形成了多条平行的挤压破碎带。赋存镍矿的基性—超基性岩体就位于近北西向—北东东向的断裂系统,变辉长岩、辉绿岩等为控矿岩体。出露地层主要为中太古界龙岗岩群和新太古界夹皮沟岩群。

2.预测工作区建造特征

1)火山岩建造

(1)中生界上三叠统托盘沟组。流纹岩夹流纹质火山碎屑岩建造。

(2)新生界新近系上新统军舰山组。玄武岩、橄榄玄武岩建造。

2)侵入岩建造

区内侵入岩分布有太古宙变质基性—超基性岩建造、花岗岩建造,元古宙基性—超基性岩建造,中生代侏罗纪中酸性侵入岩建造。

(1)太古宙变质基性—超基性岩。中太古代基性—超基性岩:主要为变辉长-辉绿岩侵入中太古代英云闪长质片麻岩中,或以残留体形式残存于新太古代英云闪长质片麻岩或新太古代变二长花岗岩中。新太古代基性—超基性岩:主要岩石类型有变辉长岩、变辉长辉绿岩、角闪石岩等,多呈包体赋存于中—新太古代的变二长花岗岩、英云闪长质片麻岩、变钾长花岗岩、紫苏花岗岩中。

(2)太古宙变质花岗岩类。永安屯-板石-长白地块的花岗岩类:中太古代花岗岩主要为英云闪长质片麻岩,其原岩为奥长花岗岩、英云闪长岩;新太古代花岗岩主要有紫苏花岗岩、变钾长花岗岩、变二长花岗岩。夹皮沟地块的花岗岩类:新太古代英云闪长质片麻岩和变二长花岗岩。英云闪长质片麻岩,原岩为奥长花岗岩、英云闪长岩、闪长岩。

(3)元古宙基性—超基性侵入岩。古元古代变质辉绿岩、变质辉长-辉绿岩,多以岩脉或岩墙产出,往往成群出现。

(4)中生代燕山期侵入岩。有早侏罗世石英闪长岩、花岗闪长岩、二长花岗岩;中侏罗世二长花岗岩。

3)沉积岩建造

(1)新元古界南华系。钓鱼台组石英砂岩、长石石英砂岩建造;南芬组页岩、泥灰岩建造。

(2)中生界上三叠统小河口组砂砾岩夹煤建造。下白垩统长财组砂砾岩夹煤建造、大拉子组砂砾岩建造。

(3)第四纪阶地及河漫滩堆积。主要为冲积砂、砾石,松散砂砾、亚砂土、亚黏土。

4)变质岩建造

(1)中太古代表壳岩。龙岗岩群:下部为四道砬子河岩组,以捕虏体形式分布于中太古代英云闪长质片麻岩中,下段变质程度较深,达到麻粒岩相,主要岩性为二辉麻粒岩、斜长角闪岩夹黑云变粒岩、浅色麻粒岩(长英质麻粒岩)、辉石磁铁石英岩,原岩以基性火山岩为主,同时还有陆源碎屑岩;上段变质程度相对较浅，为角闪岩相，主要岩石组合为斜长角闪岩、黑云斜长片麻岩、浅粒岩、黑云变粒岩，在斜长角闪岩中夹有薄层磁铁石英岩，局部出现浅色麻粒岩。原岩为基性火山岩、中酸性火山碎屑岩及陆源碎屑岩。上部为杨家店岩组，以捕虏体形式残存于中太古代 TTG 岩系中，主要岩性有斜长角闪岩、黑云片麻岩、黑云斜长片麻岩、二云片岩、石榴子石黑云变粒岩、浅粒岩、夕线石榴黑云斜长片麻岩、磁铁石英岩等，以角闪岩相变质作用为主，局部达麻粒岩相，原岩建造为一套碎屑岩-中基性火山岩-硅铁建造。

(2)新太古代表壳岩。夹皮沟岩群：下部为老牛沟岩组，主要岩石类型有斜长角闪岩、黑云变粒岩、黑云片岩、绢云绿泥片岩、磁铁石英岩等，区域变质程度较浅，普遍叠加有后期绿片岩相退变质作用，以低角闪岩相-绿片岩相为主，原岩为中基性—酸性火山岩、火山碎屑岩-硅铁质沉积岩。上部为三道沟岩组，主要岩石类型有斜长角闪岩、浅粒岩、绢云石英片岩、绢云绿泥片岩、磁铁石英岩等，具有中低级区域变质特征，变质相为绿片岩相，局部可达角闪岩相，原岩为火山岩-正常碎屑沉积岩含硅铁质沉积岩，普遍叠加有动力变质作用和绿片岩相退变质作用，形成不同类型的片岩夹磁铁石英岩，三道沟岩组是吉林省重要的含矿层位。

九、荒沟山-南岔预测工作区

1. 区域建造构造特征

荒沟山-南岔预测工作区大地构造位置处于前南华纪华北陆块(Ⅰ)华北东部陆块(Ⅱ)胶辽吉元古宙裂谷带(Ⅲ)老岭坳陷盆地(Ⅳ)内。

荒沟山-南岔预测工作区位于吉林省东南部，老岭背斜南东翼的次级褶皱三道阳岔-三岔河复式背斜的北西翼。区内出露地层有太古宙表壳岩；古元古界老岭(岩)群珍珠门(岩)组大理岩，花山组二云片岩、绢云千枚岩、十字石片岩、含碳千枚岩、石英岩及大理岩。主要岩浆岩为印支晚期—燕山期黑云母花岗岩、二长花岗岩及酸性—基性脉岩。小四平-荒沟山-南岔"S"形断裂为重要的导矿、容矿构造。

2. 预测工作区建造特征

1)火山岩建造

主要为中生代形成的钙碱性火山岩建造及其火山碎屑岩建造。

(1)三叠系长白组。岩性为玄武安山岩、安山岩，安山质火山角砾岩，安山质岩屑晶屑凝灰岩夹英安岩、流纹岩、流纹质岩屑晶屑凝灰岩、流纹质火山角砾岩夹英安岩。

(2)侏罗系果松组。岩性为玄武安山岩、安山岩、安山质火山角砾岩、安山质岩屑晶屑凝灰岩。

(3)侏罗系林子头组。岩性为流纹质岩屑晶屑凝灰岩、流纹质火山角砾岩夹流纹岩。

(4)新近系军舰山组。岩性为橄榄玄武岩、玄武岩建造。

2)侵入岩建造

预测区内侵入岩较发育，并具有多期多阶段性，主要为中生代侏罗纪中粒二长花岗岩、中细粒闪长岩、中细粒石英闪长岩；白垩纪中细粒碱性花岗岩、花岗斑岩等。

3)沉积岩建造

预测区内地层自下而上如下所示。

(1)南华系。马达岭组紫色砾岩、长石石英砂岩、含砾长石石英砂岩；白房子组灰色细粒长石石英砂岩、杂色含云母粉砂岩、粉砂质页岩夹长石石英砂岩；钓鱼台组灰白色石英质角砾岩夹赤铁矿、灰白色石英砂岩、含海绿石石英砂岩；南芬组紫色、灰绿色页岩-粉砂质页岩夹泥灰岩；桥头组含海绿石石英砂岩、粉砂岩、页岩。

(2)震旦系。万隆组碎屑灰岩、藻屑灰岩、泥晶灰岩；八道江组碎屑灰岩、叠层石灰岩、藻屑灰岩夹硅质岩；青沟子组黑色页岩夹灰岩、白云质厚层状沥青质灰岩及菱铁矿化白云岩透镜体。

(3)寒武系。水洞组黄绿色、紫红色粉砂岩，含海绿石和胶磷矿砾石细砂岩；碱厂组灰色页岩、泥质灰岩、结晶页岩、黑灰色厚层状豹皮状沥青质灰岩；馒头组东热段紫红色含铁泥质白云岩、含石膏泥质白云岩、暗紫色粉砂岩夹石膏，河口段上部青灰色、黄绿色页岩，粉砂质页岩夹薄层页岩；张夏组青灰色厚层鳞状生物碎屑页岩、薄层灰岩夹少量页岩；崮山组紫色、黄绿色页岩，粉砂岩，竹叶状灰岩；炒米店组薄板状泥晶灰岩、泥晶砾屑灰岩、泥晶-亮晶生物碎屑灰岩夹黄绿色页岩。

(4)奥陶系。冶里组中层-中薄层灰岩夹紫色、黄绿色页岩和竹叶状灰岩；亮甲山组豹皮状灰岩夹燧石结核白云质灰岩；马家沟组白云质灰岩、灰岩夹豹皮状灰岩、燧石结核页岩。

(5)石炭系。本溪组黄灰色、灰白色砾岩夹黄绿色含铁质结核粉砂岩，青灰色、黄色石英砂岩，杂砂岩，粉砂岩，灰黑色、黄绿色碳质、粉砂质页岩夹煤线；太原组灰色、灰绿色页岩，粉砂质页岩，铝土质页岩夹灰岩、泥灰岩，局部夹透镜状薄层煤；山西组粗砂岩、粉砂岩、页岩夹煤。

(6)二叠系。石盒子组杂色中粗粒砂岩、细砂岩、页岩夹铝土质岩；孙家沟组红色、砖红色砂岩，粉砂岩夹铝土质页岩。

(7)侏罗系。小东沟组紫灰色粉砂岩夹页岩；鹰嘴砬子组铁胶质砾岩、黄绿色页岩夹煤线，灰色、灰绿色泥灰岩，黄绿色厚层砂岩、长石砂岩夹泥灰岩；石人组黄绿色厚层砾岩夹粗砾岩。

(8)白垩系。小南沟组杂色砂岩、粉砂岩、紫色砾岩。

(9)第四系。Ⅱ级阶地灰黄色黄土、亚黏土；Ⅰ级阶地及河漫滩松散砂-砾石堆积。

4)变质岩建造

预测区内变质岩有中太古代英云闪长质片麻岩，新太古代变二长花岗岩。古元古界集安(岩)群荒岔沟(岩)组、大东岔岩组；老岭(岩)群林家沟岩组、珍珠门岩组、花山岩组、临江岩组、大栗子(岩)组。镍矿产与老岭(岩)群花山岩组千枚岩夹大理岩变质岩建造关系密切。

(1)集安(岩)群。荒岔沟(岩)组：岩性为石墨变粒岩、含墨透辉变粒岩、大理岩夹斜长角闪岩。大东岔岩组：岩性为含夕线石榴变粒岩、片麻岩夹含榴黑云斜长片麻岩。

(2)老岭(岩)群。林家沟岩组：自下而上为长石石英岩夹变质砾岩、钠长变粒岩夹白云质大理岩、黑云变粒岩夹大理岩、板岩夹大理岩变质岩建造。珍珠门岩组：厚层大理岩变质建造，由白色厚层白云质大理岩、碳质条带状大理岩、硅质条带白云石大理岩、透闪石大理岩、紫红色角砾状大理岩组成，原岩为白云岩-灰岩，相当于镁质碳酸盐岩沉积岩建造。花山岩组：属二云片岩夹大理岩建造，上部为十字二云片岩、绢云千枚岩夹5层大理岩；中部为黝帘石二云片岩、二云石英片岩夹3层大理岩；下部为云母石英片岩、千枚岩、变质粉砂岩夹十字二云片岩和4层大理岩。原岩为一套泥质、黏土质岩石、粉砂岩、石英砂岩及碳酸盐岩建造，其沉积环境属裂谷盆地，为区内的主要赋矿层位，赋存铜钴镍矿产。临江岩组：属二云片岩夹变质长石石英岩变质岩建造，岩性为二云片岩、黑云变粒岩夹灰白色中厚层石英岩，原岩为粉砂质泥岩-石英砂岩建造。大栗子(岩)组：为千枚岩夹大理岩变质建造，下部为千枚岩夹大理岩、董青石角岩、石英岩及含锰磁铁矿；上部以千枚岩为主，夹大理岩、变质砂岩及铁矿层。原岩为碎屑岩-泥质粉砂岩-铁质碳酸盐岩建造，其中有大栗子式沉积变质铁矿。

第四章　典型矿床与区域成矿规律研究

第一节　技术流程

(1)研究矿床形成的地质构造环境及控矿因素。

(2)研究矿床三维空间分布特征,编制矿体立体图或编制不同中段水平投影组合图、不同剖面组合图。分析矿床在走向和垂向上的变化、形成深度、分布深度、剥蚀程度。

(3)研究矿床物质成分,包括矿床矿物组成,主成矿元素及伴生元素含量及其赋存状态、平面、剖面分布变化特征。

(4)分析各成矿阶段蚀变矿物组合在蚀变作用过程中物质成分的带出带入,蚀变空间分带特征,分析主成矿元素迁移过程和沉淀过程中不同的蚀变特征。

(5)划分矿床的成矿阶段,研究主成矿元素在各成矿阶段的富集变化,划分成矿期,说明各成矿期主元素的变化。

(6)确定成矿时代,成矿作用一般经历了漫长的地质发展历史过程,有的是多期成矿,叠加成矿,因此一般情况下成矿作用时代以矿床就位年龄为代表,就位年龄包括直接测定年龄、间接推断年龄、地质类比年龄和矿床类比年龄,应收集重大地质事件对成矿的影响年龄。

(7)分析成矿地球化学特征,运用各成矿阶段的矿物组合、蚀变矿物组合、交代作用、同位素、包体成分、成矿温度、压力、酸碱度、氧逸度、硫逸度分析等资料,确定元素迁移富集的内外部条件,地质地球化学标志和迁移富集机理。

(8)分析可能的物质成分来源,包括主要成矿金属元素来源、硫来源、热液流体来源。

(9)确定具体矿床的直接控矿因素和找矿标志。

(10)结合沉积作用、岩浆活动、构造活动和变质作用等控矿因素分析成矿机制及成矿作用过程。

(11)建立典型矿床成矿模式。通过典型矿床研究,系统总结成矿的地质构造环境,控矿的各类及主要控矿因素,矿床的三维空间分布特征,矿床的物质组成,成矿期次,矿床的地球物理、地球化学、遥感、自然重砂特征及标志,成矿物理化学条件,成矿时代及矿床成因。建立典型矿床成矿模式,编制成矿模式图。

(12)建立典型矿床综合评价找矿模型。在典型矿床成矿模式研究的基础上,结合矿床地球物理、地球化学、遥感及自然重砂等特征,建立典型矿床综合评价找矿模型。其研究内容为:①成矿地质条件,包括构造环境、岩石组合、构造标志及围岩蚀变;②找矿历史标志,包括采矿遗迹和文字记录;③地球物理标志,包括重力、磁法、电法及伽马能谱等;④地球化学标志,主要包括区域和矿区的;⑤遥感信息标志,包括遥感的色、带、环、线、块,以及羟基和铁染异常;⑥地表找矿标志,指包括含矿建造或岩石组合的特殊标志,原生露头或矿石转石等;⑦编制典型矿床综合评价找矿模型图。

第二节 典型矿床研究

一、典型矿床选取及其特征

根据吉林省镍矿成因类型确定5个典型矿床，全面开展镍矿特征研究。

(1)基性—超基性岩浆熔离-贯入型：磐石红旗岭铜镍矿床、蛟河漂河川铜镍矿床、和龙长仁铜镍矿床、通化赤柏松铜镍矿床。

(2)沉积变质型：白山杉松岗铜钴矿床(伴生镍)。

(一)磐石市红旗岭铜镍矿床特征

1.地质构造环境及成矿条件

矿床位于南华纪—中三叠世天山-兴蒙-吉黑造山带(Ⅰ)包尔汉图-温都尔庙弧盆系(Ⅱ)下二台-呼兰-伊泉陆缘岩浆弧(Ⅲ)盘桦上叠裂陷盆地(Ⅳ)内。辉发河超岩石圈断裂不仅是2个构造单元的分界线，也是含镍基性—超基性侵入岩体的导岩(矿)构造，与之有成因联系的北西向次一级断裂为储岩(矿)构造。

(1)地层：辉发河超岩石圈断裂南东侧为华北陆块区，出露地层主要为太古宙地体；北西侧为吉黑造山带，出露地层主要为志留系—泥盆系海相砂页岩和泥灰岩等[呼兰(岩)群片岩及大理岩]；这种格局是由于辉发河超岩石圈断裂带在中奥陶世后，加里东运动时期，南东部上升强烈，开始长期隆起剥蚀，而北西侧相对下降、断陷、海侵，发展成中上古生界褶皱带。

(2)侵入岩：由于辉发河超岩石圈断裂带不断活动，深度不断增大，引起基性—超基性岩和花岗岩沿断裂带大量侵入，根据岩相、生成时代及岩石化学特征等划分5种类型。其特征见表4-2-1。

表4-2-1 岩体特征一览表

岩体类型	时代	岩带	岩体形态	岩体组合	分异程度	岩石化学特征	含矿性	属于本类型岩体
斜长角闪石岩-角闪石岩型	加里东晚期	Ⅱ-Ⅲ	透镜状或不规则岩墙状	斜长角闪石岩-角闪石岩(变质中基性岩)	差	M/F值为1.3~2.8	无矿化	14号、16号、17号、20号、21号、22号、26号、27号、28号、29号、4号、5号、6号、15号、18号、19号、24号岩体
辉长岩-辉石岩型	海西早期	Ⅰ(Ⅲ)	岩墙状(或似盆状)	闪长岩-辉长岩-辉石岩	较好	M/F值为3.4(3号岩体平均成分)	有小型脉状矿体(8号岩体未见矿)	3号、30号、25号、8号、23号岩体
辉长岩-辉石岩-橄榄岩型	海西早期	Ⅰ	似盆状或杯状	辉长岩-辉石岩-橄榄岩(橄榄辉岩)	好	M/F值为5.5(1号岩体平均成分)	大、中型矿床	1号、2号岩体

续表 4-2-1

岩体类型	时代	岩带	岩体形态	岩体组合	分异程度	岩石化学特征	含矿性	属于本类型岩体
斜方辉石岩型	海西早期	Ⅰ岩带亚带	岩墙状	(苏长岩)-顽火辉岩	单岩相岩体	M/F 值为 4.2~5.7(7号岩体平均成分)	大型矿床(32号、33号岩体未见矿)	7号、32号、33号岩体
角闪橄榄岩型	海西早期	Ⅰ(Ⅲ)	似盆状或杯状	角闪橄榄岩-(角闪石岩)	较差	M/F 值为 4.7(9号岩体平均成分)	有小型脉状矿体(31号岩体未见矿)	9号、31号岩体

红旗岭铜镍矿田主要由 H-7 大型矿床、H-1 中型矿床及 H-9 等 9 个小型矿床组成。矿田分布于开源-和龙超岩石圈断裂西段，辉发河超岩石圈断裂带北侧，含矿岩体受北西向次一级压扭性断裂控制，侵位于呼兰(岩)群中，单个岩体多为脉状、岩墙状与透镜状，呈串珠状排列。岩体类型为辉长岩-辉石岩-橄榄岩型与斜方辉石岩-苏长岩型。成岩时代属海西早期，同位素年龄为 350~331Ma。见图 4-2-1。

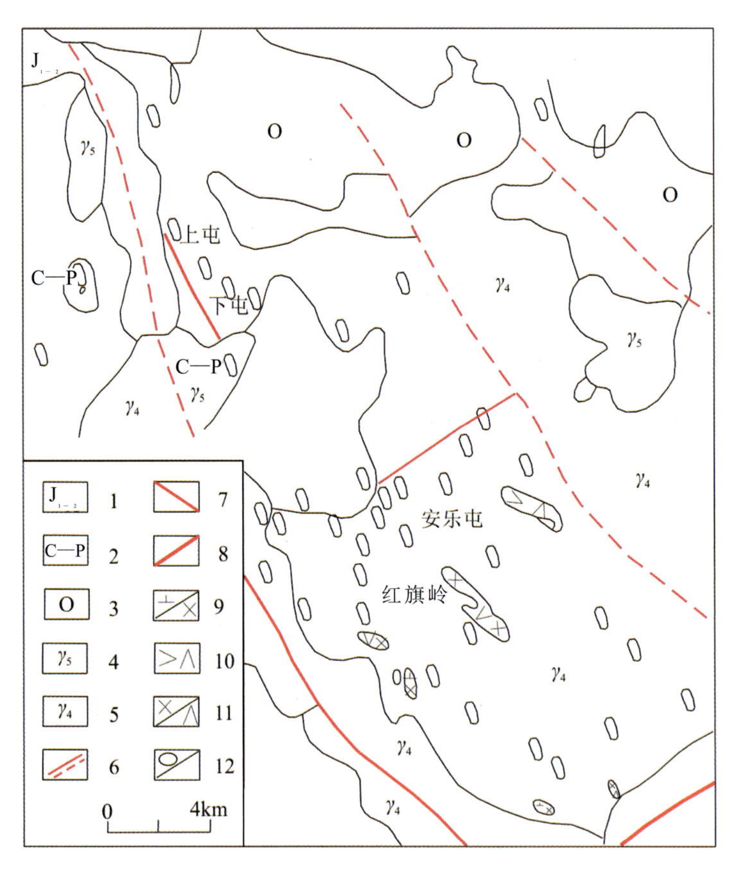

图 4-2-1 磐石市红旗岭铜镍矿田地质图

1. 中—下侏罗统火山碎屑岩；2. 石炭系至二叠系砂岩、板岩、灰岩；3. 奥陶系呼兰(岩)群变质岩系；4. 燕山期钾长花岗岩；5. 海西期花岗岩及花岗闪长岩；6. 实测及推测断裂；7. 区域性大断裂；8. 岩石圈断裂；9. 中基性及基性岩体；10. 中基性—超基性杂岩体；11. 基性—超基性杂岩体；12. 性质不明的岩体

①1 号(H-1)含矿岩体：岩体在平面上呈似纺锤形，见图 4-2-2，走向北西 40°，长 980m，宽 150~280m，延深 560m。在横剖面上两端向中心倾斜，北西端倾角 75°，南东端倾角 36°，呈一向北西侧伏的不

对称盆状体。在纵投影图上，岩体埋深由南而北逐渐变深，于南端翘起处矿化甚为富集。

H-1 岩体主要由辉长岩、含长橄辉岩与含长辉橄岩 3 个岩相组成。三者体积比为 1∶95∶4。20 世纪 60 年代初，一些研究者们认为这 3 个岩相是彼此过渡的结晶相变关系。近年来的研究，披露三者间是侵入关系和隐秘侵入接触关系，实际上是一个复式岩体。

岩体最上部是辉长岩相，由 An50～60 的斜长石（含量 50%～55%）及辉石（单斜辉石含量 35%，斜方辉石含量<10%）组成，中等粒度（d=1.5～2mm），辉长结构，仅局部见有辉绿结构。

含长辉橄岩相产于岩体中心部位，包在辉长岩外围，主要由斜方辉石（En=90±的古铜-顽火辉石，含量 20%～30%）与橄榄石（Fo=86%～90%，含量 50%～60%）组成，含 An55～60 的斜长石（含量 5%～10%）以及黑云母、棕闪石等。该岩相自身有相变，即随橄榄石的减少，辉石的增加，相变为含长橄榄岩等。嵌晶结构、反应边结构、自形-半自形粒状结构发育。

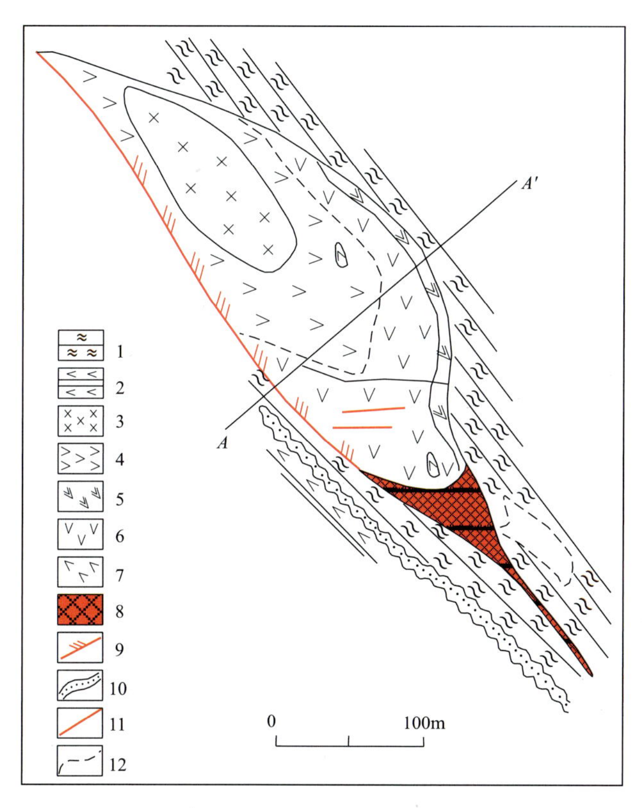

图 4-2-2　磐石市红旗岭铜镍矿床 1 号岩体地质图

1. 黑云母片麻岩；2. 角闪片岩；3. 辉长岩；4. 斜方辉石岩；5. 辉石橄榄岩；6. 橄榄辉石岩；7. 斜长岩脉；8. 工业矿体；9. 逆冲断层；10. 破碎带；11. 性质不明断层；12. 相变界线

含长橄榄岩相位于岩体底部，是主要的含矿岩相。主要由橄榄石、辉石类矿物组成，前者 Fo=87%，含量≥25%，后者以古铜辉石为主，含量在 40%～70%之间，其次含少量斜长石、棕闪石、黑云母等，次闪石化、黑云母化、蛇纹石化等蚀变与矿化关系密切。以海绵陨铁结构为特征，流动构造发育。硫化物平均含量 35%左右，由上至下硫化物含量有逐渐增加的趋势。

主要岩石化学特征：H-1 岩体属正常系列基性—超基性岩体。基性岩相 M/F=0.5～2，为铁质基性岩。超基性岩相 M/F=2～5.66，为铁质超基性岩。统计表明 M/F=2～4 者含矿性最好。在一些岩石化学图解上，3 个岩相分别分布在 3 个独立的、彼此不连续的区域内，这进一步表明该岩体是 3 次侵入作用形成的复式岩体。另外含矿与非含矿岩相的硫、镍含量差别显著，含矿岩相中硫、镍含量偏高，尤其是硫较非含矿岩相高出一个数量级。MgO 含量，辉长岩为 7.42%～11.61%，属于介于低温不含硫化物镁铁质岩与中温含硫化物中镁铁质岩之间的过渡岩石；辉橄岩与橄辉岩的 MgO 含量为 23.20%～33.66%，属于中温含硫化物中镁铁质岩，是含硫化铜镍矿最佳岩石类型。扎氏数字特征：b=22.17～62.99(平均 49.77)，m'=54.73～84.24(平均 73.56)，n=65.71～94.12(平均 76.28)，a/c=0.29～2.18(平均 0.81)。其他岩石化学指数：Km(构成矿物的元素化学反应能力)=48.18～77.90，Kf(元素中配位离子的稳定性度量)=22.10～51.82，Kn(组成岩石的化学成分酸碱平衡指数)=0.57～30.74，W=0.05～0.64，S=36.85～76.81，Ni/S=0.06～1.49，Ni/Cu=2.3，Ni/Co=2.6～63.64，S/P=0.06～82.49。

红旗岭铜镍矿床成矿元素在岩浆结晶分异过程中反应能力较强，可以形成稳定的化合物，在成矿阶段含矿热液处于偏酸性的地球化学环境，利于离子半径较大的成矿元素 Ni、Cu 等迁移，而大量深源 S 的加入、使矿液中的硫逸度显著增高，形成稳定的镍硫化物。

②7 号(H－7)含矿岩体：位于矿区东南部，沿北西向压扭性断裂的次一级断裂与围岩呈不整合侵入。岩体底盘为黑云母片麻岩，顶盘为花岗质片麻岩、角闪岩与大理岩的互层带。岩体南段为第三纪(古近纪＋新近纪)砂砾岩层覆盖，见图 4－2－3。岩体走向北西 30°～60°，总长数百米，宽数十米，其北西方向有 2 个与主岩体不相连的透镜状小岩体。在剖面上岩体呈岩墙状，见图 4－2－4，倾向北东，倾角 75°～80°。在岩体中段(如 4 线)产状稍有变化，从上往下由陡变缓，在转折处有狭缩现象。在 4 线附近的岩体上、下盘分别出现一个小的隐伏岩体，其产状与主岩体基本一致。

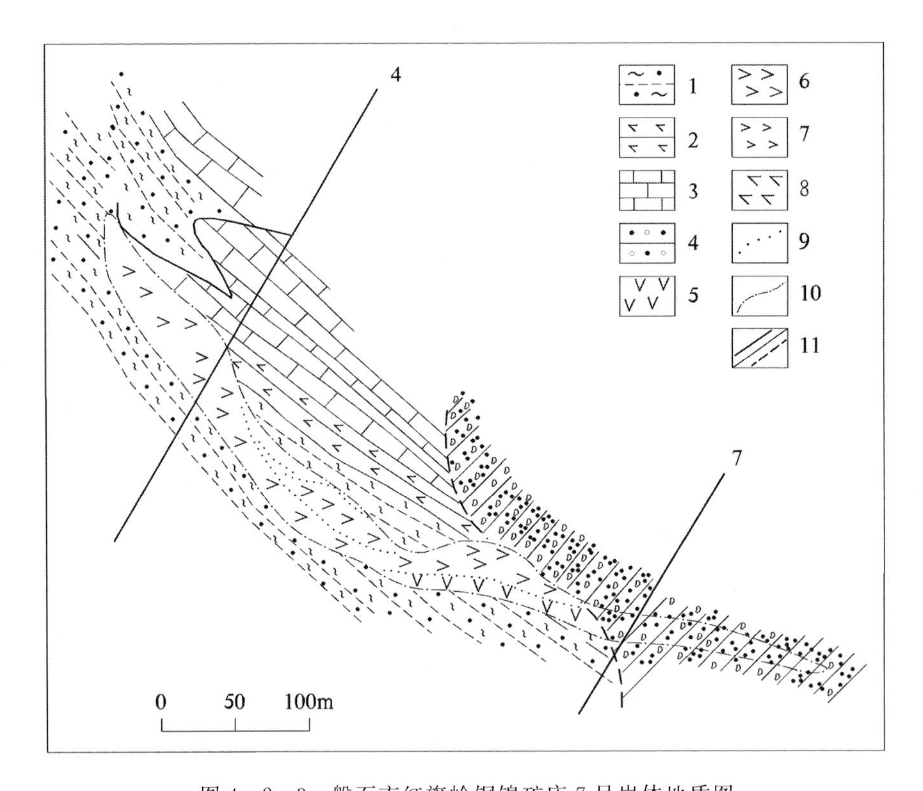

图 4－2－3　磐石市红旗岭铜镍矿床 7 号岩体地质图

1.黑云母片麻岩；2.角闪片岩；3.大理岩；4.砂砾岩；5.橄榄岩；6.顽火辉岩；7.蚀变辉石岩；8.苏长岩；9.岩相界线；10.岩体投影界线；11.实测及推测断层

组成岩体的主要岩相为顽火辉岩(局部强烈次闪石化为蚀变辉岩)和少量苏长岩。前者是岩体的主体，占岩体总体积的 96%，苏长岩多在岩体的边部，与围岩呈构造破碎接触，据其岩体化学特征及在岩体中的产状，可能由顽火辉岩同化围岩形成。蚀变辉岩分布无明显的规律，多在岩体边部或苏长岩的内侧。

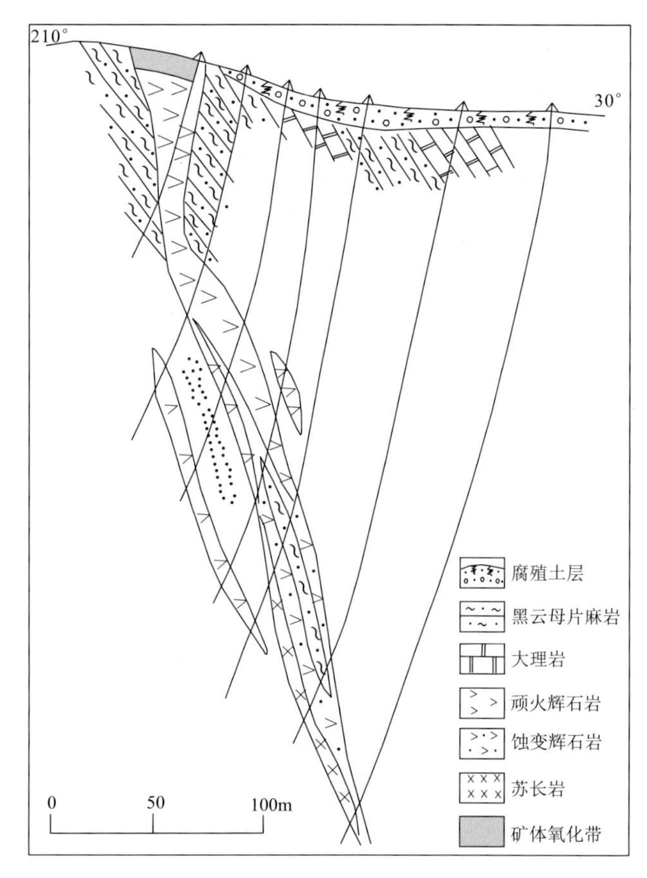

图 4-2-4 磐石市红旗岭铜镍矿床 7 号岩体 4 线剖面图

在岩体中段靠近下盘部位，常见有辉橄岩岩脉，这种岩脉由于其中橄榄石、斜方辉石相对含量的变化，有时过渡为橄榄岩或橄榄辉岩，但总的来说，其成分主要为辉橄岩。它与两侧围岩（顽火辉岩或蚀变辉岩）接触界线清楚，接触带常有小破碎带相隔。

顽火辉岩：暗绿色，中细粒，自形—半自形粒状结构。组成矿物主要为顽火辉石（En91，含量 75%～80%），及少量棕色角闪石、拉长石和单斜辉石。部分岩石蚀变强烈，主要为皂石化、次闪石化、滑石化和少量绢石化。普遍含有较多的金属硫化物，往往构成海绵晶铁状或浸染状矿石。有时不规则状金属硫化物充填于造岩矿物之间，并沿解理交代硅酸盐。

苏长岩：分布于顽火辉岩同围岩接触带内侧，与前者呈渐变关系。暗灰色—灰绿色，压碎结构、辉长结构。组成矿物主要有斜长石、斜方辉石、棕色角闪石和少量普通辉石。斜长石靠近围岩以中长石为主，含量 35%～45%，接近顽火辉石岩时斜长石为拉长石，含量减少。斜方辉石含量 35%～65%，近片麻岩时含量较低，而近顽火辉岩时则逐渐增加。一般岩石蚀变较强，以斜方辉石的滑石化、次闪石化和拉长石的绢云母化为主。

1 号、7 号岩体按其平均成分在硅-碱相关图上均落在拉斑玄武岩区。稀土显示贫轻稀土的平坦型。岩石中斜方辉石和单斜辉石共生，橄榄石呈浑圆状反应晶体，具有斜方辉石和单斜辉石系列的岩石属拉斑玄武岩系列（叶大年，1977）。此含矿原始岩浆应属拉斑玄武岩浆。

2. 矿体三维空间分布特征

1）1 号岩体矿床特征

岩体中有 4 种构造类型的矿（化）体：似层状矿体，上悬透镜状矿体，脉状矿体，纯硫化物矿脉。似层状矿体为该岩体中最主要的工业矿体，见图 4－2－5。

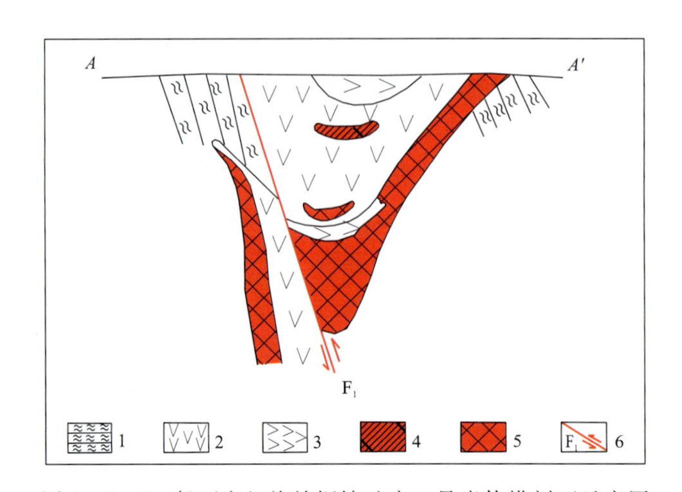

图 4－2－5　磐石市红旗岭铜镍矿床 1 号岩体横剖面示意图

1.黑云母片麻岩；2.橄榄岩相；3.橄榄辉岩相；4.上悬矿体；5.似层状矿体；6.逆断层

（1）似层状矿体：矿体赋存在岩体底部橄榄辉岩相中，通常与其上部的橄榄岩相界线清楚，其形态、产状与赋存岩相基本吻合，呈似层状。在横剖面上，矿体两翼向中心倾斜；在纵剖面上向北西呈缓倾斜。矿体由海绵晶铁状、斑点状和少量浸染状矿石组成。一般海绵晶铁状矿石在矿体底部和中部发育，而在其上部和边部则多为斑点状矿石。矿石中金属矿物主要为磁黄铁矿（相对含量约 60%）、镍黄铁矿（相对含量约 30%）、黄铜矿（相对含量约 5%）及少量磁铁矿、黄铁矿、墨铜矿、钛铁矿等。其中 Ni/Cu 比值约为 5。

（2）上悬透镜状矿体：矿体主要赋存于橄榄岩相的中、上部，形态不规则，呈透镜状或薄层状，主要由细粒浸染状矿石组成。矿石中金属矿物组合亦为磁黄铁矿（相对含量约 60%）、镍黄铁矿（相对含量约 35%）、黄铜矿（相对含量约 5%）及少量磁铁矿。其中 Ni/Cu 比值约为 4.6。

（3）脉状矿体：蚀变辉石岩脉发育于岩体西侧边部。这种脉岩由 90%以上的次闪石及少量的棕色角闪石、滑石、绿泥石、金云母等组成。其中金属硫化物含量 2%～6%，呈稀疏斑点状、浸染状在岩石中不均匀分布，有时构成矿体。因此，这种脉状矿体在空间上是不稳定的。矿石中主要金属矿物磁黄铁矿、镍黄铁矿、黄铜矿的相对含量分别为 76%、20%、4%。其中 Ni/Cu 比值近于 5。

（4）纯硫化物矿脉：这种矿脉多见于似层状矿体的原生节理中，或者受变动的原生节理控制，呈脉状或扁豆状，一般宽为数厘米到十几厘米，最宽可达 20 余厘米，断续出现，由致密块状矿石组成。其主要金属矿物为磁黄铁矿（相对含量约 69%）、镍黄铁矿（相对含量约 29%）及少量黄铜矿，个别见到黄铁矿、磁铁矿。其中 Ni/Cu 比值最高可达 20，有时矿脉两侧围岩有强烈蚀变。

此外，有时在橄榄岩相的斜方辉岩异离体中，在某些辉长伟晶岩中亦见矿化，其中金属硫化物常呈星散状或团块状分布。金属矿物以磁黄铁矿为主（相对含量 80%），其次为镍黄铁矿（相对含量 18%）及少量黄铜矿、磁铁矿、钛铁矿等。

在似层状矿体同片麻岩接触破碎带附近的蚀变辉岩中，有时可见不规则的团块状、细脉状和浸染状金属硫化物矿化。金属矿物组合为磁黄铁矿（50%～92%）、黄铜矿（1%～45%）及镍黄铁矿（5%～20%），3 种矿物含量变化很大，并且以前两者含量占优势为特征。在局部地段还见有红砷镍矿、砷镍矿、辉钼矿以及电气石、黑云母、绿泥石、石英等矿物。这种矿化，镍品位低，Ni/Cu 比值低。

F_1 断层下盘岩体中的矿床为脉状矿体。以含矿蚀变辉石岩脉为主，产于岩体西侧边部，有时穿插到黑云母片麻岩中。

2)7 号岩体矿床特征

岩体中有以下 3 种构造类型的矿体:似板状矿体、脉状矿体、纯硫化物脉状矿体。

(1)似板状矿体:7 号岩体中金属硫化物分布很普遍,绝大部分构成工业矿体,因此矿体形态、产状与岩体基本吻合。含矿岩石主要是顽火辉岩或蚀变辉岩,少量为苏长岩。矿石多为海绵晶铁状构造,少量为浸染状构造,局部为团块状构造。矿石的金属矿物组合主要为磁黄铁矿、镍黄铁矿(包括少量紫硫镍矿)及黄铜矿,其相对含量分别为 54%、33%和 13%。矿石中 Ni/Cu 比值在 3.3 左右。

(2)脉状矿体:矿体主要产于辉橄岩脉中。矿体呈脉状,其形态、产状基本与所赋存的岩脉一致,由海绵晶铁状矿石和斑点状矿石构成。其主要金属矿物组合亦为磁黄铁矿、镍黄铁矿、黄铜矿,它们的相对含量分别为 56%、39%、5%。它的镍品位较似板状矿体高,Ni/Cu 比值为 5.2。

(3)纯硫化物脉状矿体:产于顽火辉岩与辉橄岩脉的接触破碎带中,三者界线清楚,呈突变关系。矿体全由致密块状矿石组成,其主要金属矿物亦为磁黄铁矿(相对含量 58%)、镍黄铁矿(相对含量 35%)和黄铜矿(相对含量 7%),有时见少量的橄榄石、顽火辉石和棕色角闪石。镍黄铁矿常呈椭圆形作定向排列,显示矿体形成过程的运移特征。这种矿体沿走向和倾向变化不大,呈稳定的脉状,延长大于延深。

3. 矿床物质成分

(1)矿石类型:铜镍硫化物型。

(2)矿物组合:矿石中金属矿物主要有磁黄铁矿、镍黄铁矿、黄铜矿、紫硫镍矿和黄铁矿,其次是砷镍矿、红砷镍矿、磁铁矿、方铅矿、墨铜矿、辉钼矿和钛铁矿等。

(3)矿石结构构造:在该矿区的各类型矿体中矿石结构主要有半自形—他形晶粒状结构、焰状结构、环边状结构等,此外也发育有填隙结构、蠕虫状结构。矿石构造主要有浸染状构造、斑点状构造、海绵陨铁状构造和块状构造等,其次是团块状构造、细脉浸染状构造、角砾状构造等。

4. 蚀变类型

滑石化、次闪石化、黑云母化、皂石化、蛇纹石化、绢云母化等蚀变与矿化关系密切。

5. 成矿阶段

成矿阶段主要为岩浆贯入-熔离阶段。

6. 成矿时代

前人 K - Ar 法测得 1 号岩体同位素年龄为 350～331Ma,属海西期。

郗爱华等通过对红旗岭铜镍硫化物矿床 1 号含矿超镁铁质岩体和 8 号不含矿镁铁—超镁铁质岩体进行单矿物 $^{40}Ar-^{39}Ar$ 法测年,得到与铜镍硫化物矿床相关的角闪石与黑云母结晶年龄分别为 250Ma 和 225Ma,这一结果与前人所报道的 K - Ar 法年龄有明显的差异。结合与热液矿化相关的斜长伟晶岩锆石 SHRIMP 法测定的年龄 216Ma,认为镁铁—超镁铁质岩形成于 250Ma 左右的印支早期,铜镍硫化物矿床的形成时间晚于含矿岩体,大约为 225Ma(郗爱华,2005)前后的印支中期。216Ma 前后的岩浆期后热液叠加对成矿具有积极作用。

7. 地球化学特征

矿床稀土元素地球化学特征:矿区内岩浆活动频繁,出露的岩浆岩种类繁多,主要有吕梁期—加里东期、海西早期、海西晚期、燕山期花岗岩侵入体。与铜镍硫化物矿床有成因联系的主要是镁铁—超镁铁质岩体。

对矿区内 1 号和 7 号岩体的稀土元素地球化学特征进行分析,其中 1 号岩体稀土元素总量

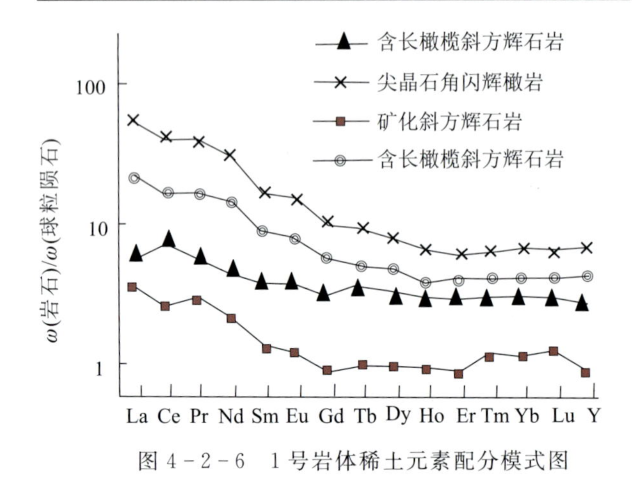

图 4-2-6　1号岩体稀土元素配分模式图

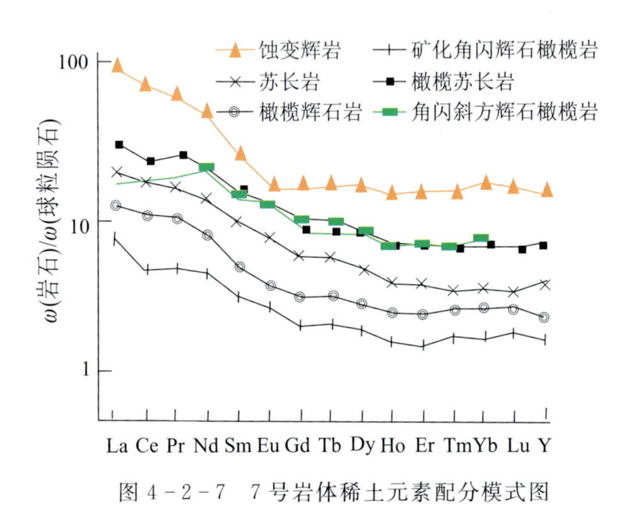

图 4-2-7　7号岩体稀土元素配分模式图

w(REE)为(7.72～44.68)×10^{-6}，其平均值为 25.87×10^{-6}，w(Ce)/w(Y)值为(1.25～3.84)×10^{-6}，其平均值为1.69×10^{-6}，与上地幔稀土元素总量为17.8×10^{-6}、w(Ce)/w(Y)值为1.15×10^{-6}相近，表明1号岩体的幔源性及重稀土亏损、轻稀土富集的地球化学特征；w(La)/w(Yb)值为2.96～9.01，$[w(La)/w(Yb)]_N$ 值为 1.76～8.16，w(La)/w(Sm)值为 2.14～5.16，$[w(La)/w(Sm)]_N$ 值为1.34～3.28，$[w(Gd)/w(Yb)]_N$ 值为0.79～1.49，表明轻稀土分馏明显；w(Gd)/w(Yb)值为1.30～2.44，$[w(Gd)/w(Yb)]_N$ 值为0.79～1.49，表明重稀土分馏明显。根据样品的含矿性，可以看出重、轻稀土元素富集程度越高，越有利于成矿。在稀土元素配分模式图上(图4-2-6)，呈现右倾曲线，且各岩相岩石的稀土配分模式一致，无明显铕异常，反映其为地幔部分熔融作用的产物，其矿石与其他岩相具同源性。

7号岩体的w(REE)为(5.57～57.11)×10^{-6}，其平均值为29.11×10^{-6}，w(Ce)/w(Y)值为(1.70～2.59)×10^{-6}，同1号岩体相似，可见其来源于上地幔。对该矿区的Sr同位素组成研究也揭示，该区的岩浆来源于上地幔。7号岩体的w(La)/w(Yb)值为4.22～7.92，$[w(La)/w(Yb)]_N$ 值为2.50～4.70，w(La)/w(Sm)为1.82～9.56，$[w(La)/w(Sm)]_N$ 为1.14～5.97，表明轻稀土元素分馏明显，w(Gd)/w(Yb)为0.91～2.31，$[w(Gd)/w(Yb)]_N$ 为0.55～1.42，表明重稀土元素分馏明显。根据样品的含矿性，可以得出和1号岩体相似的结论。从其稀土元素配分模式图(图4-2-7)看，各岩相岩石稀土分布基本一致，矿化橄榄辉石岩和蚀变辉岩的曲线同其他岩相略有差异，无明显的铕异常。7号岩体为斜方辉岩型岩体，整个岩体都是矿体，因此推断7号岩体的矿石和其他岩相具有相同的来源和成因特征，但含矿岩浆和残余矿浆之间存在一定的差异，这可能与岩体的混杂作用有关。稀土元素特征反映其成因与地幔部分熔融作用有关。

8.物质来源

红旗岭矿区的90余个硫同位素组成数据表明，尽管样品分布普遍、样品位置各异，但硫同位素组成极其相近，1号、7号岩体 δ^{34}S 分布范围分别在1.2‰～2.8‰和1.1‰～2.4‰之间，离差仅为1.6‰和1.3‰，说明它们具有相同的硫源和相似的物理化学条件。两岩体 δ^{34}S 接近陨石硫成分，说明硫来源于上地幔。

两岩体不同岩相的稀土丰度(表4-2-2)表明：1号岩体稀土总量在(11～24)×10^{-6} 之间，平均18.8×10^{-6}，7号岩体稀土总量在(12～40)×10^{-6} 之间，平均21.7×10^{-6}，与上地幔稀土总量(17.8×10^{-6})接近，两岩体均显示亏损轻稀土的平坦模型，也表明了它们的同源性和幔源性；7号岩体苏长岩与主体相稀土分布相差很大(图4-2-8C)无疑是混杂作用造成的，而辉橄岩脉与主体相的稀土模型极为吻合，说明它们是同源的。1号岩体的不同侵入相同样显示稀土分布的差异性。容矿岩相轻重稀土几乎无分异趋势(图4-2-8B)，而上部岩相轻重稀土分异较明显，辉长岩相稍富轻稀土，而橄榄岩相轻稀土明显亏损。1号岩体不同侵入相稀土分布的差异性，也证明它们不是同期侵入的岩浆连续演化系列。

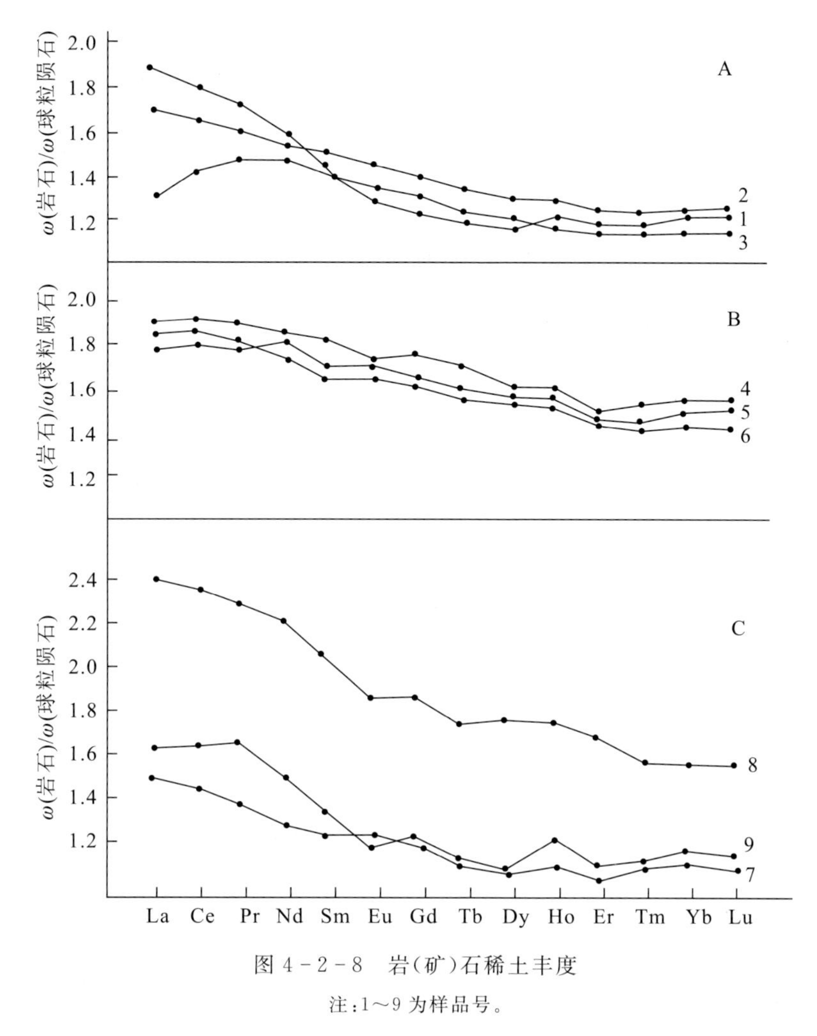

图 4-2-8　岩(矿)石稀土丰度

注：1～9为样品号。

两岩体相同的硫同位素组成，相似的稀土分布模型，相近的辉石组成和金属矿物组合，说明它们成分上的同源性，它们均来自亏损轻稀土的富硫地幔。

表 4-2-2　岩(矿)石稀土丰度表($\times10^{-6}$)

编号	1	2	3	4	5	6	7	8	9	10	11	12
La	4.14	3.44	1.69	2.00	0.75	1.06	1.64	9.59	1.36	2.35	3.37	0.70
Ce	6.88	6.16	4.82	5.70	2.49	2.77	4.32	21.90	3.30	7.20	8.19	1.10
Pr	1.02	0.96	0.68	0.89	0.42	0.38	0.64	2.76	0.38	1.21	0.92	1.00
Nd	3.65	4.79	2.96	4.20	2.04	1.95	2.31	11.89	1.79	6.16	3.27	5.00
Sm	0.69	1.40	0.81	1.26	0.65	0.53	0.54	2.80	0.44	2.16	0.73	1.30
Eu	0.16	0.45	0.26	0.33	0.17	0.23	0.13	0.72	0.13	0.69	0.11	0.30
Gd	0.55	1.52	0.88	1.40	0.65	0.71	0.53	2.59	0.56	2.66	0.61	1.20
Tb	<0.30	<0.30	<0.30	<0.30	<0.30	<0.30	<0.30	0.35	<0.30	0.43	<0.30	0.20
Dy	0.55	1.38	0.80	1.36	0.55	0.70	0.44	2.37	0.47	2.66	0.46	0.50

续表 4-2-2

编号	1	2	3	4	5	6	7	8	9	10	11	12
Ho	0.15	0.35	0.19	0.36	0.13	0.17	0.12	0.53	0.13	0.61	0.11	0.20
Er	0.32	0.69	0.41	0.71	0.27	0.39	1.25	1.20	0.26	0.35	0.22	0.50
Tm	<0.10	<0.10	<0.10	<0.10	<0.10	<0.10	<0.10	<0.10	<0.10	<0.10	<0.10	0.05
Yb	0.49	0.45	0.39	0.71	0.22	0.36	0.24	1.13	0.26	1.24	0.19	0.50
Lu	<0.10	<0.10	<0.10	<0.10	<0.10	<0.10	<0.10	0.14	<0.10	0.21	<0.10	0.15
Y	3.58	2.28	3.55	3.83	2.18	3.16	1.98	11.18	2.40	12.04	1.93	5.00
ΣREE	22.58	24.24	17.84	23.17	10.93	12.74	13.54	69.30	11.88	39.98	20.61	17.70

9. 控矿因素及找矿标志

(1)控矿因素:区域上受槽台两大构造单元接触带辉发河-古洞河超岩石圈断裂控制,是区域导岩构造。与辉发河-古洞河超岩石圈断裂有成因联系的次一级北西向断裂是控岩控矿构造。辉长岩-辉石岩-橄榄岩型与斜方辉石岩-苏长岩型为主要的含矿岩体。

(2)找矿标志:与辉发河-古洞河超岩石圈断裂有成因联系的次一级北西向断裂;辉长岩-辉石岩-橄榄岩型与斜方辉石岩-苏长岩型岩体;地球物理场重力线状梯度带或异常或中等强度磁异常;地球化学场铜、镍、钴高异常。

10. 矿床形成及就位机制

1)成矿作用

从本矿床和一系列特征表明,具有两种熔离作用,即深部熔离作用和就地熔离作用。

(1)深部熔离作用:本矿区同源、同期基性—超基性岩体含矿性不同。特别是7号岩体整个岩体就是矿体,硫化物含量高达20%。成矿物质如此高的比例以及广泛发育的流动构造,用就地熔离的观点难以解释。1号岩体各侵入相接触关系的揭露,底部容矿岩相中硅酸盐矿物包裹硫化物乳滴(包含结构)的发现,以及豆状结构、海绵陨铁结构均可说明硫化物是在硅酸盐结晶前熔离的。特别是用1号岩体容矿岩相的样品所做的硫化物与硅酸盐不混溶实验确定,出现液态不混溶的温度为1450℃,如此高温只能出现在地下深处。因此,深部熔离作用为本矿床的主要成矿作用。

镍有强烈亲硫的地球化学特征,因此岩浆阶段要使镍富集硫的分压起决定作用,只有岩浆中 f_{S_2} 超过硫化物浓度积时,才能使镍呈硫化物相从岩浆中分离出来,资料表明,1600℃以上的高温(相当地幔岩浆发生的温度),硫呈单原子气体存在,与镍、钴、铜、硫等化学亲合力低,它们都将溶解在硅酸盐中,不会发生硫化物与硅酸盐的液态不混溶,而且玄武质岩浆的密度为2.7~2.8g/cm^3,它与源区物质(密度为3.25~3.4g/cm^3)明显的密度差异将使之强烈趋向上升。因此深部熔离作用未发生在岩浆源,而发生在岩浆上升到地壳中一定部位相对稳定的中间岩浆房中,据密度估算这一深度不大于15km。重力效应和硫逸度是引起深部熔离作用的重要因素,这一过程可能是由岩浆中"群聚态"的聚合迁移作用主导,岩浆分异成下部富 Mg^{2+}、Fe^{2+}、Ni^{2+} 等离子的熔浆和上部富含 CaO、Al_2O_3、SiO_2 的熔浆,熔浆上部吸收围岩中的$(OH)^-$而富 O^{2-},深部则 S^{2-} 相对富集,由于底部 f_{S_2} 增高,呈离子状态的镍、钴、铜与硫结合成化合物,发生硫化物与硅酸盐的不混溶作用。熔离的硫化物液滴汇聚加大下沉到岩浆房底部。这样,含矿岩浆在继续上升过程中,由于密度的差异而先后到达侵位,富硫化物熔体最后贯入成矿。

(2)就地熔离作用:含硫化物的熔浆侵入到地壳浅部,随温度降低,部分铁镁硅酸盐晶出,使熔体中 Mg^{2+}、Fe^{2+}减少,Si^{4+}、Al^{3+}、Ca^{2+} 相对富集,提高了岩浆系统中硫的分压,促使硫化物溶解度降低而发生熔离作用，形成了1号岩体橄榄岩相中底部矿体和上悬矿体及容矿岩相中矿石的垂直分带。在局部富集挥发分的地段熔离聚集的纯硫化物熔体，形成1号岩体的纯硫化物脉。

本矿床熔离成矿作用过程可用硅酸盐与硫化物两组分相图表示（图4-2-9）。图中T_1是实验确定的硫化物与硅酸盐不混溶发生的温度，T_2为硅酸盐矿物结晶温度，T_3为单硫化物固溶体形成的温度。Y点为原始含矿岩浆的组成，当温度下降到T_1时，开始发生不混溶作用，熔浆分离出富硫化物熔体（b）和富硅酸盐熔体（a），随着温度继续降低两熔体组成分别沿bQ和aP线改变至T_2，硅酸盐熔体开始结晶直至结束，而富硫化物熔体沿液相线QR向更加富硫化物的方向改变，直至R点硫化物结晶形成单硫化物固溶体。

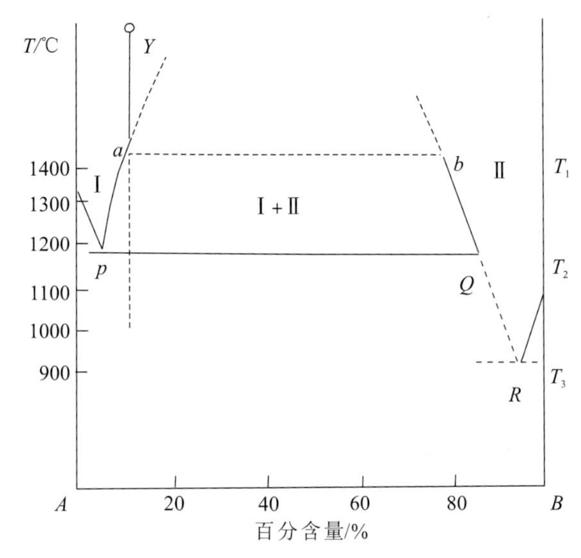

图4-2-9　红旗岭铜镍矿硅酸盐-硫化物熔离相图
（据陈尔臻等，2001）
A．富硅酸盐熔体；B．富硫化物熔体；Ⅰ．富硅酸盐熔浆；Ⅱ．富硫化物熔浆，T_1—T_2为高温深度熔离阶段；T_2—T_3间为就地熔离结晶重力分异阶段；T_3以下单硫化物固熔体调整组成阶段

2）就位机制

（1）由富集成矿组分异常地幔部分熔融产生的拉斑玄武质含矿熔浆，沿超壳断裂上升到地壳中相对稳定的中间岩浆房发生液态熔离和重力效应，形成顶部富硅酸盐熔体、底部富硫化物熔体的不混熔岩浆。

（2）伴随导岩容岩构造的脉动式间歇活动，岩浆房顶部密度小、硫化物浓度低的岩浆首先侵入形成1号岩体的辉长岩相并结晶分异成辉长岩和斜长二辉岩。

（3）硫化物浓度升高，基性程度大的岩浆紧接着到达侵位，与辉长岩相呈侵入接触关系，形成1号岩体橄榄岩相，并随温度降低，铁镁硅酸盐晶出，发生就地熔离作用，形成上悬矿体和底部矿体。

（4）岩浆房底部富硫化物熔体最后上升，较上部熔体侵位于1号岩体底轴部，并发生就地熔离和重力效应，形成容矿岩相矿石的垂直分带和纯硫化物脉。较下部更富硫化物的高黏度熔体在构造推动力作用下呈岩墙状贯入到张扭性断裂中，形成7号岩体。由于动力作用强，就地熔离不明显。

（5）岩浆房中残留的近于硫化物的熔体最后贯入，形成7号岩体中的纯硫化物脉。

（二）蛟河县漂河川铜镍矿床特征

1. 地质构造环境及成矿条件

矿床位于南华纪—中三叠世天山-兴蒙-吉黑造山带（Ⅰ）包尔汉图-温都尔庙弧盆系（Ⅱ）下二台-呼兰-伊泉陆缘岩浆弧（Ⅲ）盘桦上叠裂陷盆地（Ⅳ）内。

敦密断裂带北东-南西向控制基性—超基性岩浆活动，基性岩体就位于近东西向、北东向、北东东向的断裂系统中。漂河川基性岩带长40km，最大宽度4000余米，已发现岩体100余个，岩带分布在二道甸子-暖木条子轴向近东西背斜北翼，大体沿大河深组与范家屯组接触带展布。岩体形态常见有长条状、扁豆状和透镜状。岩性以基性岩为主，伴有少量超基性岩和中性岩，基性岩以角闪辉长岩为主。在上述岩体中4号、5号岩体工作程度最高，见矿最好。

1）地层

岩体围岩为下二叠统大河深组黑云石英片岩段与绿片岩段，呈单斜层构造，走向近东西，倾向北西—

北北东,倾角一般 50°左右。其主要岩性为黑云石英片岩、绿泥阳起片岩、斜长角闪片岩及长英质岩等。

2)岩体特征

(1)4 号岩体。

①地质特征:岩体位于区域控岩背斜构造的北翼东段,黑云石英片岩段与绿片岩段略偏于黑云石英片岩段一侧。从岩体的轮廓、空间形态及岩体边部呈锯齿状的形态特征上看,岩体侵位的空间为北西向张扭性断裂裂隙。4 号岩体地表出露长 630m,宽 40～250m,平均宽 180m,呈不规则透镜状,走向 315°,向北西侧伏,侧伏角 20°。出露面积约 0.07km²,其空间形态呈漏槽状。总体上漏槽南、北两壁相向倾斜,南壁向北倾斜,倾角 4°～20°,与围岩产状一致。北壁主要向南倾斜,倾角由东至西逐渐变陡,为 20°～70°。总体看岩体南侧产状较稳定,北侧变化颇大。据其东段翘起,南侧下部岩相与底部矿体已出露地表,判定其剥蚀深度较深。岩体最大垂直深度约 180m。

②岩石类型:辉长岩类、斜长辉岩类、闪辉岩类。

③岩体岩相构造特征:一是垂直分带;二是岩相界面的产状基本与岩体南侧一致,如 11 线与 15 线剖面上所见,均向北东倾斜,倾角 20°～30°。显然,成岩后岩体南侧有所抬起。

岩体成岩、成矿后期构造多为脉岩充填,主要有闪长玢岩、闪斜煌斑岩,走向北西,倾向北东和南西,以前者为主。

岩体内部见多处破碎带和断层,规模均小,多呈北西走向。岩体中最大的断层,东起 15 线 TC2 南端以东,经 19 线 ZK9 北至 23 线 TC49 北端以西,长达 300 余米,呈东西走向,倾向北,倾角 40°～60°,切割岩体的上部岩相,为一逆断层。探槽中见有挤压破碎带,宽达 4m 左右。

成岩后期构造对矿体无明显破坏作用。

岩体内部未见典型的原生流动构造,所见者仅有矿体中硫化物的拉长集合体和不连续条带。岩体中尚发育原生节理,多被碳酸盐充填。

岩体底部、岩体与围岩接触带常发育混染带,其宽度一般为十几厘米至 1～2m,系辉长质物质侵贯于片岩而与之混染形成。

(2)5 号岩体。

①地质特征:岩体围岩为黑云石英片岩,其岩性与 4 号岩体基本相同,唯其变质程度略有增高。反映在岩石构造上,眼球状构造较为明显,片理构造往往不甚清楚,片麻状构造有所发育。从区域上看,该岩体所处部位为大河深组中部片岩段过渡于下部片麻岩段处。

岩体围岩总体上呈单斜层构造,岩层走向多为北西 300°～320°,倾向北东,倾角 40°～55°。局部倾向南东。岩体南部及北部分布有花岗岩。岩体内部有花岗斑岩、闪斜煌斑岩、闪长玢岩等后期脉岩纵横贯穿。岩体内部未见原生流动构造。

岩体长 500m,宽 40～80m,平均宽 50m,面积约 0.03km²。岩体走向北西 320°,与围岩片岩走向一致,倾向与地层相反,倾向南西,倾角 65°。其东南端翘起,向北西侧伏,侧伏角 25°。在侧伏方向上,岩体底面呈平缓的舒缓波状,而顶面起伏明显、凹凸不平。在岩体东端,南侧倾向北东,倾角 85°;北侧倾向南西,倾角 50°。岩体南侧,倾向自东端向北西逐渐转向南西,倾角较陡,一般 65°～85°;北侧倾向南西,倾角较缓,一般 50°～75°。岩体与围岩呈不整合接触,两者虽走向一致,但倾向相反。故为一岩墙状岩体。

据岩体侧伏特征,其剥蚀深度东段较深,向西逐渐变浅,岩体最深部位垂直深度达 180m。岩体剥蚀深度较浅。

②岩石类型:该岩体岩石类型总体上类似于 4 号岩体。两者主要差别在于 5 号岩体中未见橄辉岩类。岩体岩石类型可以分为辉长岩类、斜长辉岩类、闪辉岩类 3 种。

③岩相构造:5 号岩体可以分为上部岩相(角闪辉长岩相)与下部岩相(斜长角闪辉岩相)。前者以角闪辉长岩为主体,夹有辉长岩与辉绿辉长岩异离体;后者以斜长角闪辉岩为主体,夹有含长辉岩及角闪辉岩异离体。上、下部岩相之间呈渐变过渡关系,其界线大体与岩体底界平行,岩相内各岩石类型之

间亦无明显界线，均系渐变过渡。矿体赋存于下部岩相底部。

2. 矿体三维空间分布特征

1）蕴矿岩相与矿体赋存部位

4 号岩体蕴矿岩相为下部岩相——斜长角闪橄辉岩相。组成岩相的主要岩石类型为斜长角闪橄辉岩、含长角闪橄辉岩及含长橄辉岩等。岩相中普遍见有含量不稳定的橄榄石和单斜辉石，橄榄石含量有时多达 30%，单斜辉石多呈残晶产出。斜长石含量少于 30%，其中含长辉岩中斜长石含量少于 10%。按岩石化学特征，该岩相主要岩石类型属于辉长岩与辉岩的过渡类型，其 b 值 40～50，M/F 值 1.2～2.0，属镁铁质—镁铁质岩。其中有益元素含量背景值较高：Ni 0.04%、Cu 0.02%、Co 0.007%、S 0.02%。岩体中镍矿体基本受下部岩相的控制，矿体主要位于蕴矿岩相底部，矿体与围岩界线较清楚。

5 号岩体蕴矿岩相为下部岩相——斜长角闪辉岩相，其主要岩石类型为斜长角闪辉岩，其中夹有少量含长辉岩及角闪辉岩异离体。该岩相较 4 号岩体下部岩相基性程度略低，辉岩异离体较少，且未见橄榄石，其查氏岩石化学特征数值，b 值介于 40～43 之间，M/F 值 1.7～2.0，属铁镁质岩，为辉长岩类与辉闪岩类的过渡类型。该岩相普遍遭受强烈蚀变，主要有次闪石化、绿泥石化、碳酸盐化等，尤其近矿围岩蚀变较强。蕴矿岩相中矿石主元素和主要伴生元素背景值：Ni 0.05%、Cu 0.03%、Co 0.004%、S 0.10%。矿体赋存于下部岩相底部，与围岩呈过渡关系。

2）矿体规模、形态及产状

4 号岩体镍矿床为单一工业矿体。矿体在地表出露部分长 174m，最大宽度 45m，向深部沿侧伏方向延伸，矿体长 430m，最大宽度 165m，最大垂直深度 170m（15 线）。最大厚度 32.88m（ZK3），最小厚度 4.24m（ZK5），平均厚度 12.71m。矿体厚沿侧伏方向和倾向变化较大，沿侧伏方向在 7 线最厚，向东、西两端逐渐变薄，西段 11 线开始分叉，到 15 线分叉为两层。沿倾向矿体在中部最厚，向南北两侧逐渐变薄，7 线 ZK3 矿体向北沿倾向急剧收敛。矿体厚度变化系数为 64，见图 4-2-10。

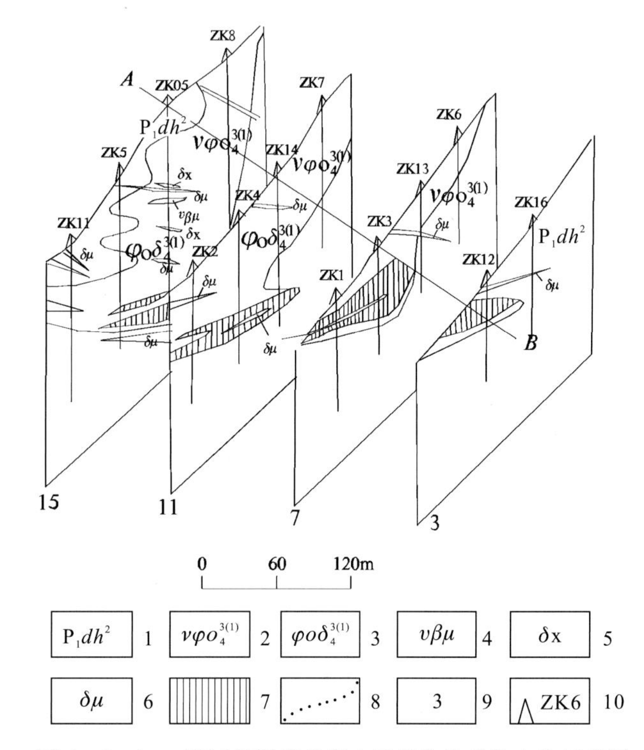

图 4-2-10　漂河川铜镍矿床 4 号岩体及矿体立体示意图

1. 黑云母石英片岩；2. 角闪辉长岩；3. 斜长橄辉岩；4. 辉绿辉长岩；5. 闪斜煌斑岩；6. 闪长玢岩；7. 矿体；8. 岩相界线；9. 勘探线位置及编号；10. 钻孔及编号

矿体赋存于岩体底部，其形态受岩体底板形态、产状的控制。大体呈一底面平坦，顶面略为拱起的扁豆体，其长轴与侧伏轴线吻合。在 3 线与 11 线岩体的底部，矿体超出岩体，赋存于片岩中，称之谓“底漏”，延深达 50 余米，见图 4-2-11。矿体产状与岩体底板两侧产状一致。其东端随岩体而翘起，出露于地表，走向北西西 275°，倾向北东，倾角 20°。向深部沿北西 305°以 20°侧伏角向下延伸，向北东倾斜，倾角 30°。矿体被后期闪长玢岩及闪斜煌斑岩脉穿切，岩脉一般规模不大，最大岩脉于 7～15 线所见，长达 300 余米，宽 4～6m，切穿矿体。

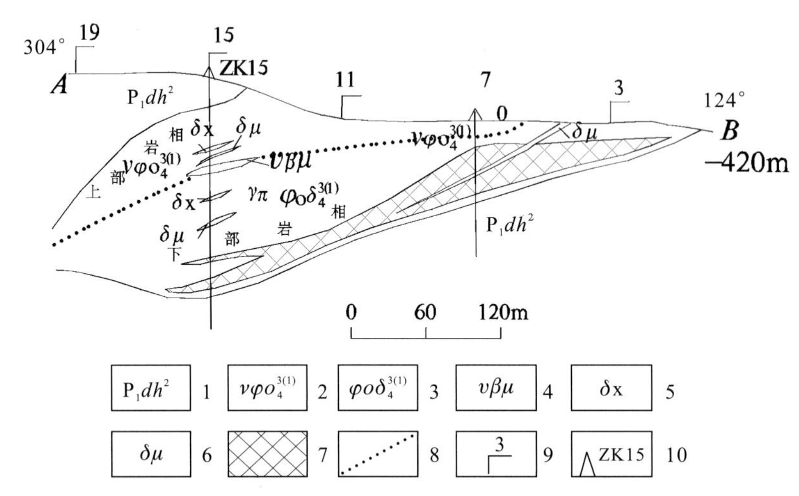

图 4-2-11　漂河川铜镍矿床 4 号岩体及矿体纵剖面示意图

1.黑云母石英片岩；2.角闪辉长岩；3.斜长橄辉岩；4.辉绿辉长岩；5.闪斜煌斑岩；6.闪长玢岩；7.矿体；8.岩相界线；9.勘探线位置及编号；10.钻孔及编号

5 号岩体镍矿体地表矿体出露于 4 线南端 TC79-4 与 TC79-1 探槽，长度分别为 5m 与 30m，宽约 1m，其走向北西 290°，倾向北东，呈陡倾斜的脉状体，属上悬矿体。规模甚小，无工业价值。

工业矿体产出于蕴矿岩相底部，未出露地表，为一盲矿体。沿侧伏方向长 400m，最大宽度 80m，最大垂直深度 170m(7 线)，最大厚度 10.57m(ZK8)，最小厚度 4.75m(ZK1)，平均厚度 7.27m。矿体厚度变化不大，厚度变化系数为 34，见图 4-2-12。

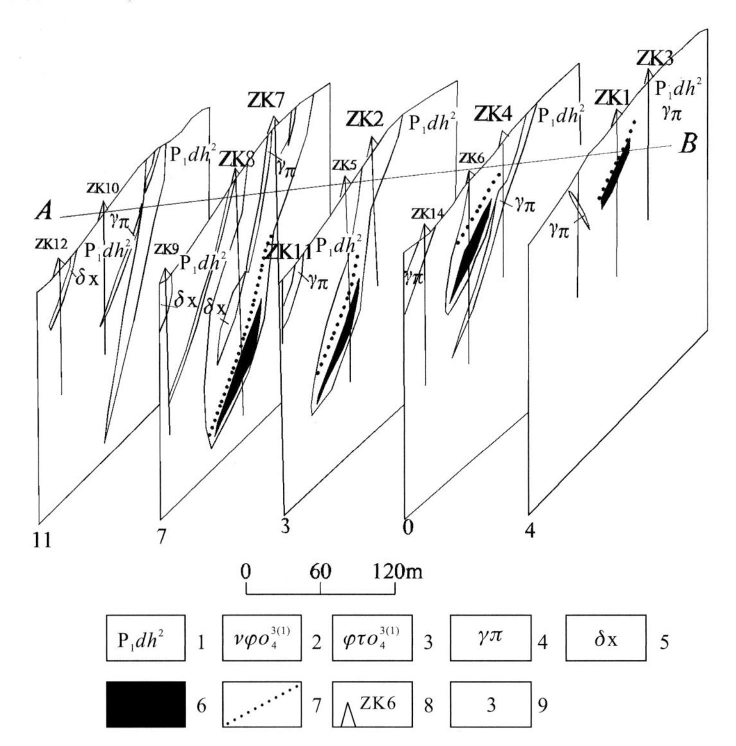

图 4-2-12　漂河川铜镍矿床 5 号岩体及矿体立体示意图

1.黑云母石英片岩；2.角闪辉长岩；3.斜长角闪辉岩；4.花岗斑岩；5.闪斜煌斑岩；6.矿体；7.岩相界线；8.钻孔及编号；9.勘探线位置及编号

矿体赋存于岩体底部，其形态受岩体底板（北侧）形态、产状控制，呈似板状见图4-2-13，其长短轴之比约5∶1。矿体产状与岩体底板，即北侧产状一致：倾向南西230°，倾角45°～55°。矿体东段翘起，向北西侧伏，侧伏角约20°。

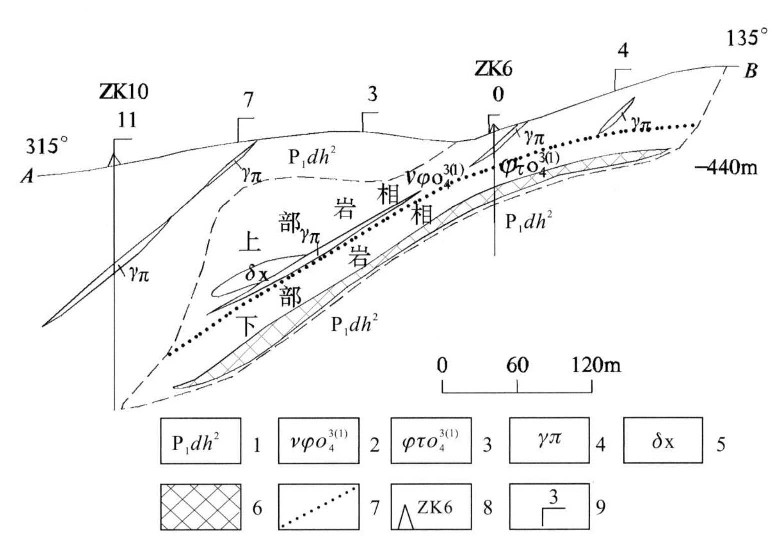

图4-2-13　漂河川铜镍矿床5号岩体纵剖面示意图

1.黑云母石英片岩；2.角闪辉长岩；3.斜长角闪辉岩；4.花岗斑岩；5.闪斜煌斑岩；6.矿体；7.岩相界线；8.钻孔及编号；9.勘探线位置及编号

3.矿床物质成分

（1）物质成分：据矿石基本分析、组合分析及全分析，5号岩体镍矿石化学成分及伴生有益元素与4号岩体基本相同，唯铂族元素分布较普遍，含量亦较高。矿石有益组分主元素为Ni，伴生有益元素为Cu、Co、Pt、Pd、Au、Ag、Se、Te、S，有害元素为Pb、Zn、Bi。

矿石品位：矿石Ni含量一般0.02%～1.00%，最高2.10%（ZK5），平均0.65%。矿体沿倾向均为单钻孔控制，故沿倾向上的品位变化情况不清。矿体Ni含量沿侧伏方向的变化，中段较高，东西两段略低，而西端矿体收敛处（岩体低洼部位）较东端略有增高。Ni品位变化系数为64。总的来说属品位不均匀类型。

伴生有益元素有Cu、Co、Pt、Pd、Au、Ag、Se、Te、S。

Cu为主要伴生有益元素含量一般在0.02%～0.50%之间，最高2.59%（ZK8），平均0.32%。Cu的含量变化趋势与Ni基本相同，且对矿体厚度的依存关系更明显，厚度大，Cu含量相对较高。如ZK8单项工程中Cu平均含量0.4%。

Co为另一主要伴生有益元素，其含量一般0.01%～0.08%，最高0.11%（ZK5），平均0.035%。Co含量变化趋势与Ni、Cu含量变化趋势一致。

Pt、Pd：矿石中普遍含Pt、Pd，其中：Pt含量$(0\sim0.8)\times10^{-6}$，平均0.117×10^{-6}；Pd含量$(0\sim0.28)\times10^{-6}$，平均0.084×10^{-6}。Pt、Pd产于镍矿体中，其含量由上而下递减，且随Ni、Cu含量的增高而增高。Ni富集体$(Pt+Pd)>0.3\times10^{-6}$，赋存于镍矿体底部，视厚度1～2.5m，并由东向西逐渐增高，呈薄板状，其产状受镍矿体制约。

Au、Ag：Au含量普遍较低，为$(0\sim0.5)\times10^{-6}$，平均0.156×10^{-6}。Ag仅6个样做了分析，含量$(1.2\sim8.1)\times10^{-6}$。

Se、Te:据6个组合分析,Se含量0.000 5%~0.001%,平均0.000 7%;Te含量0.000 3%~0.000 4%,平均0.000 3%。两者均符合一般工业要求,可回收。

S:S未作组合分析,基本分析数据有限。据14个Ni品位高于边界品位的矿石分析,S含量1.73%~13.56%,平均6.34%。

(2)矿石类型:硫化镍矿石。

(3)矿物组合:金属矿物有磁黄铁矿、镍黄铁矿、黄铜矿、紫硫镍矿、黄铁矿、黝铜矿、辉砷镍矿、白铁矿、铁板钛矿、磁铁矿、钛铁矿等;脉石矿物有橄榄石、铬尖晶石、辉石、角闪石、斜长石、黑云母、蛇纹石、次闪石、绿泥石、滑石、碳酸盐、石英。

(4)矿石结构构造:矿石结构有自形、半自形及他形粒状结构、固溶体分解(网状、火焰状或羽毛状)结构、交代结构、海绵晶铁结构;矿石构造有块状构造、浸染状构造、斑点状构造及脉状构造。脉状构造为黄铁矿在矿石中呈细脉状分布。

4.蚀变类型及分带性

基性岩体的各岩相普遍遭受强弱不同的蚀变,蚀变类型主要有次闪石化、绿泥石化、蛇纹石化及绢云母化等,往往在矿体附近和矿化地段蚀变强烈。

5.成矿阶段

矿床划分2个成矿期和5个成矿阶段。

1)岩浆期

(1)岩浆早期成矿阶段:主要为成岩期,形成铬尖晶石、钛铁矿、磁铁矿。

(2)岩浆晚期成矿阶段:为成矿期,形成磁黄铁矿、镍黄铁矿、黄铜矿。

(3)残余岩浆期成矿阶段:为成矿期,形成磁黄铁矿、镍黄铁矿、黄铜矿,少量的黄铁矿、白铁矿和紫硫镍矿。

2)热液期

(1)热液早期阶段:形成磁铁矿、黄铁矿、白铁矿和紫硫镍矿。

(2)热液晚期阶段:形成黄铁矿、辉砷镍矿、黝铜矿。

6.成矿时代

赋矿岩带分布在二道甸子-暖木条子背斜北翼,大体沿大河深组与范家屯组接触带展布,其成矿时代应晚于二叠纪,可与区域红旗岭对比,其成矿时代应为(含矿岩体镁铁—超镁铁质岩形成于250Ma左右)印支早期,铜镍硫化物矿床的形成时间晚于含矿岩体,为225Ma前后的印支中期。

7.地球化学特征

(1)硫同位素特征:4号岩体$\delta^{34}S$变化范围在0%~+0.2‰之间,平均+0.1‰(样品共3块),极差为0.2‰。结合本岩带其他岩体硫同位素资料,其结果具有变化范围窄、接近陨石硫及塔式分布等特点,说明成岩成矿物质应来自地幔源。5号岩体矿石硫同位素测定结果,$\delta^{34}S$变化范围在-0.5‰~+0.1‰之间,平均-0.1‰(样品共4块),极差为0.6‰,结合岩带中其他岩体硫同位素资料,其结果具有变化范围窄,接近陨石硫及塔式分布等特点,故该矿床成矿物应来自地幔源。

(2)成矿温度:4号岩体矿石中S化物包体测温资料,硫化物结晶温度约为300℃,且浸染状矿石早晶出于块状矿石;5号岩体矿石包体测温结果显示,磁黄铁矿爆裂温度为290~300℃,结合岩带中其他含矿岩体矿石包体测温资料,推测硫化物结晶温度低于300℃。

8. 物质来源

4号岩体及5号岩体中S来自地幔，且尚未发现岩浆对地壳硫的同化作用。说明成矿物质主要来自地幔。矿床成因为与基性岩有关的硫化镍矿床，其成因类型属岩浆熔离型。

9. 控矿因素及找矿标志

（1）控矿因素：矿体主要受控于二道甸子-暖木条子轴向近东西背斜北翼，大体沿大河深组与范家屯组接触带展布。辉长岩类、斜长辉岩类、闪辉岩类基性岩体控矿。

（2）找矿标志：二道甸子-暖木条子轴向近东西背斜北翼；大河深组与范家屯组接触带附近；次闪石化、绿泥石化、蛇纹石化及绢云母化等蚀变强烈地段。

10. 矿床形成及就位机制

岩体中岩石类型、矿物组成及岩石化学成分和硫化物中主成矿元素和伴生元素含量随岩体垂直深度而递变。其总趋向是：由上而下，岩体基性程度和有益元素含量增高；上、下岩相呈渐变过渡关系，蕴矿岩相中硫化物向深部逐渐富集。总之，岩体中造岩、造矿元素和矿物的分布特征表明岩浆侵位于岩浆房后发生了液态重力分异，从而导致上部基性岩相及下部超基性岩相的形成。由于岩浆在分异演化过程中，当分异作用达到一定程度时，随岩浆酸度的增加，降低了硫化物熔融体的溶解度，促成了熔离作用的发生。经熔离生成的硫化物熔浆因重力作用而沉于岩体底部，而部分硫化物熔浆则顺层贯入于岩体底板的片岩中，从而形成目前岩体中的硫化镍矿床。根据矿石中硫化物包体测温资料，硫化物结晶温度约为300℃，且浸染状矿石早晶出于块状矿石。

（三）和龙市长仁铜镍矿床特征

1. 地质构造环境及成矿条件

矿床位于南华纪—中三叠世天山-兴蒙-吉黑造山带（Ⅰ）包尔汉图-温都尔庙弧盆系（Ⅱ）清河-西保安-江域岩浆弧（Ⅲ）图们-山秀岭上叠裂陷盆地（Ⅳ）内。

区域内北西向古洞河断裂控制了六棵松-长仁基性岩群的展布，同时亦是重要的控矿断裂，矿床、矿体的展布受超基性岩体的规模、形态及时空分布特征所制约。

（1）地层：矿区内仅出露下古生界寒武系—奥陶系[相当于原青龙村（岩）群]。是本区含镍基性、超基性岩体群的主要围岩。

（2）侵入岩：长仁矿区共分布有22个与铜镍矿化关系密切的超基性岩体，它们均展布于古洞河深大断裂以北，呈北西向带状展布，按其空间组合形式自北而南划分为7个小岩带，见表4-2-3。矿区超基性岩体一般为扁豆状、透镜状、脉状、肾状，剖面上为似板状，歪盆状等。多数岩体规模小，一般长100～300m，最长1100m，宽十几米至几十米，最宽600m，厚一般几十米甚至上百米，延深100～1400m。长宽比值大于5∶1的岩体于成矿有利。受压扭性-张扭性复性断裂控制的岩体走向北北东或近南北，向西或北西西倾斜；受张扭性-压扭性复性断裂控制的岩体走向北西，倾向南西，倾角50°～70°，岩体大多有侧伏现象，近南北向岩体多数向南西侧伏，北西向岩体向北西侧伏，侧伏角25°～30°。

表 4-2-3　长仁矿区岩带划分

地区	小岩带	岩体编号	总体走向
长仁地区	Ⅰ	Σ10、Σ1、Σ25、Σ11、Σ13、Σ2、Σ3	北北东
	Ⅱ	Σ1、Σ14、Σ23	北北东
	Ⅲ	Σ22	北北东
獐项矿区	Ⅳ	Σ6、Σ8	北北西
	Ⅴ	Σ5、Σ9、Σ12、Σ7	近南北
福洞地区	Ⅵ	Σ26、Σ27	北东
	Ⅶ	Σ15、Σ16、Σ21	北东

根据岩浆构造活动，区内岩体可划分 3 种类型，即单期单相岩体、单期多相岩体、多期多相岩体。

按岩石组合及分异特征，区内岩体可分 4 种类型，即辉石橄榄岩型、辉石岩型、辉石-橄榄岩型、橄榄岩-辉石岩-辉长岩-闪长岩杂岩型。各岩体岩石类型，岩相组合及分异特征见表 4-2-4。其中单期多相、多期多相，并有一定规模的辉石岩相分异良好的岩体，与成矿关系密切。

表 4-2-4　长仁矿区岩相组合及分异特征

岩体类型		岩体编号	主要岩石类型	分异特征
单期单相	辉石岩型	Σ10、Σ2、Σ3、Σ14、Σ9、Σ23	辉石岩、含长辉石岩、橄榄二辉岩	岩体本身分异不明显
单期多相	辉石岩-辉石橄榄岩型	Σ1、Σ25、Σ11、Σ6、Σ4、Σ5、Σ8、Σ12	辉石橄榄岩、含长辉石橄榄岩、橄榄辉石岩、辉橄岩	环带状流动结晶分异及重力分异
多期多相	辉石岩-橄榄岩型	Σ13、Σ22	斜长辉石岩、辉石岩，辉石橄榄岩	深源分异多期侵入
	橄榄岩-辉石岩-辉长岩-闪长岩型	Σ15、Σ16、Σ27、Σ24、Σ26	角闪辉石岩、橄榄辉石岩、辉石岩、辉石橄榄岩、辉长岩	

岩石化学特征：矿区岩体岩石化学成分相当于 B 型超基性岩的橄榄二辉岩及辉石岩成分。各岩体的主要岩相中 Al_2O_3、SiO_2 及 K、Na 含量低，而 Fe_2O_3、FeO 和 MgO 含量较高。各类岩体 M/F 值均在 1.67～6.91 之间，基本属铁质超基性岩。基性度(M/S)变化范围在 0.72～1.73 之间，属中高程度。氧化度 h 一般岩相均小于 40，变化范围在 9.57～62.0 之间。分异指数的变化范围在 6.17～17.08 之间，表示多数岩体分异程度较差。

按“王氏”数值特征：S 值 40.25～42.43；M 值 33.84～39.26；QC 值 10.43～13.41；M/F 值 4.25～6.12 以及 Ni 含量大于 0.07%，Cu 含量大于 0.02%，Ni/Cu 比值介于 2～5 之间，可作为含矿岩体差别标志。

(3)构造：矿床位于两大构造单元交接处之褶皱区一侧，以古洞河深断裂为界，北为吉黑古生代大洋板块褶皱造山带之东段与古洞河深大断裂交会处，南为龙岗-和龙地块。矿床、矿体的展布亦受超基性岩体的规模、形态及时空分布特征所制约。

导岩构造：根据岩体形态规模，物质来源等综合分析，古洞河断裂是区内唯一活动时间长、期次多、规模大、切割深度深的导岩构造，它所控制的辉石岩中 δS^{34}(%)值为 0.1～2.9，反映切割深度抵达上地幔。

矿区控岩构造可分 3 期：第一期构造活动为沿古洞河断裂以及北东向断裂附近发育的北西向及北东向两组扭裂，以控制闪长岩体为主；第二期构造活动沿古洞河断裂及茬田-东丰深断裂两侧，以北北东向或近南北向压扭-扭张性断裂为主控制辉长岩体；第三期构造活动为北北东（或近南北）向及北西向两组扭裂。规模小，分布较密集，控制矿区基性、超基性岩体。该期构造控制的岩体与成矿关系密切，见图 4－2－14。

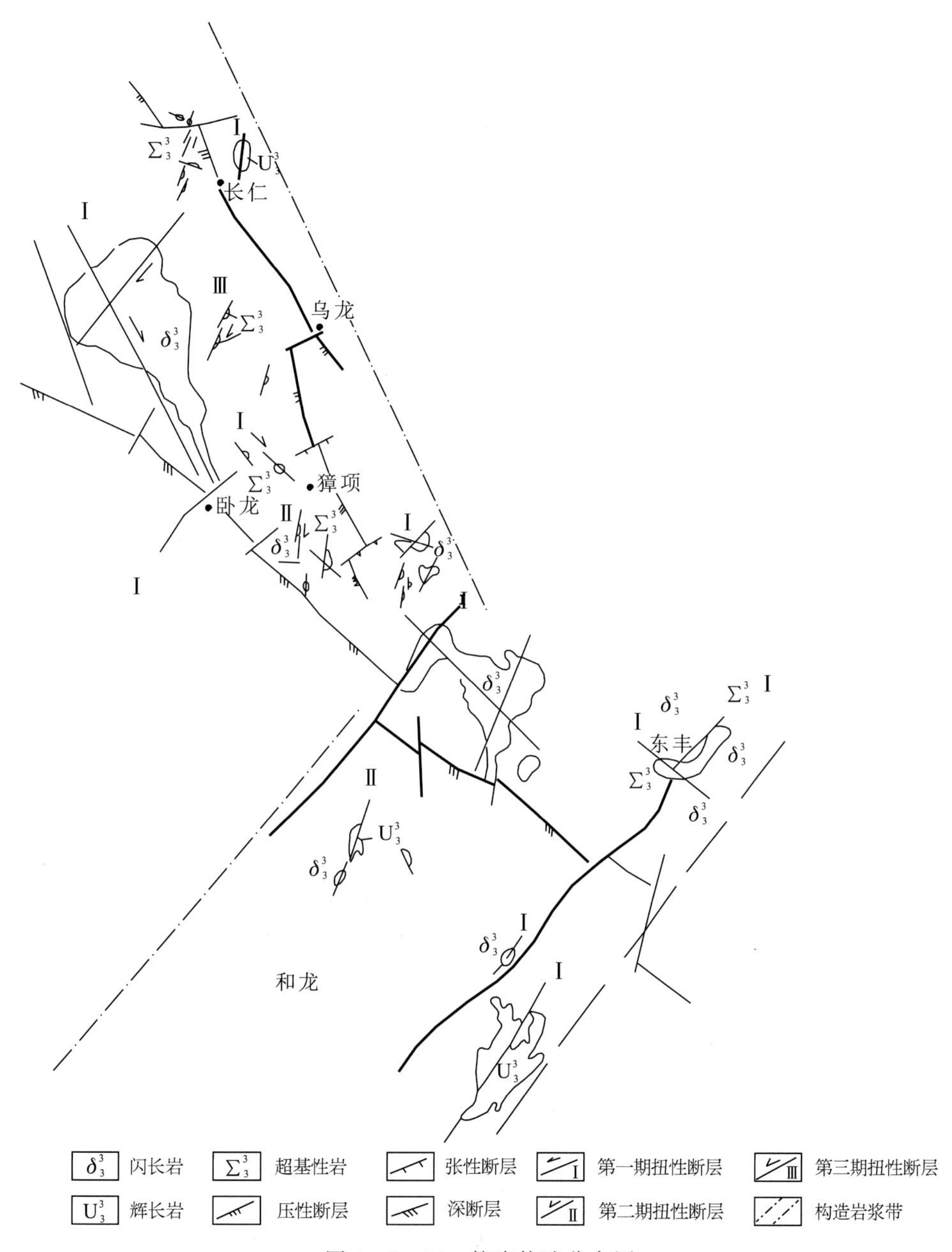

图 4－2－14　控岩构造分布图

2. 矿体三维空间分布特征

根据矿体与围岩的关系，矿体赋存岩相特征，区内矿体可分为底部矿体、顶部矿体及中部矿体。见图 4－2－15～图 4－2－17。

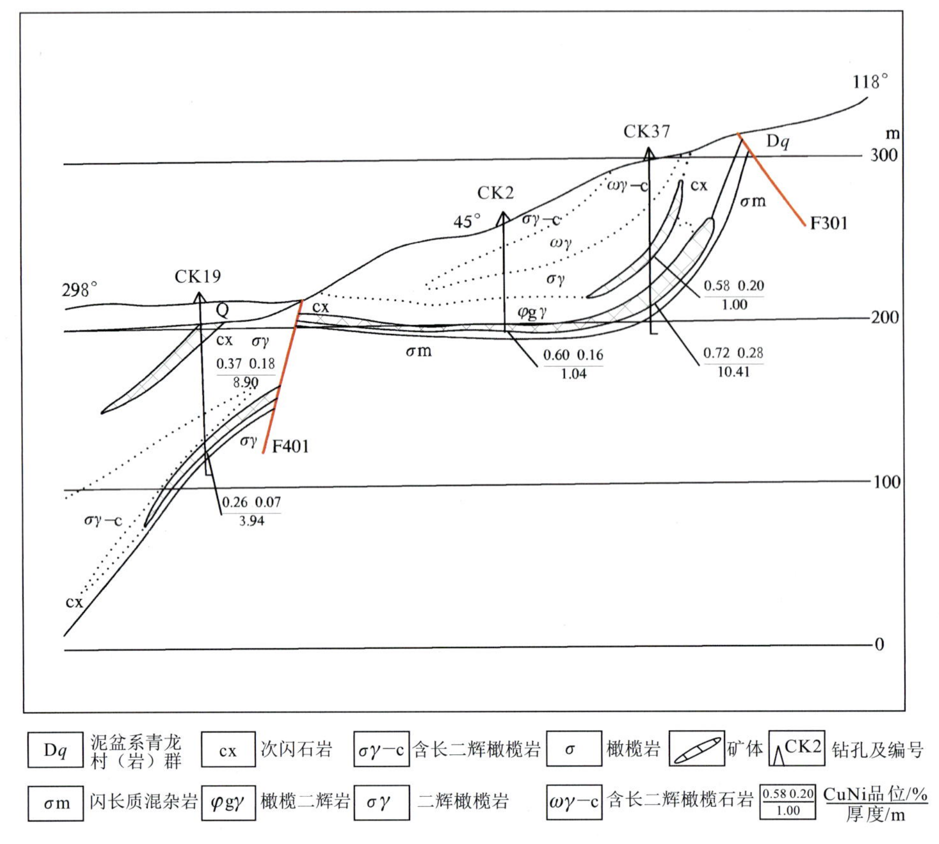

图 4-2-15　底部矿体分布图

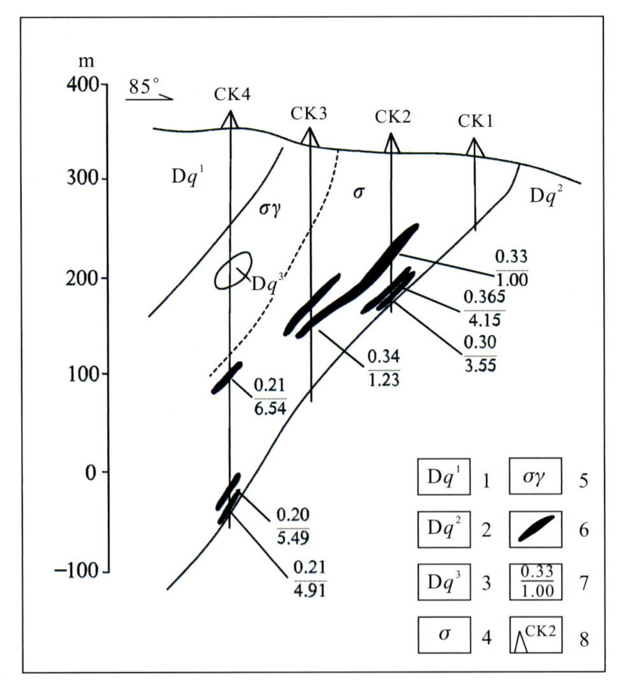

图 4-2-16　顶部矿体分布图

1. 泥盆系青龙村（岩）群上段；2. 泥盆系青龙村（岩）群中段；3. 泥盆系青龙村（岩）群上段；4. 二辉橄榄岩；5. 橄榄岩；6. 矿体；7. $\frac{\text{Ni品位/\%}}{\text{厚度/m}}$；8. 钻孔及编号

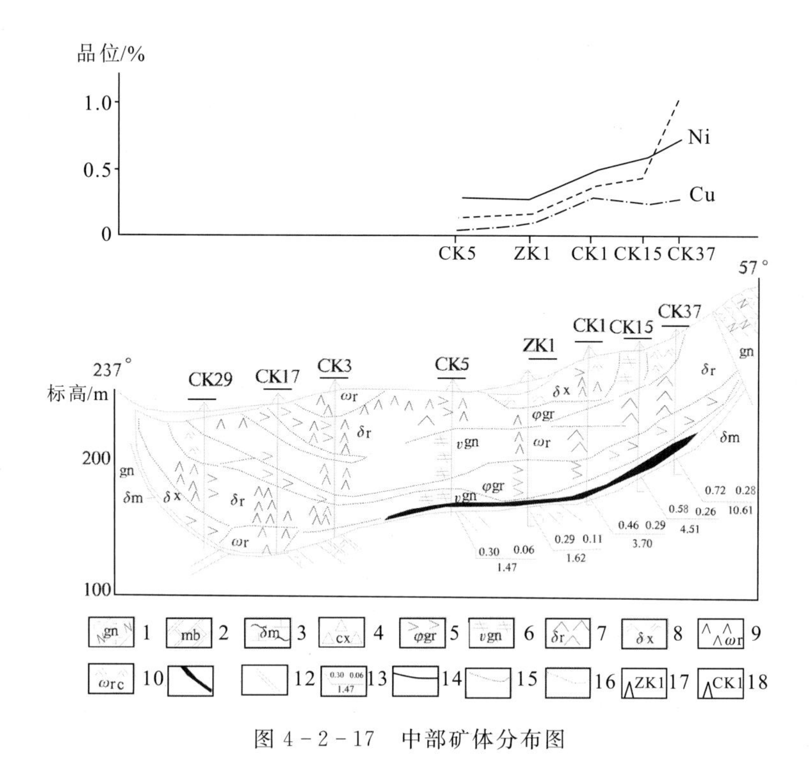

图 4-2-17 中部矿体分布图

1.斜长角闪片麻岩;2.大理岩;3.闪长质混杂岩;4.次闪石岩;5.橄榄二辉岩;6.橄榄辉长苏长岩;7.二辉橄榄岩;8.斜辉橄榄岩;9.二辉橄石岩;10.含长二辉橄石岩;11.镍矿体;12.断层;13. $\frac{\text{NiCu品位/\%}}{\text{厚度/m}}$;14.厚度变化曲线;15.Ni品位变化曲线;16.Cu品位变化曲线;17.钻孔及编号;18.钻孔及编号

(1)底部矿体:矿体赋存于岩体底部边部次闪石岩及闪长质混染岩、二辉橄榄岩、含长二辉橄榄岩中。平面呈似层状、扁豆状。剖面矿体受岩体底板形态控制,岩体底部常见1~3条矿体,长一般120~350m,最长达600m,一般厚1~5m,最厚达25m。

(2)顶部矿体:这类矿体仅见于5号和6号岩体,赋存于岩体顶部边缘闪长质混染岩及次闪石岩中或含长二辉橄榄岩、橄榄二辉岩中。矿体不连续,多呈扁豆状、透镜状,长90~300m,厚1.7~4.6m,最厚达12.1m。

(3)中部矿体:仅见于5号和25号岩体,赋存于次闪石岩或二辉橄榄岩中,矿体呈似层状,长170~200m,厚2~3.7m,最厚可达8.9m。

3.矿床物质成分

(1)矿石成分:矿石中Ni主要以硫化镍形式存在,主要镍矿物为镍黄铁矿,次要镍矿物有砷镍矿、紫硫镍矿及针镍矿。矿石中少部分Ni以类质同象替换一部分Mg进入到橄榄石、辉石格架中,形成硅酸镍,一般Ni含量0.1%~0.2%,其主要矿物为镍蛇纹石、镍绿泥石及镍阳起石-透闪石。矿区各岩体镍矿体中硫化镍与硅酸镍中Ni的比值一般为2~4,少部分岩体比值为0.86~0.125。

主要有益元素为Cu、Ni,其次为Co,偶而可见到微量的Mo、Pd。除Ni富集达要求外,其余均达不到工业要求。个别钻孔或样品中Cu可达工业要求,但尚不能单独圈定矿体。Ni含量稳定,一般0.26%~0.46%。Cu含量变化大,一般0.01%~0.18%。Co含量微,一般0.004%~0.09%,铂族元素在个别岩体中有显示。个别样品中的Pt含量0.03×10^{-6},Pd含量0.03×10^{-6}。

早期(第一期)岩体Co、S、Ni丰度低,Ni含量一般0.054%~0.073%,一般不含矿。晚期岩体(第二期)Ni、S、Co、Cu 含量相对较高,平均 Ni 含量 0.26%~0.44%,平均 S 含量 0.47%~1.92%,常构成具有工业意义的矿床。

(2)矿石类型。

①钛铁矿-磁铁矿-尖晶石型:属岩浆早期产物,与铜镍矿化无关。

②磁黄铁矿-镍黄铁矿-黄铜矿-黄铁矿型:属岩浆晚期熔离阶段产物,为铜镍矿床主要矿物组合之一。

③黄铁矿-红砷镍矿-砷镍矿-针镍矿-紫硫镍矿-闪锌矿型:属岩浆晚期熔离贯入-热液阶段产物,亦为铜镍矿床的主要矿物组合之一。

④褐铁矿-孔雀石型:属上述硫化物地表同化作用(表生期)所形成的次生矿物。

(3)矿物组合:金属矿物有钛铁矿、磁铁矿、磁黄铁矿、镍黄铁矿、黄铜矿、黄铁矿、红砷镍矿、砷镍矿、针镍矿、紫硫镍矿、闪锌矿、褐铁矿;脉石矿物有尖晶石、橄榄石、辉石、阳起石、透闪石、斜绿泥石、角闪石、黑云母、绿帘石、蛇纹石等。

(4)矿石结构构造:常见的矿石结构有他形粒状、半自形粒状,固熔体分离结构,海绵晶洞状、角砾状结构。矿石构造有稀疏浸染状、稠密浸染状、斑点状、条带状、环状、致密块状、细脉状、网脉状、角砾状构造。

4. 蚀变类型

区内岩体均有不同程度的蚀变,且以自变质作用为主。这类蚀变主要有蛇纹石化、次闪石化、滑石化、金云母化,多分布在岩体底部和中部辉石橄榄岩相中,与 Cu、Ni 矿化关系密切。

5. 成矿阶段

根据成矿作用综合分析,划分为岩浆成矿期、热液成矿期和表生成矿期。成矿阶段有划分岩浆早期熔离阶段,岩浆晚期熔离贯入阶段及热液阶段,矿石中浸染状硫化铜镍矿生成最早,含砷镍矿生成时间最晚。

(1)岩浆成矿期。

①早期熔离阶段:主要生成钛铁矿、磁铁矿、尖晶石、磁黄铁矿和镍黄铁矿,少量黄铜矿、黄铁矿,极少量方黄铜矿。

②晚期熔离-贯入阶段:主要生成磁黄铁矿、镍黄铁矿、黄铁矿、黄铜矿、方黄铜矿,少量的砷镍矿、红砷镍矿、针镍矿、紫硫镍矿。

(2)热液成矿期:主要生成黄铁矿、砷镍矿、红砷镍矿、针镍矿、紫硫镍矿、闪锌矿。

(3)表生成矿期:主要生成褐铁矿和孔雀石。

6. 成矿时代

根据岩体产出地质环境,结合同位素年龄 360~350Ma(陈尔臻等,2001)分析,区内超基性岩体属海西期岩浆活动产物。

7. 物质来源

根据区域成矿对比,成矿物质主要来自地幔。矿床成因为与基性岩有关的硫化镍矿床,其成因类型属岩浆熔离型。

8. 控矿因素及找矿标志

(1)控矿因素。

①岩体控矿:区域赋矿岩体主要为辉石橄榄岩型、辉石岩型、辉石-橄榄岩型、橄榄岩-辉石岩-辉长

岩-闪长岩杂岩型，所以区域超基性岩体控制了矿体的分布。岩浆熔离-浸染状矿化，主要产于缓倾斜岩体底部，矿体多呈似层状、板状、透镜状，此类型矿化一般品位较低；岩浆晚期熔离-贯入式矿化，主要产于陡倾斜岩体，矿体与成矿期构造关系密切，此类型矿化一般品位较高，但规模不大；混染交代浸染状矿化产于岩体边部及靠近岩体的闪长质或辉长质混染岩中，只在个别岩体局部富集，规模及工业意义不大。

②构造控矿：古洞河断裂是区内唯一活动时间长、期次多、规模大、切割深度深的导岩构造。沿古洞河断裂以及北东向断裂附近发育的北西向及北东向两组扭裂，以控制闪长岩体为主；沿古洞河断裂及茬田-东丰深断裂两侧，以北北东向或近南北向压扭-扭张性断裂为主，主要控制辉长岩体；北北东（或近南北）向及北西向两组扭裂规模小，分布较密集，控制矿区基性、超基性岩体。该期构造控制的岩体与成矿关系密切。

(2)找矿标志：古洞河断裂北东侧北北东（或近南北）向及北西向两组扭裂内；超基性岩体出露区。

9. 矿床形成及就位机制

海西早期，褶皱区回返隆起古断裂及次级断裂构造活动加剧，上地幔初始岩浆沿古洞河深大断裂上升侵位，并集聚形成地下岩浆房。在地壳相对稳定时期，岩浆房内超镁质熔浆开始分异或熔离，经初始分异，Cu、Ni 元素局部集中，在多期次级继承性构造活动作用下，产生了物质成分不同的多期侵入体或复合侵入体。

经过一定分异的贫硫化物熔浆一次侵位后，由于外界条件的改变，使熔浆自身发生分层熔离，即就地重结晶作用，并在重力作用下，镍矿物及密度大的铁镁矿物多集中在岩体的底部或中部富集，形成底部、中部矿体。成矿温度 395～400℃。

当贫硫化物熔浆一次侵位结束后，由于深部岩浆房的分异作用继续进行，在岩浆房及至岩体底部生成了晚期富硫残余熔浆。在压应力和张应力作用影响下，富硫熔浆沿刚好形成或正在形成的构造裂隙上侵，形成晚期熔离贯入式矿床。富镍岩浆侵位后，与围岩发生接触交代作用，将围岩中的 Al^{3+}、Si^{2+}、Ca^{2+}、Na^{+} 离子带入岩浆，从而使硫化镍的熔点降低，使部分岩体的边缘混染带中出现矿化富集。

成矿作用：晚期岩浆熔离分凝式矿床，当贫硫化物熔浆一次侵位后，熔浆自身发生分层熔离-就地重结晶作用形成矿床；晚期岩浆熔离贯入式矿床，贫硫化物熔浆一次侵位后，由于深远分异作用及就地重结晶分异作用继续进行，在岩浆底部及岩浆房内生成晚期富硫残余熔浆，沿构造裂隙贯入形成矿脉；混染带硫化作用矿化、岩浆侵位后，与围岩发生接触交代，硫化镍熔点降低，沉淀形成矿床。

（四）通化县赤柏松铜镍矿床特征

1. 地质构造环境及成矿条件

矿床位于前南华纪华北陆块（Ⅰ）华北东部陆块（Ⅱ）龙岗-陈台沟-沂水前新太古代陆核（Ⅲ）板石新太古代地块（Ⅳ）内的二密-英额布中生代火山-岩浆盆地的南侧。

(1)地层：区内地层主要以太古宙地体表壳岩为主，主要岩性为黑云斜长片麻岩、斜长角闪岩夹浅粒岩、透闪石岩及麻粒岩，变质程度较深，属高级角闪岩相与麻粒岩相，多被太古宙英云闪长岩侵入，仅以包体存在于英云闪长岩中。矿区东侧湾湾川一带表壳岩以片状斜长角闪岩、浅粒岩为主，多被钾长花岗岩侵入。

(2)侵入岩：太古宙早期中酸性岩浆活动强烈，区域内形成大面积奥长花岗岩和英云闪长岩，现已被改造成片麻状花岗岩类和闪长岩类。

本区基性岩分布广泛，第一期基性岩（形成时代＞2500Ma）多呈岩床、岩脉产出，由于受多期变质变形改造，具片理构造，片理产状与区域片理产状一致，如小赤柏松、高力庙角闪岩、变质辉长岩等。第二期基性、超基性岩(形成时代<2500Ma)分布于三棵榆树、赤柏-金斗穹状背形核部,呈岩墙(脉)状南北向或北东向侵入太古宙地体中,全岩K-Ar法测定年龄值为25亿～22.4亿年,已知的含矿岩体均属这一期。赋矿岩体类型主要有辉绿辉长岩-橄榄苏长辉长岩-二辉橄榄岩-细粒苏长岩-含矿辉长玢岩型,为多次侵入复合岩体,具深源液态分离及良好的就地分异,赋存铜镍矿,如赤柏松1号矿体。辉绿辉长岩-橄榄苏长辉长岩-二辉橄榄岩(或斜长二辉橄榄岩)型,就地分异良好,赋存铜镍矿,但规模小,品位低,如新安岩体。辉绿辉长岩-橄榄苏长辉长岩型,有分异作用显示,具矿化,如金斗Ⅲ-2号岩体。橄榄苏长岩型,岩性单一,不具分异,矿化弱,如下排1号岩体。辉绿辉长岩型,无明显分异作用,由单一岩性组成,基性程度低,矿化微弱;第三期基性岩(新元古代)分布在湾湾川一带,呈岩墙(脉)状产出,侵入新太古代地体中,走向北西,岩体类型为辉绿岩型,无分异,岩性单一,矿化微弱,全岩K-Ar法测定年龄值为1052Ma。

燕山期中酸性脉岩广泛分布,主要有钠长斑岩、花岗斑岩、闪长玢岩等,空间上与基性岩相伴,产状相似,切割基性岩体,反映了控岩构造的继承性。

赤柏松1号基性岩体:侵入太古宙英云闪长岩中,呈岩墙状产出,地表长4800m,宽40～140m,面积0.4km²,走向北北东5°～10°,北段倾向南东63°～84°,中南段倾向转为北西55°～86°,岩体北端翘起,向南东东方向侧伏45°左右,直到已控制的Ⅶ线其侧伏产状无明显变化。赤柏松1号岩体为同源岩浆多次侵入的基性—超基性复式岩体,由主侵入体与附加侵入体组成。其3个岩相分布特征:斜长二辉橄榄岩相产于主侵入体北端及底部,其外缘依次分布橄榄苏长辉长岩相及辉绿辉长岩相,三者呈渐变过渡关系。附加侵入体,细粒苏长辉长岩体,呈脉状穿插主侵入体底部斜长二辉橄榄岩相中,又被后期含矿辉长玢岩穿插。空间上产于主侵入体与含矿辉长玢岩之间。含矿辉长玢岩体呈脉状侵入细粒苏长辉长岩体底部或边部,产于1号岩体北端和底部。辉绿辉长岩、橄榄苏长辉长岩、斜长二辉橄榄岩、细粒苏长辉长岩及含矿辉长玢岩在空间上分布规律是沿走向由南往北,在剖面由上而下依次出现,并均向南东方向侧伏,侧伏角45°左右。见图4-2-18。

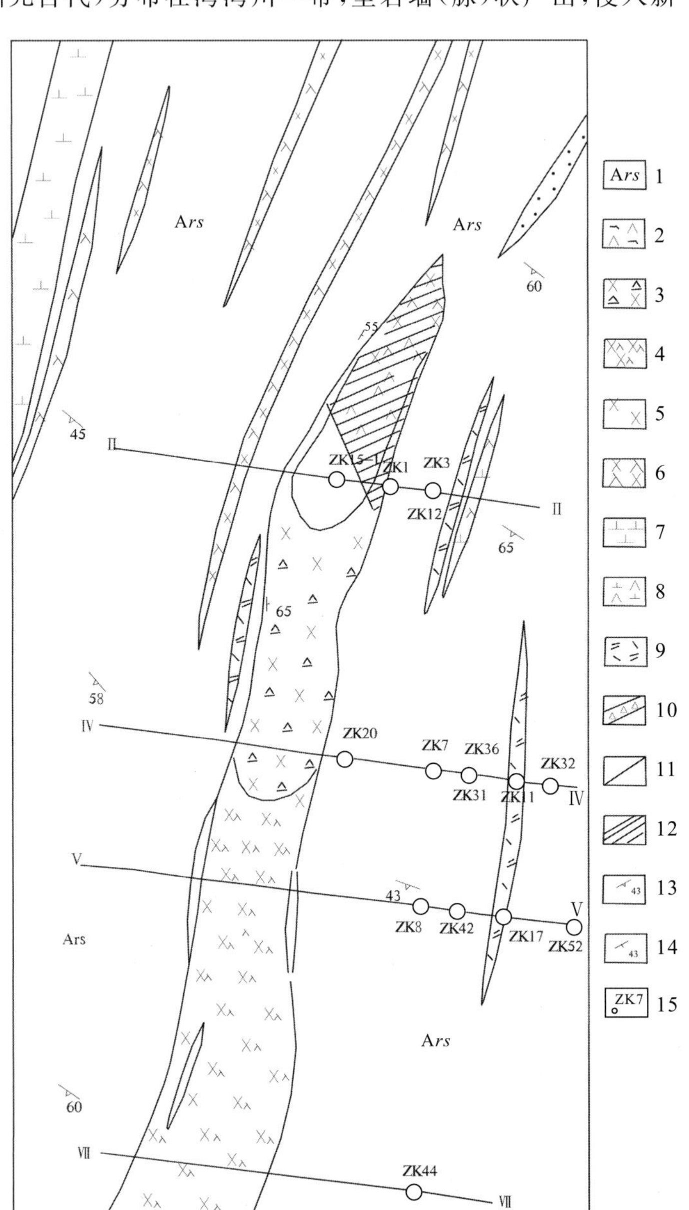

图4-2-18　赤柏松铜镍矿床赤柏松Ⅰ号基性岩体地质图

1. 太古宙英云闪长岩;2. 斜长二辉橄榄岩;3. 橄榄苏长辉长岩;4. 辉绿辉长岩;5. 细粒苏长辉长岩;6. 辉长玢岩;7. 闪长岩;8. 闪长玢岩;9. 钠长斑岩;10. 破碎带;11. 岩相界限;12. 矿体;13. 片麻理产状;14. 岩体接触带产状;15. 钻孔及编号

各侵入体之间关系:宏观上细粒苏长辉长岩穿切斜长二辉橄榄岩,含矿辉长玢岩穿切前二者;斜长二辉橄榄岩与细粒苏长辉长岩之间岩性变化界线清楚，后者中可见前者包体；细粒苏长辉长岩与含矿辉长玢岩之间界线清楚，并且后者切穿或包裹前者；岩体侵入顺序先是主侵入体就位，然后是附加侵入体的细粒苏长辉长岩体就位，后者是在前者处于凝固或半凝固状态时侵入的。

（3）构造：赤柏松矿区处于2个三级构造单元接触带，古陆核一侧褶皱、断裂构造发育。

①褶皱构造：太古宙经历多期变质变形，表现在本区是3个穹状背形，即南侧三棵榆树背形，中部赤柏松-金斗穹状背形，东侧湾湾川背形，其褶皱轴走向分别为北东50°，北西20°，北西40°。

②断裂构造：本区主要断裂构造为本溪-二道江断裂，为铁岭-靖宇台拱与太子河-浑江凹陷褶断束2个三级构造单元的分界断裂，形成于五台运动末期，具多期活动特点，总体走向西段为东西向，东段转为北东向，赤柏松矿区位于转弯处内侧，该断裂构造为控制区域上基性岩浆活动的超岩石圈断裂。

③北东向或北北东向断裂构造：这一组断裂在本区十分发育，分布在穹状背形的核部，多被古元古代以来的基性岩、超基性岩充填，显多期活动特点，形成于古元古代，是本区控岩、控矿构造。

④东西向断裂构造：是本区发育最早的构造，多数为较大逆断层或逆掩断层，由于受后期岩浆构造改造、叠加，表现不够连续。

2. 矿体三维空间分布特征

Ⅰ号基性岩体的矿体产于岩体翘起的北端并向岩体侧伏方向延伸，矿体受岩相控制，产于斜长二辉橄榄岩中下部，由上部熔离成矿和下部贯入成矿叠加而成，贯入成矿构成富矿部位。矿体与围岩界线是渐变的，矿体总体较完整，矿化均匀，无夹石，局部因脉岩和地层残留出现无矿地段；局部可见超出岩体产于地层中的矿体，但规模很小，如岩体北端地表等。见图4-2-19。

Ⅰ号岩体中铜镍矿体形态和产状受岩体控制，北端翘起，深部向南东东方向侧伏，倾伏角45°左右。

矿体地表长200m，厚24.72～31.45m，至Ⅷ线控制矿体最大斜深730m，斜长1000m，深部最大厚度51.6m，一般35.12～45.95m，富矿厚15.08～27.28m。Ⅷ线以北已探明Cu、Ni金属储量14.4万t，伴生S 63.1万t，Se 286.23t，Te 34.27t，其平均品位Ni 0.55%、Cu 0.32%、S 3.83%、Se 0.001 7%、Te 0.000 21%。

按矿体赋存的岩相、矿体形态、产状、矿石类型及成因将矿体划分为4种类型。

似层状矿体：位于侵入体底部斜长二辉橄榄岩中，矿体特征与主侵入体斜长二辉橄榄岩基本一致，随其岩体北端翘起，向南东方向侧伏，侧伏角45°，矿体长大于1000m，厚24.72～42.95m，主要由浸染状及斑点状矿石组成。

细粒苏长辉长岩矿体：整个岩体都是矿体，因此形态、产状与细粒苏长辉长岩一致，主要由浸染状矿石及细脉浸染状矿石组成。

含矿辉长玢岩矿体：几乎全岩体都为矿体，其形态、产状与含矿辉长玢岩体完全一致，由云雾状、细脉浸染状及胶结角砾状矿石组成，规模大，品位高，为主矿体。

硫化物脉状矿体：沿裂隙贯入于含矿辉长玢岩接触处，局部贯入近侧围岩中，长数十米，厚几十厘米至几米。由致密块状矿石组成，规模小，品位高。

3. 矿床物质成分

（1）物质成分：矿石中有益元素主要是Cu、Ni，伴生有益元素为Co、Se、Te、Pt、Pd、Au、Ag、S。矿石中Ni的平均含量0.57%，最高9.95%；Cu的平均含量0.33%，最高5.31%，Co的平均含量0.016%，最高0.001%；Ag的含量$1\times10^{-6}\sim5\times10^{-6}$，最高$38\times10^{-6}$；S平均含量3.96%，最高22.47%。

Ni/Cu比值在熔离型矿石中比较稳定（1.52～1.81）；贯入型的角砾状矿石为8.39，块状矿石的比值高达40.37，镍和铜的比值出现负增长，证明此时已进入热液阶段，黄铜矿呈单矿物脉出现。

矿石中的有害组分为Pb、Zn、As和Bi，其含量均较低。

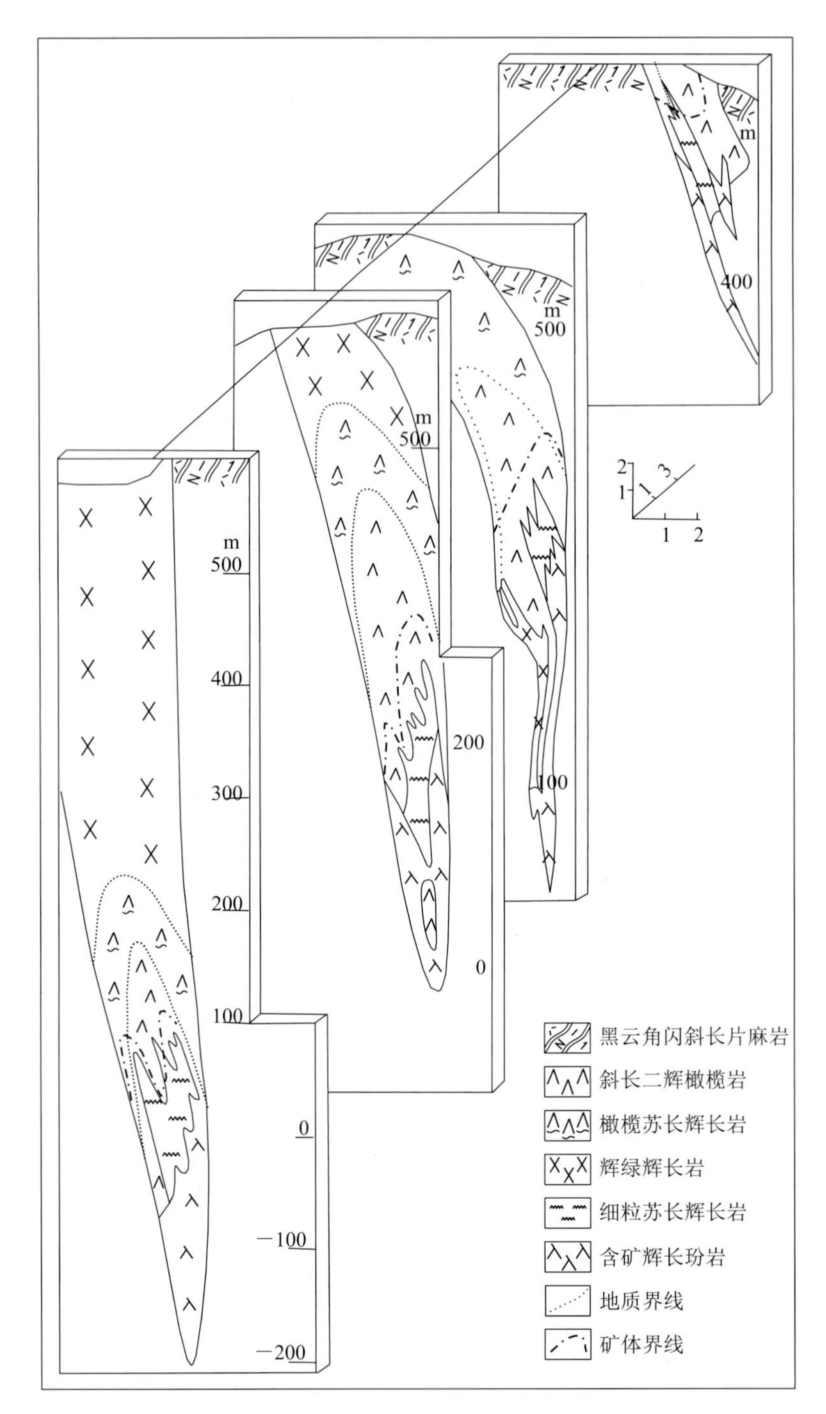

图 4-2-19　赤柏松铜镍矿床赤柏松Ⅰ号基性岩体北段地质剖面图

(2)矿石类型:铜镍硫化物型。

(3)矿物组合:主要有磁黄铁矿、镍黄铁矿、黄铜矿、黄铁矿、紫硫镍矿、辉镍矿、针镍矿、方黄铜矿、墨铜矿、白铁矿、毒砂、斑铜矿、方铅矿、辉钼矿、闪锌矿、磁铁矿、钛铁矿、铬尖晶石、赤铁矿、金红石、钙钛矿、锐钛矿、自然金、针铁矿、孔雀石、蓝铜矿、铜蓝等。以磁黄铁矿、镍黄铁矿、黄铜矿为主,三者紧密共生。镍矿物主要为镍黄铁矿,其次为紫硫镍矿、辉镍矿、针镍矿。

镍矿物占硫化物总量的29.7%,镍矿物中镍的相对含量是镍黄铁矿69.5%,紫硫镍矿20.4%、针镍矿 8.9%、辉镍矿 1.2%。

(4)矿石结构构造：共结结构和显微文象状似共结结构是熔离矿石最常见的结构，磁黄铁矿、镍黄铁矿和黄铜矿密切共生，黄铜矿又常沿前两种矿物边缘分布。交代结构是贯入成矿和热液期的黄铁矿、白铁矿、紫硫镍矿等沿镍黄铁矿、磁黄铁矿的裂隙和边缘交代，为贯入成矿中常见的结构，此外还有热液阶段的交代结构，如黄铜矿、方铅矿交代黄铁矿等。浸染状构造和斑点状构造为金属硫化物散布于硅酸盐矿物间，是熔离成因矿石中普遍发育的构造。贯入型矿石中主要发育稠密浸染状、细脉状、角砾状和块状构造，富硫化物脉多见于块状矿石中，细脉状构造还出现在细粒和斑状苏长辉长岩的接触部位。

4. 蚀变类型及分带性

Ⅰ号岩体从不含矿岩相到含矿岩相，黑云母的含量由 1.5%增长到 5%，在贯入型矿石中金属硫化物周围分布有黑云母等含钾矿物，这是一种钾化的表现。还有次闪石化，在含矿的岩体边部较为发育。

5. 成矿阶段

根据矿石中矿物组合的差异，以及空间的交切关系，赤柏松铜镍矿床可以划分为 3 个成矿期 5 个成矿阶段。

(1)成矿早期：早期岩浆阶段形成的主要矿物有磁铁矿、铬尖晶石、钛铁矿、金红石、锐钛矿、钙钛矿。该阶段晚期有磁黄铁矿、镍黄铁矿、黄铜矿生成。岩浆熔离阶段形成的主要矿物有磁黄铁矿、镍黄铁矿、黄铜矿。

(2)主成矿期：岩浆贯入阶段形成的主要矿物有磁黄铁矿、镍黄铁矿、黄铜矿、白铁矿、黄铁矿；热液阶段形成的主要矿物有白铁矿、黄铁矿、紫硫镍矿、方黄铜矿、黑铜矿、斑铜矿、辉钼矿、方铅矿、闪锌矿、赤铁矿、自然金。

(3)表生期：形成的主要矿物有针铁矿、纤铁矿、孔雀石、蓝铜矿、铜蓝。

在上述的 5 个成矿阶段中岩浆贯入阶段、热液阶段为主要成矿阶段。

6. 成矿时代

赤柏松基性岩群侵位于太古宙地体中，后遭受区域变质作用。1 号岩体 $^{40}K-^{40}Ar$ 同位素测年资料见表 4-2-5，岩体形成于 997.5～2240Ma，以 1960～2240Ma 为主，而结果为 997.5Ma 的测定资料应考虑岩体遭受变质作用的影响。另外金斗Ⅶ-2 号岩体已测得 2562Ma 同位素年龄资料，故将 1 号岩体形成年龄定为元古宙早期。

表 4-2-5　通化县赤柏松铜镍矿床同位素测年表

编号	测定对象	岩石名称	K/%	$^{40}Ar/\times10^{-6}$	$^{40}Ar/^{40}K$	年龄值/Ma	测定单位
JMTC18	全岩	辉绿辉长石	1.21	0.111 7	0.077 4	997.5	沈阳地质调查中心
JMTC5	全岩	橄榄苏长辉长岩	0.48	0.146 8	0.247	2184	沈阳地质调查中心
JMZK33	全岩	/	1.00	0.113 2	0.094 5	1163	沈阳地质调查中心
5Zy-4TC5	全岩	橄榄苏长辉长岩	0.32	0.078 9	0.202	1960	中国科学院
5Zy-6ZK17	全岩	辉长玢岩	0.27	0.083 5	0.252	2240	中国科学院

7.地球化学特征及成矿温度

(1)岩石化学成分:根据主要氧化物含量变化,该岩体原始岩浆为基性岩浆,属拉斑玄武岩系列。主侵入体主要氧化物有规律的变化,岩体上部向底部 Mg、Fe、Cr、Ni、Ti 逐渐增高,Si、Al、Ca、K、Na 组分逐渐降低。主侵入体与附加侵入体的化学成分中主要氧化物按顺序是 Fe、Mg 组分逐渐增加,Si、Al 组分逐渐降低。这种氧化物变化规律,体现了岩浆演化总的规律。

(2)扎氏值特征:从扎氏图 4-2-20 可知,主侵入体分异曲线长且连续性好,说明岩体分异作用完善,碱性面沿 S—b 轴,从上往下向量逐渐由短变长,由缓变陡随着基性程度增大,暗色矿物含量逐渐增多,铁、镁矿物中镁含量增高。

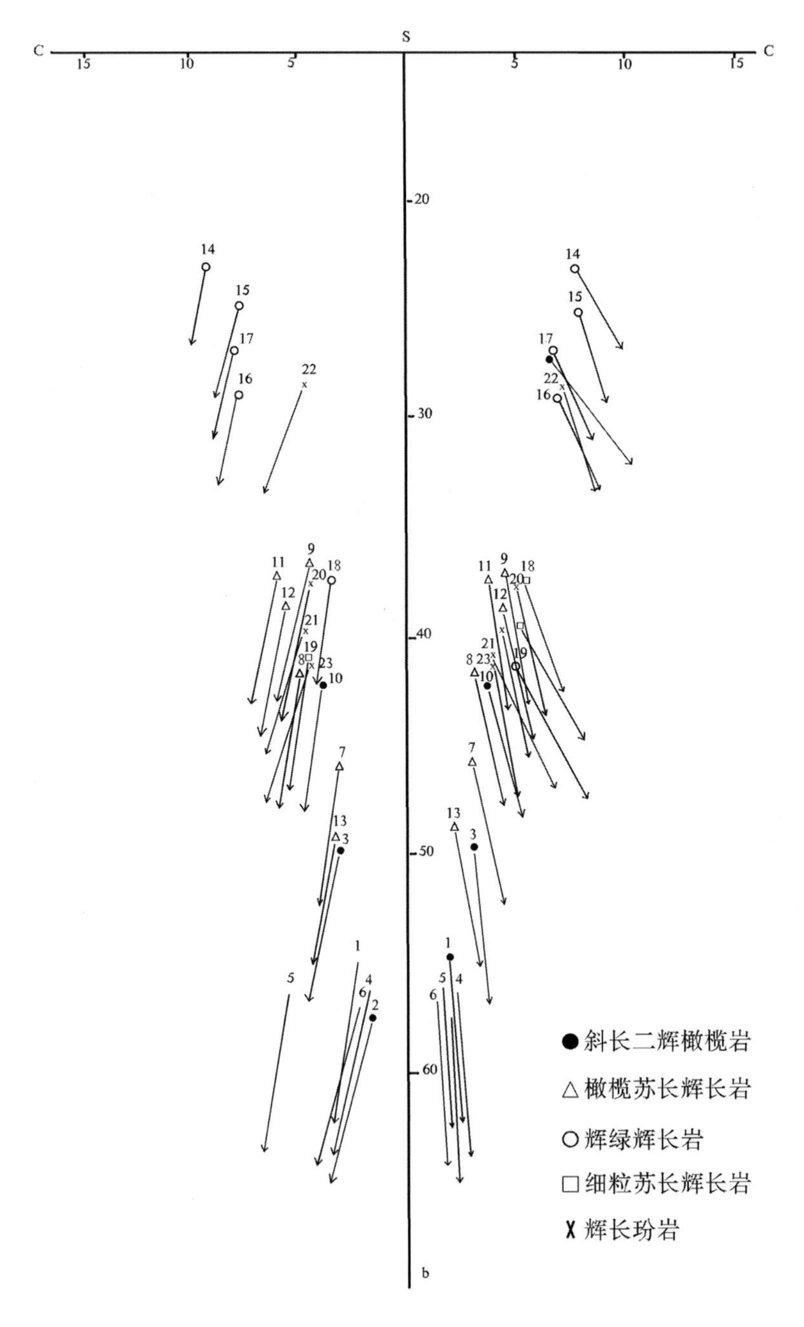

图 4-2-20　赤柏松铜镍矿床赤柏松Ⅰ号岩体扎氏图解

(3)硫同位素地球化学特征：矿区采集 18 个样品 35 个单矿物进行硫同位素测定，测定结果表明，$\delta^{34}S$(‰)变化在−1.3～0.9，离差系数为 0.76‰；$^{32}S/^{34}S$ 值变化小，为 22.185～22.249，与陨石$^{32}S/^{34}S$ 值 22.22 相近，说明 S 来源于上地幔；硫同位素塔式效应明显，见图 4-2-21；各种矿石类型测定结果一致性说明分馏作用微弱，这也是岩浆熔离矿床的特点。

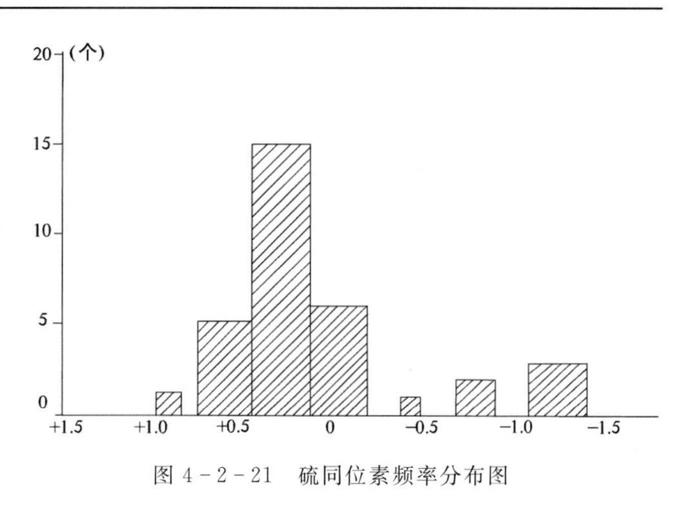

图 4-2-21　硫同位素频率分布图

(4)成矿温度：橄榄石结晶温度 1412℃，辉石 1 107.90～1 124.68℃，斜长石 1 155.81～1 206.26℃，硫化物磁黄铁矿 310～495℃（张瑄，1983）。其中硅酸盐结晶温度与熔化试验资料 1075～1210℃相近。

硫化物主要结晶温度应低于 330～575℃，一般认为磁黄铁矿-镍黄铁矿固溶体分解温度为 425～600℃，X-衍射对磁黄铁矿测定 d 值，推算形成温度为 325～550℃，与爆裂温度一致。

主侵入体应属熔离型矿床，附加侵入体矿床应属熔离-深源液态分离矿浆贯入型矿床，总的来看，Ⅰ号基性岩体硫化铜镍矿床为熔离-深源液态分离矿浆贯入型矿床。

8. 物质来源

Ⅰ号矿体为多次的复合岩体，其硫化铜镍矿床也具多阶段、多种成矿作用过程的特点。各种矿石类型测定结果一致说明分馏作用微弱，这也是岩浆熔离矿床的特点。表明原始岩浆是来自上地幔的产物。

9. 控矿因素及找矿标志

(1)控矿因素。

①岩浆控矿：分布本区古元古代基性—超基性岩，为有利成矿期。复式岩体是构造多次活动、岩浆多次侵入产物，多形成大而富的矿床，单式岩体分异完善，基性程度愈高，越有利于形成熔离型矿床。就地熔离矿体，一般位于岩体底部或下部，深源液态分离贯入型矿体多位于先期侵入岩体底部、边部或近侧围岩中。

②构造控矿：本溪-浑江超岩石圈断裂为控制区域基性—超基性岩浆活动的导矿构造，区域基性岩体沿断裂古隆起一侧，分段(群)集中分布。基底穹隆核部断裂构造控制基性—超基性岩产状、形态等特征。

(2)找矿标志：古元古代基性—超基性岩分布区，Ni/S、M/F 和 Ni、S 丰度是基性程度和含矿性重要标志。地球物理场，重力场线状梯度带或变异带存在，磁场 500～100nT。地球化学场，Ni 0.01%～0.05%，高者 0.1%～0.3%，Cu 异常系数大于 2.2，Ni 异常系数大于 3.3，Co 异常系数大于 2。磁异常与化探 Cu、Ni、Ag 异常重叠区。

10. 矿床形成及就位机制

早期岩浆成矿作用，金属硫化物与橄榄石、斜方辉石组成显微文象状似共结结构，这种结构早于熔离作用硫化物的形成，在主侵入体与附加侵入体中均有所见，应属岩浆结晶作用早期阶段的产物。

熔离作用，原生岩浆由于温度、压力的变化或第三种成分的加入，使熔浆分为互不混溶的两种液体，即硅酸盐溶液与硫化物溶液，硫化物铜镍矿床形成主要取决于岩浆中 S 和亲硫元素浓度及岩浆成分，只有浓度较高，才可能形成不混溶硫化物液体或硫化物结晶体从熔体中分离出来，进而形成熔离矿床。由于受重力影响而集中，岩体分异较完善，基性程度较高的岩相，多形成岩体的底部。

深源液态分离作用，这是对附加侵入体的硫化物特别是纯硫化物形成而言的，即苏长辉长岩体、含矿辉长玢岩单一岩相，本身铜矿又与主侵入体属同源异期产物。深源岩浆形成就是在以离子为主体的硅酸盐熔体中也存在被溶解金属原子和金属硫化物分子，这种硅酸盐被视为离子-电子液体，这种液体在微观上具有非常不均一的结构，从而在深源硫化物-硅酸熔浆液态即时已分离为互不混溶的熔浆与富硫化物矿浆。

已经发生熔离、分异的岩浆沿近南北向断裂依次上侵而形成铜镍矿床。

（五）白山市杉松岗铜钴矿床（伴生镍）特征

1.地质构造环境及成矿条件

矿床位于前南华纪华北东部陆块（Ⅰ）华北东部陆块（Ⅱ）胶辽吉元古宙裂谷带（Ⅲ）老岭坳陷盆地（Ⅳ）内。老岭背斜南东翼的次级褶皱三道阳岔-三岔河复式背斜的北西翼，小四平-荒沟山-南岔“S”形断裂及与之平行的断裂构造，为重要的导矿、容矿构造。区内与镍矿有关的建造为元古宙花山岩组沉积变质建造，总体呈北东东向展布。

（1）地层：矿区内出露的地层主要为古元古界老岭（岩）群珍珠门岩组和花山岩组，见图4-2-22。

①老岭（岩）群珍珠门岩组：主要分布在杉松岗铜钴矿区的西南部及北部，呈北北东方向展布。变质程度为绿片岩相，原岩以白云质灰岩为主，相当于镁质碳酸盐岩沉积建造，岩性主要为碳质条带状大理岩、硅质条带白云石大理岩、白云质大理岩、透闪石大理岩、紫红色角砾状大理岩。

②老岭（岩）群花山岩组：为本区的赋矿层位，总体呈近南北方向展布。为一套泥质、黏土质岩石、粉砂岩、石英砂岩及碳酸盐岩组合，其沉积环境属裂谷盆地。自下而上划分为2个岩性段，下段下部为二云片岩、千枚岩、变质粉砂岩夹薄层大理岩，底部为二云片岩夹薄层石英岩；上段为二云片岩、绢云千枚岩夹数层大理岩。矿区内出露主要为花山岩组下段，按岩性组合特征，大致分为4个岩性层。h1层：灰色-灰绿色千枚状片岩夹变质粉砂岩薄层；h2层：深灰色-灰黑色变质粉砂岩、千枚状片岩夹薄层状大理岩及变质砂岩透镜体，该层为铜钴矿体的主要赋矿层位；h3层：灰黑色-灰绿色千枚状片岩夹变质粉砂岩透镜体，该层亦为铜钴矿体的重要赋矿层位；h4层：斑点状千枚岩、变质粉砂岩及角岩，为草山岩体边部接触变质产物。

（2）侵入岩：区内岩浆活动较强烈，主要有两期，其一为燕山早期侵入体，其二为燕山晚期侵入的中-浅成中基性岩脉。

①燕山早期侵入体：分布在矿区东西两侧，岩性为巨粒黑云母花岗岩。西侧为老秃顶子岩体，岩体界面向东倾斜，倾角70°左右；东侧为草山岩体，岩体界面向西倾斜，倾角79°左右。杉松岗铜钴矿床赋存在两岩体间的花山岩组地层中。

②中基性岩脉：在矿区内有广泛分布，主要为北东向产出，少量为北西向及近南北向，沿断裂构造侵位，呈脉状产出，往往成群出现，规模大小相差很大，宽数十厘米至数十米，长几十米至数百米不等，岩性以闪长岩为主，局部见闪长玢岩、辉绿岩、霏细岩等。

（3）构造：矿区位于老岭背斜的中段南东翼，小四平-荒沟山-南岔“S”形断裂带在矿区的西北侧。矿区内构造发育，其中褶皱构造规模较小，但随处可见，断裂构造发育，有的规模较大，并有多期活动特点。

①褶皱构造：矿区内赋矿的花山岩组地层，总体为一走向北北西、倾向北东东的单斜构造。由于受历次构造运动和断裂构造活动的影响，使地层岩石中小的挠曲、揉皱现象十分发育，小型褶曲轴向大致有3种：290°～300°、45°～75°及近东西向，小褶曲规模一般在10m左右，少数规模较大。发生在矿体内的小褶曲，使矿体形态复杂化。

②断裂构造：矿区内断裂构造发育，大致可划分为南北向、北西向和北东向3组。

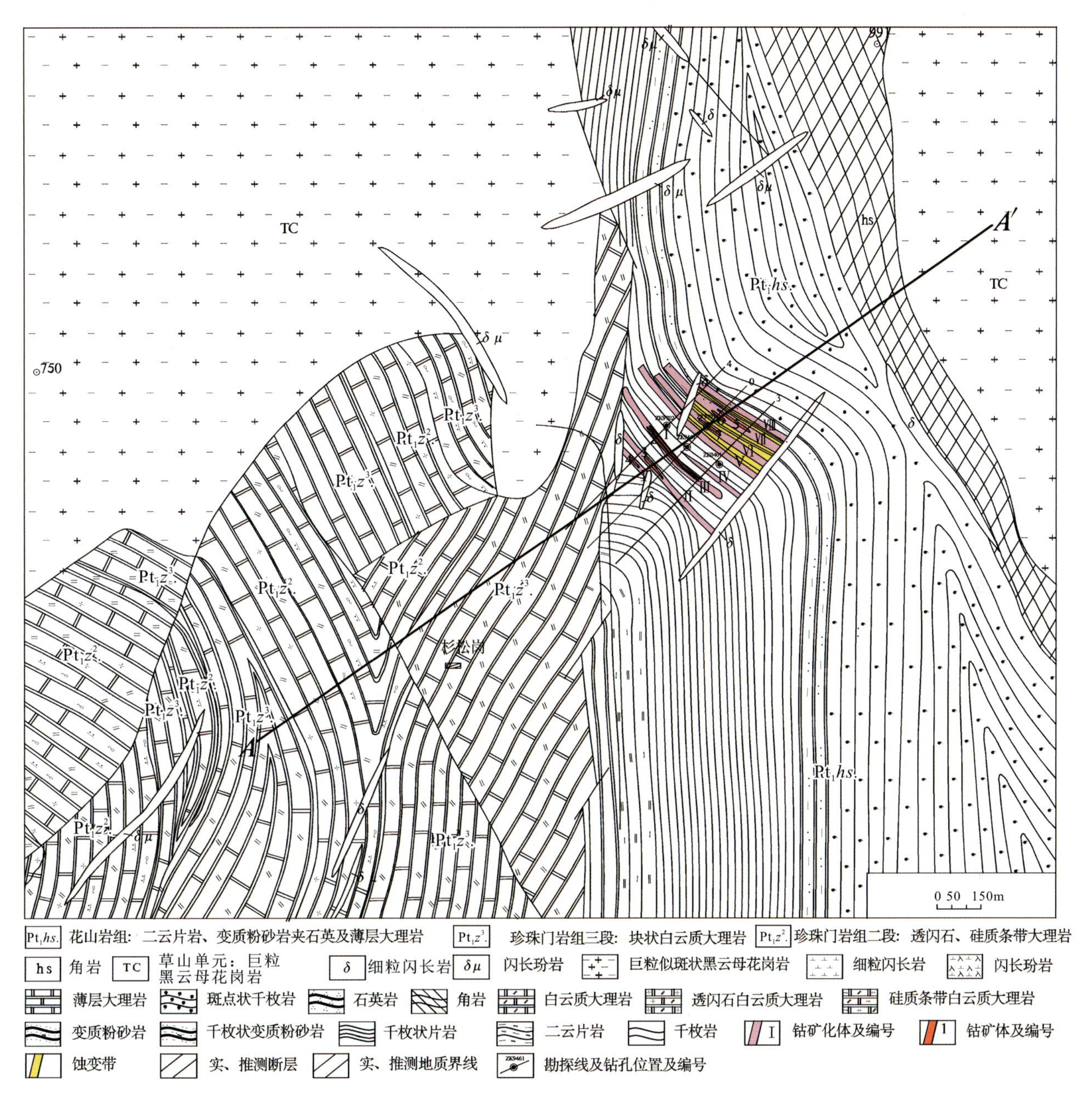

图 4-2-22　白山市杉松岗铜钴矿床地质图

南北向断裂：该组断裂在区域上属横路岭-荒沟山-四平街"S"形断裂带，为压-压扭性断裂，以 F_1 断层为代表。F_1 断层位于花山岩组与珍珠门岩组地层接触部位，走向 350°～10°，倾向北东东或南东东，倾角 60°左右，断裂带宽 2～10m，片理化、糜棱岩化发育，沿断裂有花岗岩岩枝及闪长岩脉的侵位，显示多期活动特点，矿体产于该断裂上盘花山岩组地层中。

北西向断裂：为一组较发育的张扭性断裂，一般断裂开口较窄或紧闭，有时可见擦痕。该组断裂形成于岩层褶皱期，后来又有复活，对矿体有一定破坏作用，以 F_2 断裂为代表。F_2 断层地表延长 250m 左右，走向 305°，倾向南西，倾角 75°，有闪长岩脉侵位。

北东向断裂：为一组压扭性断裂，走向 10°～50°，倾向北西，倾角 30°～80°，走向或倾向均有舒缓波状特点，多被闪长岩脉侵位，形成时间较晚，往往切割其他方向断裂，以 F_3 为代表。F_3 断层走向 30°左右，倾向北西，倾角 50°，有闪长岩脉侵位，对矿体有一定破坏作用。

2. 矿体三维空间分布特征

(1)矿体空间分布：主要赋存在花山岩组下段千枚状片岩夹薄层状大理岩及变质砂岩中，分布在16～15 线间，长 500～600m，宽约 450m 的范围内。矿体呈向南西凸出的弧形展布，层状、似层状平行产出，与围岩产状一致，总体产状为走向 280°～320°，倾向北东，倾角 45°～60°，矿体在走向与倾斜方向上均有膨缩变化，矿体受断层及褶曲等构造影响，局部形态、产状有较大变化。

(2)矿体特征：杉松岗铜钴矿床共圈定矿化体 8 条，矿体 7 条，以 1 号、2 号矿体为主，矿(化)体总体呈平行产出，按矿体空间分布及赋存层位大致划分为两个矿段。

①1 号矿段：分布在南西侧的 h2 岩性层中，矿段长约 500m，宽约 200m，由 3 条矿化体(Ⅰ～Ⅲ号)组成。单个矿化体长 100～550m，宽 3～36m，呈层状、似层状，含矿岩性为千枚状片岩、千枚状变质粉砂岩夹少量薄层状大理岩。该矿段圈出 1 号、2 号、3 号、4 号 4 条矿体。

②2 号矿段：分布在北东侧的 h3 岩性层中，矿段长约 600m、宽约 280m，由 5 条矿化体(Ⅳ～Ⅷ号)组成。单个矿化体长 300～600m，宽 4～30m，呈层状、似层状，含矿岩性以千枚状片岩为主夹千枚状变质粉砂岩。该矿段圈出 5 号、6 号、7 号 3 条矿体。

③1 号矿体：分布在 6～5 勘探线间，矿体长 250m，呈似层状赋存在 h2 岩性层上部，矿体与围岩产状一致，走向 310°～320°，倾向北东，倾角 45°～60°。矿体厚度 3.26～8.40m，平均 5.6m，以 0 线矿体厚度较大，向两端有逐渐变薄的趋势。Co 品位 0.076%～0.091%，平均 0.087%，伴生 Cu 平均品位 0.29%，伴生 Ni 平均品位 0.11%。

④2 号矿体：分布在 6～5 勘探线间，位于 1 号矿体下部，两矿体大致平行产出。矿体长 250m，呈似层状赋存在 h2 层位上部，矿体与围岩产状一致，走向 310°～320°，倾向北东，倾角 45°～60°。矿体厚度 2.22～8.07m，平均 3.60m。以 0 线矿体厚度较大，向两端有逐渐变薄的趋势。Co 品位 0.073%～0.099%，平均 0.089%；伴生 Cu 平均品位 0.28%，伴生 Ni 平均品位 0.09%。

其他矿体特征见表 4-2-6。

表 4-2-6　杉松岗铜钴矿床矿体特征一览表

矿体编号	分布位置	规模/m		产状/(°)			平均品位/%			含矿岩性
		长度	厚度	走向	倾向	倾角	Co	Cu	Ni	
1	6-5	250	3.26～8.40 平均 5.60	310～320	北东	45～60	0.087	0.29	0.11	千枚状变质粉砂岩、千枚状片岩夹薄层大理岩
2	6-5	250	2.22～8.07 平均 3.60	310～320	北东	45～60	0.089	0.28	0.09	同上
3	2-4	90	3.17	330	北东	±50	0.055	0.18		同上
4	2-4	35	2.94	330	北东	±50	0.071	0.20		同上
5	2-5	160	5.47	280～300	北东	±50	0.066	0.18		千枚状片岩
6	2-1	75	2.74	320	北东	±50	0.052	0.15		同上
7	2-1	90	4.00	310	北东	±50	0.064	0.19		同上

3. 矿石物质成分

(1)矿石物质成分:矿石化学全分析结果见表 4-2-7。

表 4-2-7　杉松岗铜钴矿床矿石化学全分析结果表

元素(及氧化物)	Cu	Pb	Zn	Fe	S	Co	Mn	Ni	Ti
含量(%)	0.17	0.007	0.011	4.12	0.42	0.045	0.04	0.025	0.71
元素(及氧化物)	V_2O_5	MgO	CaO	Al_2O_3	$Au/10^{-6}$	$Ag/10^{-6}$	SiO_2	As	
含量(%)	0.043	3.77	2.16	17.0	0.20	2.40	59.93	0.11	

注:分析单位为吉林省冶金研究院。

矿床中有用元素为 Co,Cu、Ni 为伴生有用组分,有综合利用价值。其他元素如 Pb、Zn、铂族等查定较少,据现有分析资料,其含量尚不具综合利用价值。

Co 为矿床中主要有用组分,大部分 Co 以独立矿物存在,主要有辉砷钴矿、方钴矿、硫钴矿、硫镍钴矿、辉钴矿;Co 在氧化矿石中呈分散状态或离子状态分布在褐铁矿、绢云母及孔雀石中。经 7 条矿体中单个样品分析,品位在 0.04%～0.139%之间,局部富集部位平均品位达 0.07%～0.10%,圈出具一定规模的较富矿体,如 1 号、2 号矿体。

Co 为主要伴生有用组分,大致与 Co 同步,两者总体呈正消长关系,但局部并无关系。Cu 以独立矿物存在,主要以氧化铜的形式存在,其次以硫化铜的形式存在,主要有黄铜矿、斑铜矿、辉铜矿、蓝铜矿、孔雀石。7 个矿体中,Cu 品位在 0.05%～1.43%之间,一般在 0.1%～0.5%。

Ni 为伴生有用组分,分布不均匀,局部地段比较富集,但不具规模。Ni 与 Co、Cu 有呈正相关的趋势,多半与铜钴矿物共生,主要与 Co 关系密切,镍矿物有硫镍钴矿、斜方砷镍铁矿。除 1 号、2 号矿体外,其他矿体仅做少量镍的查定。

金在矿体中总体分布比较均匀,通过少量基本分析查定,单个样品 Au 品位一般在$(0.1～0.3)\times10^{-6}$之间,最高品位达 0.69×10^{-6}。

S、As 在矿体中普遍存在,主要赋存于硫化物、砷化物、硫砷化物等金属矿物中,S 含量 0.20%～0.74%,As 含量 0.1%～0.3%。

(2)矿石类型:自然类型属贫硫化物型。工业为氧化矿石和原生矿石。

(3)矿物组合:金属矿物主要以硫化物、砷化物及次生氧化物的形式存在,产出的形式大致有以下 2 种。

①沿岩石层理、片理或千枚理呈星点状、纹层状分布。

②呈微细脉状或斑杂状、团块状分布于裂隙、石英细脉中。主要矿物以黄铜矿分布最为普遍,其次为斑铜矿、辉砷钴矿、硫钴矿、硫镍钴矿、辉钴矿、斜方砷铁钴矿、方钴矿、斜方砷镍铁矿、辉铜矿、黝铜矿、黄铁矿、胶状黄铁矿、磁黄铁矿、方铅矿、闪锌矿等;地表见氧化矿物褐铁矿、孔雀石、蓝铜矿、钴矾等;脉石矿物主要有石英、绢云母、黑云母,少量绿泥石、方解石、白云石、长石、辉石、角闪石及碳质等,由于矿石的载体不同,其脉石成分及含量有变化。

(4)矿石结构。

①自形晶结构:金属矿物呈自形粒状分布在矿石中。

②他形粒状结构:金属矿物呈他形粒状分布在矿石中。

③半自形晶结构:黄铜矿、黄铁矿、方铅矿等呈半自形粒状分布在矿石中。

④交代结构:黄铜矿交代磁黄铁矿,辉铜矿交代黄铜矿等。

⑤包含结构:磁黄铁矿包含辉砷钴矿、黄铜矿包含硫钴矿等。

(5)矿石构造。

①浸染状构造:黄铜矿等金属矿物呈稀疏浸染状分布,一般无定向性。此种构造最普遍。

②细脉状构造:黄铜矿等金属矿物呈细脉状、微细脉状或网脉状分布在石英细脉、碳酸盐细脉、网脉及裂隙中,有的沿片理分布。此种构造也较多。

③斑杂状构造:黄铜矿、斑铜矿、辉砷钴矿等金属矿物呈团块状、团砾状集合体与石英团块等相杂产出。此种构造少见。

④块状构造:斜方砷钴矿、斜方砷镍矿、黄铜矿等呈致密块状产出。

4. 蚀变特征

矿区内围岩蚀变属中-低温热液蚀变,总体上蚀变较弱,蚀变与围岩没有明显的界线,呈渐变过渡关系。主要蚀变类型有硅化、绢云母化、绿泥石化、碳酸盐化,硅化、绢云母化与成矿关系比较密切,在蚀变发育部位钴铜矿化较强。

5. 成矿阶段

根据矿体特征,矿石组分、结构、构造特征,划分为4个成矿期,5个阶段。

(1)成矿早期:即沉积成矿期形成富硅的隐晶质多金属硫化物阶段,形成富含Fe、Cu、Co、Pb、Zn、Au等元素的隐晶质SiO_2,偶见胶状黄铁矿等矿物。

(2)主成矿期:区域变质叠加改造重结晶成矿期。

①石英-金属硫化物阶段:矿物共生组合为石英-黄铁矿-硫镍钴矿、石英-黄铁矿-磁黄铁矿-硫镍钴矿-闪锌矿。

②石英-绢云母-富硫化物阶段:矿物共生组合为石英-绢云母-黄铁矿-磁黄铁矿-黄铜矿-辉砷钴矿-硫钴矿-硫镍钴矿-方铅矿-闪锌矿、石英-绢云母-黄铁矿-毒砂-磁黄铁矿-黄铜矿-黝铜矿-硫镍钴矿-辉钴矿-方钴矿-方铅矿-闪锌矿、石英-黄铁矿-闪锌矿-方铅矿。

(3)成矿晚期:区域变质重结晶阶段晚期。

贫硫化物-碳酸盐阶段,矿物共生组合为方解石-黄铁矿-闪锌矿-方铅矿。

(4)表生期:孔雀石-褐铁矿阶段,矿物共生组合为孔雀石-褐铁矿,辉铜矿-蓝铜矿-孔雀石-褐铁矿。主要发生在5m以上为氧化矿石及覆盖层的区域。

6. 成矿时代

根据矿体赋存的地层、矿体特征、区域构造运动等特征,及相邻的大横路钴(铜)矿床的研究成果,判断其成矿时代为古元古代晚期,成矿时代为18亿年左右。

7. 地球化学特征

(1)岩石地球化学特征:花山岩组含矿岩系化学成分较稳定,SiO_2含量一般在48.33%~62.43%之间,Al_2O_3含量一般在18.32%~21.59%之间,反映出原岩为高铝黏土岩;此外岩系以Fe^{2+}和K_2O高为特征,FeO含量一般在2.0%左右,K_2O含量一般在5.00%~7.00%之间,最高达9.0%,远远高于海相黏土质沉积岩中的(K_2O含量3.07%)含量,并且MgO>CaO。由此看来花山岩组原岩属于黏土质为主的正常沉积岩,沉积环境是较强的还原环境,并且有高钾的陆源补给区。

(2)微量元素特征:花山岩组岩系中Co与Ni、Cu,Cu与Co、Ni、V呈明显的正相关关系,Ti含量的均值为0.31%,最高值为1.09%,TiO_2含量最高值为1.69%。花山岩组岩石变质程度较低,绢云千枚岩中所见到的硅质多呈蠕虫状或无根的钩状体,并且碳质条带多呈沿片理方向拉伸的锯齿状,这说明变质作用中变质热液活动较弱。在矿区含矿岩系的黄铜矿化多呈细粒浸染状，极少呈无根的细脉状，说明变质期变质热液对矿体的叠加富集改造作用较弱。由此看来在变质过程中物质迁移、元素的带入带出及热液活动不强，蚀变较弱，变质后期火山、岩浆活动弱。花山岩组含矿岩系的变质作用在相对封闭、相对干燥的地球化学环境下发生。因此 Cu、Co、Ni、V、Ti 等元素的地球化学特征基本上代表了原岩沉积物的地球化学特征，说明杉松岗铜钴矿床中 Cu、Co、Ni 与碎屑、黏土质岩等沉积物为同一来源。由于碳质、黏土质对 Cu、Co 等微量元素的吸附作用以及其他地球化学场力作用的结果，在花山岩组含碳质绢云千枚岩中富集成矿。

(3)硫同位素特征：依据大横路钴(铜)矿床的研究成果，矿化石英脉和碳质绢云千枚岩中黄铁矿、闪锌矿、方铅矿、黄铜矿硫同位素组成较稳定，$\delta^{34}S$ 变化介于 $5.13\times10^{-3}\sim10.12\times10^{-3}$ 之间，极差 4.607×10^{-3} 且均为正值，在频率直方图上呈不规则的塔式分布，分布范围较窄，在 $\delta^{34}S$ $7.0\times10^{-3}\sim9.0\times10^{-3}$ 间出现的频率最高。硫同位素组成特征反映了成矿硫质来源的单一性。与岩浆硫特征相去甚远，与沉积硫相比较分布较窄，则成矿硫质来源可能为混合来源，抑或继承了物源区硫同位素的分布特征。

(4)铅同位素特征：依据大横路钴(铜)矿床的研究成果，铅同位素特征为，$^{206}Pb/^{204}Pb$ 为 16.294 6～16.451 4，$^{207}Pb/^{204}Pb$ 为 15.414 7～15.475 3，$^{208}Pb/^{204}Pb$ 为 35.546 5～35.787 3，其变化分别为 0.156 8、0.060 6、0.240 8，由此看来铅同位素地球化学特征较稳定，反映了铅矿石与围岩组成的一致性，同时说明铅同位素组成均为正常铅，无外来物质的加入，即在成矿后没有热事件发生。

8. 成矿物理化学条件

矿区内地层经历了两期变质作用，早期变质作用划分为低绿片岩相、高绿片岩相及低角闪岩相。从矿物共生组合及变形史分析，早期变质作用具区域性特征，而晚期变质作用为局部热变质作用。花山岩组变质作用是在相对封闭、相对干燥的地球化学环境下发生的。变质热液相对活动较弱。

9. 矿床物质来源

依据大横路钴(铜)矿床稀土元素、微量元素分布特征及原岩沉积环境的研究成果，认为花山岩组含铜钴矿黏土质岩、碎屑岩建造与原岩沉积物来源区的基性岩 Cu、Co 元素丰度值较高有直接关系。在辽吉裂谷内花山岩组细碎屑岩-碳酸盐岩建造的物质来源主要是含 Cu、Co 较高的古陆基底太古宇地体(松权衡等，2000)。

10. 控矿因素及找矿标志

(1)控矿因素：杉松岗铜钴矿床是一个经多期、多种成矿作用叠加复合而成的层控矿床，其形成受多种因素控制。

①地层控矿：矿区内直接赋矿层为一套富含碳质的千枚岩，矿体均呈层状、似层状，沿走向及倾向上均稳定延伸，严格受这一层位的控制，且矿石品位的变化明显与碳质含量变化有关，这些特征反映了地层的控矿作用。另外，矿区含矿层位的碳质千枚岩、千枚状碳质板岩原岩为泥岩或黑色页岩，属于一种潟湖或盆地相静水强还原环境的产物，这种环境微生物繁盛，致使碳质含量较高，吸附作用把成矿元素固定于沉积层内，因此成矿物质的初始富集应受岩相古地理环境控制。

②断裂控矿：区内以近南北向断裂与成矿关系最为密切，区域上属南岔-荒沟山-四平街"S"形断裂带的组成部分，为压-压扭性断裂，断层两侧岩层发生强烈破碎和片理化、糜棱岩化，并伴随有强烈的矿化作用，沿断裂有花岗岩岩枝及闪长岩脉的侵位，显示多期活动特点，矿体产于该断裂上盘花山岩组地层中。

③变质作用控矿：变质作用是本区一次重要的矿化期次，常具金属硫化物及次生孔雀石化，沿千枚理面分布，又可见到沿千枚理分布的硅质条带与千枚理产状一致，且作同步褶曲。这种石英脉(硅质条

带)常具有强烈的矿化现象,金属硅化物常沿石英脉(硅质条带)边部或内部分布。这种石英脉或硅质条带显然为变质分异作用的产物。另外从矿石金属硫化物的硫同位素组成也反映了变质作用的控矿作用。

(2)找矿标志:老岭(岩)群花山岩组地层中含碳质千枚岩、千枚状变质粉砂岩、千枚状片岩或夹少量薄层状大理岩为赋矿层位。1∶20万水系沉积物地球化学测量中,面积比较大的Co、Cu、Ni区域异常,异常结构复杂,元素种类较多,并且异常中亲Fe元素族和亲S元素族的异常套合好。地层岩石中有孔雀石、蓝铜矿、褐铁矿、黄铜矿等金属矿物矿化显示。

11. 矿床形成机制

杉松岗铜钴矿与大横路铜钴矿两者在赋矿层位,成矿控制因素,矿体矿石特征等方面基本相同,属同一成因类型。太古宙地体经长期风化剥蚀,在古元古代晚期,伴随辽吉裂谷海槽内部次级沉积盆地边缘同生断裂的活动,陆源碎屑及大量Cu、Co组分被搬运到裂谷海盆中,与海水中S等相结合,或被有机质、碳质或黏土质吸附,固定在沉积物中,实现了Cu、Co金属硫化物富集,形成富含Co、Cu、Ni、S、As等元素的热水沉积岩,形成初始的层状Co、Cu矿体或矿源层。之后在辽吉裂谷的抬升回返过程中,含矿地层发生褶皱和断裂,为热液环流提供了构造空间。同时在伴随的区域变质作用下,Cu、Co及其伴生组分发生活化,变质热液从围岩和原始矿层或"矿源层"中萃取Cu、Co及其伴生组分,形成含矿热液,含矿热液运移到有利的构造空间沉淀或叠加到原始矿层或"矿源层"之上,使成矿构造进一步富集成矿。矿床属沉积变质热液矿床。

二、典型矿床成矿要素特征

(一)侵入岩浆型

侵入岩浆型铜矿产于海西期、印支期侵入岩中及其接触带,均与镍共生。代表性的矿床有磐石市红旗岭铜镍矿、蛟河县漂河川铜镍矿、和龙市长仁铜镍矿、通化县赤柏松铜镍矿。

1. 磐石市红旗岭铜镍矿

红旗岭铜镍矿成矿要素图以1∶1万矿区综合地质图为底图,突出标明和矿床时空定位有关的成矿要素。主要反映矿床成矿地质作用、矿区构造、成矿特征等内容。特别是地层柱状图、矿床典型剖面图能够直观地反映地层厚度、矿体深度,更加充分地发挥成矿要素的作用。包括成矿地质体图层、成矿构造图层、矿体图层、蚀变带图层等。对成矿要素按必要的、重要的、次要的进行分类,表明红旗岭铜镍矿的各种成矿要素。磐石市红旗岭铜镍矿床成矿要素详见表4-2-8。

表4-2-8 磐石县红旗岭铜镍矿床成矿要素表

成矿要素		内容描述	类别
特征描述		岩浆熔离型矿床	
地质环境	岩石类型	辉长岩-辉石岩-橄榄岩型与斜方辉石岩-苏长岩型	必要
	成矿时代	225Ma前后的印支中期	必要
	成矿环境	矿床位于天山-兴蒙-吉黑造山带(Ⅰ)包尔汉图-温都尔庙弧盆系(Ⅱ)下二台-呼兰-伊泉陆缘岩浆弧(Ⅲ)盘桦上叠裂陷盆地(Ⅳ)内	必要
	构造背景	辉发河超岩石圈断裂不仅是两构造单元的分界线,也是含镍基性—超基性侵入岩体的导岩(矿)构造,与之有成因联系的北西向次一级断裂为储岩(矿)构造	重要

续表 4-2-8

成矿要素		内容描述	类别
特征描述		岩浆熔离型矿床	
矿床特征	矿物组合	主要有磁黄铁矿、镍黄铁矿、黄铜矿、紫硫镍矿和黄铁矿，其次是砷镍矿、红砷镍矿、磁铁矿、方铅矿、墨铜矿、辉钼矿和钛铁矿等	重要
	结构构造	主要有半自形—他形粒状结构、焰状结构、环边状结构等，此外也发育有填隙结构、蠕虫状结构。矿石构造主要有浸染状构造、斑点状构造、海绵陨铁状构造和块状构造等，其次是团块状构造、细脉浸染状构造、角砾状构造等	次要
	蚀变特征	滑石化、次闪石化、黑云母化、皂石化、蛇纹石化、绢云母化等蚀变与矿化关系密切	重要
	控矿条件	区域上受槽台两大构造单元接触带辉发河-古洞河超岩石圈断裂控制，是区域导岩构造。与辉发河-古洞河超岩石圈断裂有成因联系的次一级北西向断裂是控岩控矿构造。为辉长岩-辉石岩-橄榄岩型与斜方辉石岩-苏长岩型为主要的含矿岩体	必要

2. 蛟河县漂河川铜镍矿

漂河川铜镍矿成矿要素图以 1∶1 万矿区综合地质图为底图，突出标明和矿床时空定位有关的成矿要素。主要反映矿床成矿地质作用、矿区构造、成矿特征等内容。特别是地层柱状图、矿床典型剖面图能够直观地反映地层厚度、矿体深度，更加充分地发挥成矿要素的作用。包括成矿地质体图层、成矿构造图层、矿体图层、蚀变带图层等。对成矿要素按必要的、重要的、次要的进行分类，表明漂河川铜镍矿的各种成矿要素。蛟河县漂河川铜镍矿床成矿要素详见表 4-2-9。

表 4-2-9　蛟河县漂河川铜镍矿床成矿要素表

成矿要素		内容描述	类别
特征描述		岩浆熔离型矿床	
地质环境	岩石类型	主要岩石类型为辉长岩类、斜长辉岩类、闪辉岩类	必要
	成矿时代	铜镍硫化物矿床的形成时间晚于含矿岩体，为 225Ma 前后的印支中期	必要
	成矿环境	矿床位于天山-兴蒙-吉黑造山带（Ⅰ）包尔汉图-温都尔庙弧盆系（Ⅱ）下二台-呼兰-伊泉陆缘岩浆弧（Ⅲ）盘桦上叠裂陷盆地（Ⅳ）内	必要
	构造背景	二道甸子-暖木条子轴向近东西背斜北翼，大河深组与范家屯组接触带附近	重要
矿床特征	矿物组合	主要有磁黄铁矿、镍黄铁矿、黄铜矿、紫硫镍矿、黄铁矿、黝铜矿、辉砷镍矿、白铁矿、铁板钛矿、磁铁矿、钛铁矿等；脉石矿物有橄榄石、铬尖晶石、辉石、角闪石、斜长石、黑云母、蛇纹石、次闪石、绿泥石、滑石、碳酸盐、石英	重要
	结构构造	矿石结构有自形、半自形及他形粒状结构、固溶体分解（网状、火焰状或羽毛状）结构、交代结构、海绵晶铁结构；矿石构造有块状构造、浸染状构造和斑点状构造及脉状构造。脉状构造为黄铁矿在矿石中呈细脉状	次要
	蚀变特征	基性岩体的各岩相普遍遭受强弱不同的蚀变，蚀变类型主要有次闪石化、绿泥石化、蛇纹石化及绢云母化等。往往在矿体附近和矿化地段蚀变强烈	重要
	控矿条件	矿体主要受控于二道甸子-暖木条子轴向近东西背斜北翼，大体沿大河深组与范家屯组接触带展布。控矿岩体为辉长岩类、斜长辉岩类、闪辉岩类基性岩体	必要

3. 通化县赤柏松铜镍矿

赤柏松铜镍矿成矿要素图以 1∶1 万矿区综合地质图为底图，突出标明和矿床时空定位有关的成矿要素。主要反映矿床成矿地质作用、矿区构造、成矿特征等内容。特别是地层柱状图、矿床典型剖面图能够直观地反映地层厚度、矿体深度，更加充分地发挥成矿要素的作用。包括成矿地质体图层、成矿构造图层、矿体图层、蚀变带图层等。对成矿要素按必要的、重要的、次要的进行分类，表明赤柏松铜镍矿的各种成矿要素。通化县赤柏松铜镍矿床成矿要素详见表 4-2-10。

表 4-2-10　通化县赤柏松铜镍矿床成矿要素表

成矿要素		内容描述	成矿要素类别
特征描述		熔离-深源液态分离矿浆贯入型矿床	
地质环境	岩石类型	辉绿辉长岩-橄榄苏长辉长岩-二辉橄榄岩，细粒苏长岩，含矿辉长玢岩	必要
	成矿时代	元古宙早期，1960～2240Ma	必要
	成矿环境	前南华纪华北东部陆块（Ⅱ）龙岗-陈台沟-沂水前新太古代陆核（Ⅲ）板石新太古代地块（Ⅳ）内的二密—英额布中生代火山—岩浆盆地的南侧	必要
	构造背景	本溪-浑江超岩石圈断裂为控制区域基性—超基性岩浆活动的导矿构造，区域基性岩体沿断裂古隆起一侧，分段（群）集中分布。基底穹隆核部断裂构造控制基性—超基性岩产状、形态等特征	重要
矿床特征	矿物组合	主要有磁黄铁矿、镍黄铁矿、黄铜矿、黄铁矿、紫硫镍矿、辉镍矿、针镍矿、方黄铜矿、墨铜矿、白铁矿、毒砂、斑铜矿、方铅矿、辉钼矿、闪锌矿；磁铁矿、钛铁矿、铬尖晶石、赤铁矿、金红石、钙钛矿、锐钛矿、自然金、针铁矿、孔雀石、蓝铜矿、铜蓝等	重要
	结构构造	共结结构、显微文象状似共结结构、交代结构。浸染状构造、斑点状构造、稠密浸染状、细脉状、角砾状、块状构造	次要
	蚀变特征	Ⅰ号岩体从不含矿岩相到含矿岩相，黑云母的含量由 1.5%增长到 5%，在贯入型矿石中金属硫化物周围分布有黑云母等含钾矿物，这是一种钾化的表现。还有次闪石化，在含矿的岩体边部较为发育	重要
	控矿条件	岩浆控矿：分布本区古元古代基性—超基性岩，为有利成矿期。复式岩体是构造多次活动、岩浆多次侵入产物，多形成大而富矿床，单式岩体分异完善，基性程度愈高，形成熔离型矿床越有利。就地熔离矿体一般位于岩体底部或下部，深源液态分离贯入型矿体多位于先期侵入岩体底部、边部或近侧围岩中。 构造控矿：本溪-浑江超岩石圈断裂为控制区域基性—超基性岩浆活动的导矿构造，区域基性岩体沿断裂古隆起一侧，分段（群）集中分布。基底穹隆核部断裂构造控制基性—超基性岩产状、形态等特征	必要

4. 和龙市长仁铜镍矿

长仁铜镍矿成矿要素图以 1∶2000 矿区综合地质图为底图，突出标明和矿床时空定位有关的成矿要素。主要反映矿床成矿地质作用、矿区构造、成矿特征等内容。特别是地层柱状图、矿床典型剖面图能够直观地反映地层厚度、矿体深度，更加充分地发挥成矿要素的作用。包括成矿地质体图层、成矿构造图层、矿体图层、蚀变带图层等。对成矿要素按必要的、重要的、次要的进行分类，表明长仁铜镍矿的各种成矿要素。和龙市长仁铜镍矿床成矿要素详见表 4-2-11。

表 4-2-11　和龙市长仁铜镍矿床成矿要素表

成矿要素		内容描述	类别
特征描述		岩浆熔离型矿床	
地质环境	岩石类型	辉石橄榄岩型，辉石岩型，辉石-橄榄岩型，橄榄岩-辉石岩-辉长岩-闪长岩杂岩型	必要
	成矿时代	海西期	必要
	成矿环境	矿床位于天山-兴蒙-吉黑造山带(Ⅰ)包尔汉图-温都尔庙弧盆系(Ⅱ)清河-西保安-江域岩浆弧(Ⅲ)内	必要
	构造背景	古洞河断裂是区内唯一活动时间长、期次多、规模大、切割深度深的导岩构造；沿古洞河断裂以及北东向断裂附近发育的北西向及北东向 2 组扭裂，控制闪长岩体为主；沿古洞河断裂及茬田-东丰深断裂两侧，以北北东向或近南北向压扭-扭张性断裂为主要控制辉长岩体；北北东向(或近南北向)及北西向 2 组扭裂，规模小，分布较密集，控制矿区基性—超基性岩体	重要
矿床特征	矿物组合	主要有钛铁矿、磁铁矿、磁黄铁矿、镍黄铁矿、黄铜矿、黄铁矿、红砷镍矿、砷镍矿、针镍矿、紫硫镍矿、闪锌矿、褐铁矿、孔雀石；脉石矿物有尖晶石、橄榄石、辉石、阳起石、透闪石、斜绿泥石、角闪石、黑云母、绿帘石、蛇纹石等	重要
	结构构造	矿石结构有他形粒状、半自形粒状，固熔体分离结构，海绵晶洞状、角砾状结构。矿石构造有稀疏浸染状、稠密浸染状、斑点状、条带状、环状、致密块状、细脉状、网脉状、角砾状构造	次要
	蚀变特征	蚀变主要有蛇纹石化、次闪石化、滑石化、金云母化。多分布在岩体底部、中部辉石橄榄岩相中。与 Cu、Ni 矿化关系密切	重要
	控矿条件	区域赋矿岩体为辉石橄榄岩型，辉石岩型，辉石-橄榄岩型，橄榄岩-辉石岩-辉长岩-闪长岩杂岩型基性—超基性岩体。古洞河断裂是区内唯一活动时间长、期次多、规模大、切割深度深的导岩构造；沿古洞河断裂以及北东向断裂附近发育的北西向及北东向 2 组扭裂，控制闪长岩体为主；沿古洞河断裂及茬田-东丰深断裂两侧，以北北东向或近南北向压扭-扭张性断裂为主，主要控制辉长岩体；北北东向(或近南北向)及北西向 2 组扭裂，规模小，分布较密集，控制矿区基性—超基性岩体	必要

(二)沉积变质型

与古元古界老岭(岩)群地层有关的沉积变质型镍矿，代表性的矿床为白山市杉松岗铜钴矿床。

杉松岗铜钴矿成矿要素图以 1∶1 万矿区综合地质图为底图，突出标明和矿床时空定位有关的成矿要素。主要反映矿床成矿地质作用、矿区构造、成矿特征等内容，特别是地层柱状图、矿床典型剖面图能够直观地反映地层厚度、矿体深度，更加充分地发挥成矿要素的作用。包括成矿地质体图层、成矿构造图层、矿体图层、蚀变带图层等。对成矿要素按必要的、重要的、次要的进行分类，表明杉松岗铜钴矿的各种成矿要素。白山市杉松岗铜钴矿床成矿要素详见表 4-2-12。

表 4-2-12　白山市杉松岗铜钴矿床成矿要素表

成矿要素		内容描述	类别
特征描述		沉积变质型	
地质环境	岩石类型	富含碳质的千枚岩	必要
	成矿时代	古元古代	必要
	成矿环境	前南华纪华北东部陆块(Ⅱ)胶辽吉元古代裂谷带(Ⅲ)老岭坳陷盆地(Ⅳ)内	必要
	构造背景	褶皱构造:矿区位于老岭背斜的中段南东翼,地层岩石中小的挠曲、揉皱现象十分发育,发生在矿体内的小褶曲,使矿体形态复杂化。断裂构造:小四平-荒沟山-南岔"S"形断裂带在矿区的西北侧通过。矿区内断裂构造发育,大致可划分为南北向、北西向和北东向3组,以近南北向断裂与成矿关系最为密切,为压-压扭性断裂,断层两侧岩层发生强烈破碎和片理化、糜棱岩化,并伴随有强烈的矿化作用,沿断裂有花岗岩岩枝及闪长岩脉的侵位,显示多期活动特点,矿体产于该断裂上盘花山岩组地层中	重要
矿床特征	矿物组合	金属矿物主要以硫化物、砷化物及次生氧化物的形式存在。主要矿物以黄铜矿分布最为普遍,其次为斑铜矿、辉砷钴矿、硫钴矿、硫镍钴矿、辉钴矿、斜方砷铁钴矿、方钴矿、斜方砷镍铁矿、辉铜矿、黝铜矿、黄铁矿、胶状黄铁矿、磁黄铁矿、方铅矿、闪锌矿等;地表见氧化矿物褐铁矿、孔雀石、蓝铜矿、钴矾等	重要
	结构构造	自形晶结构、他形粒状结构、半自形晶结构、文代结构、包含结构等。 浸染状构造、细脉状构造、斑杂状构造、块状构造	次要
	蚀变特征	矿区内围岩蚀变属中-低温热液蚀变,总体上蚀变较弱,蚀变与围岩没有明显的界线,呈渐变过渡关系。主要蚀变类型有硅化、绢云母化、绿泥石化、碳酸盐化,硅化、绢云母化与成矿关系比较密切,在蚀变发育部位钴铜矿化较强	重要
	控矿条件	地层控矿:矿体严格受老岭(岩)群花山岩组富含碳质的千枚岩层位的控制。 断裂控矿:区内以近南北向断裂与成矿关系最为密切,区域上属横路岭-荒沟山-四平街"S"形断裂带的组成部分,为压-压扭性断裂,断层两侧岩层发生强烈破碎和片理化、糜棱岩化,并伴随有强烈的矿化作用,沿断裂有花岗岩岩枝及闪长岩脉的侵位,显示多期活动特点,矿体产于该断裂上盘花山岩组地层中。 变质作用控矿:变质作用是本区一次重要的矿化期次,常见金属硫化物及次生孔雀石化沿千枚理面分布,又可见到沿千枚理分布的硅质条带与千枚理产状一致,且作同步褶曲,常具有强烈的矿化现象,金属硅化物常沿石英脉(硅质条带)边部或内部分布	必要

三、典型矿床成矿模式

(一)磐石市红旗岭铜镍矿

磐石市红旗岭铜镍矿成矿模式见表 4-2-13、图 4-2-23。

表 4-2-13　磐石市红旗岭铜镍矿床成矿模式表

名称	红旗岭式基性—超基性岩浆熔离-贯入型红旗岭铜镍矿床
成矿的地质构造环境	矿床位于天山-兴蒙-吉黑造山带(Ⅰ)包尔汉图-温都尔庙弧盆系(Ⅱ)下二台-呼兰-伊泉陆缘岩浆弧(Ⅲ)盘桦上叠裂陷盆地(Ⅳ)内。辉发河超岩石圈断裂不仅是两构造单元的分界线,也是含镍基性—超基性侵入岩体的导岩(矿)构造,与之有成因联系的北西向次一级断裂为储岩(矿)构造
控矿的各类及主要控矿因素	区域上受槽台两大构造单元接触带辉发河-古洞河超岩石圈断裂控制,是区域导岩构造。与辉发河-古洞河超岩石圈断裂有成因联系的次一级北西向断裂是控岩控矿构造。为辉长岩-辉石岩-橄榄岩型与斜方辉石岩-苏长岩型为主的含矿岩体

续表 4-2-13

名称		红旗岭式基性—超基性岩浆熔离-贯入型红旗岭铜镍矿床
矿床的三维空间分布特征	产状	1号含矿岩体走向北西40°，在横剖面上两端向中心倾斜，北西端倾角75°，南东端倾角36°。7号含矿岩体走向北西30°～60°，倾向北东，倾角75°～80°
	形态	似层状矿体，透镜状矿体，脉状矿体，似层状矿体
成矿期次		主要为岩浆贯入-熔离阶段
成矿时代		225Ma前后的印支中期
矿床成因		岩浆贯入-熔离
成矿机制		由富集成矿组分异常地幔部分熔融产生的拉斑玄武质含矿熔浆，沿超壳断裂上升到地壳中相对稳定的中间岩浆房发生液态熔离和重力效应，形成顶部富硅酸盐熔体、底部富硫化物熔体的不混熔岩浆。伴随导岩容岩构造的脉动式间歇活动，岩浆房顶部密度小、硫化物浓度低的岩浆首先侵入形成1号岩体的辉长岩相并结晶分异成辉长岩和斜长二辉岩。 硫化物浓度稍高，基性程度大的岩浆紧接着到达侵位，与辉长岩相呈侵入接触关系，形成1号岩体橄榄岩相，并随温度降低，铁镁硅酸盐晶出，发生就地熔离作用，形成上悬矿体和底部矿体。 岩浆房底部富硫化物熔体最后上升，较上部熔体侵位于1号岩体底轴部，并发生就地熔离和重力效应，形成容矿岩相矿石的垂直分带和纯硫化物脉。较下部更富硫化物的高黏度熔体在构造推动力作用下呈岩墙状贯入到张扭性断裂中，形成7号岩体。由于动力作用强，就地熔离不明显。 岩浆房中残留的近于硫化物的熔体最后贯入，形成7号岩体中的纯硫化物脉
找矿标志		大地构造标志：下二台-呼兰-伊泉陆缘岩浆弧盘桦上叠裂陷盆地内。 岩体标志：辉长岩-辉石岩-橄榄岩型与斜方辉石岩-苏长岩型基性—超基性岩体。 构造标志：与辉发河-古洞河超岩石圈断裂有成因联系的次一级北西向断裂是控岩控矿构造

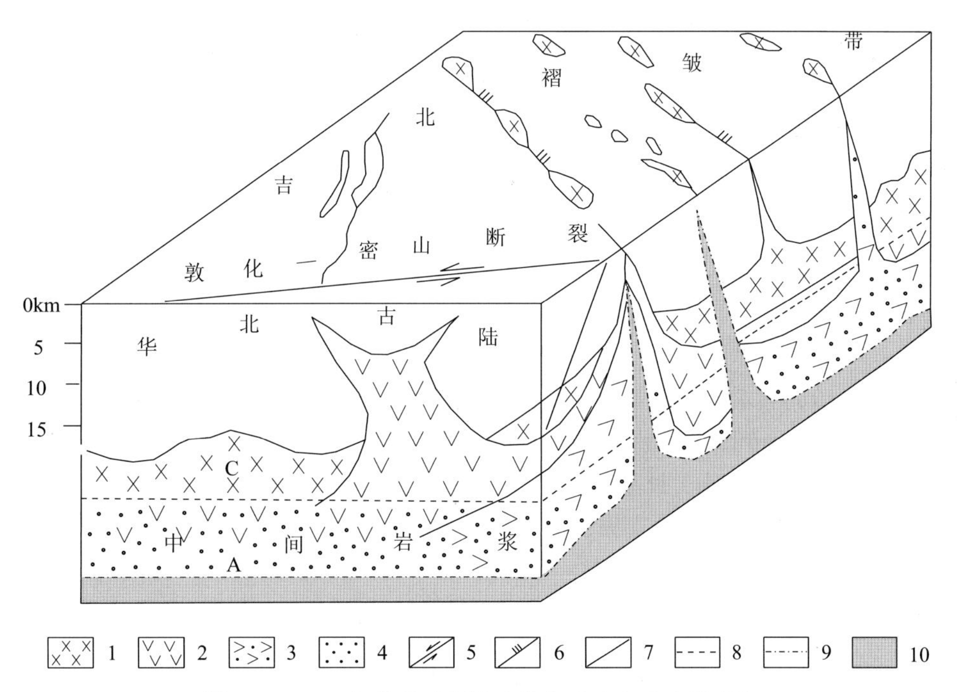

图 4-2-23 红旗岭式铜镍硫化物型矿床成矿模式图

(据陈尔臻等，2001)

1.闪长-辉长岩类岩浆与岩石；2.辉橄岩类岩浆与岩石；3.橄辉岩类岩浆与岩石；4.硫化物液滴；5.压扭性断层；6.次一级控岩(矿)压扭性断裂；7.张性断裂；8.熔体液态分界面；9.熔离纯硫化物矿浆界面；10.富硫化物矿浆(或矿体)

(二)蛟河县漂河川铜镍矿

蛟河县漂河川铜镍矿成矿模式见表4-2-14、图4-2-23(与红旗岭铜镍矿床为同一成矿模式)。

表4-2-14　蛟河县漂河川铜镍矿床成矿模式表

名称	红旗岭式基性—超基性岩浆熔离-贯入型漂河川铜镍矿床	
成矿的地质构造环境	矿床位于天山-兴蒙-吉黑造山带(Ⅰ)包尔汉图-温都尔庙弧盆系(Ⅱ)下二台-呼兰-伊泉陆缘岩浆弧(Ⅲ)盘桦上叠裂陷盆地(Ⅳ)内	
控矿的各类及主要控矿因素	矿体主要受控于二道甸子-暖木条子轴向近东西背斜北翼,大体沿大河深组与范家屯组接触带展布。辉长岩类、斜长辉岩类、闪辉岩类基性岩体控矿	
矿床的三维空间分布特征	产状	4号岩体矿体产状与岩体底板两侧产状一致。其东端随岩体而翘起,出露于地表,走向北西西275°,倾向北东,倾角20°。向深部沿北西305°向以20°侧伏角向下延伸,向北东倾斜,倾角30°。5号岩体矿体倾向南西230°,倾角45°～55°。矿体东段翘起,向北西侧伏,侧伏角约20°
	形态	呈似板状
成矿期次	(1)岩浆期:岩浆早期成矿阶段主要为成岩期,形成铬尖晶石、钛铁矿、磁铁矿;岩浆晚期成矿阶段为成矿期,形成磁黄铁矿、镍黄铁矿、黄铜矿;残余岩浆期成矿阶段为成矿期,形成磁黄铁矿、镍黄铁矿、黄铜矿,少量的黄铁矿、白铁矿和紫硫镍矿。 (2)热液期:热液早期阶段形成磁铁矿、黄铁矿、白铁矿和紫硫镍矿;热液晚期阶段形成黄铁矿、辉砷镍矿、黝铜矿	
成矿时代	铜镍硫化物矿床的形成时间晚于含矿岩体,为225Ma前后的印支中期	
矿床成因	岩浆贯入-熔离	
成矿机制	岩体中岩石类型、矿物组成及岩石化学成分和硫化物中主成矿元素和伴生元素含量随岩体垂直深度而递变。其总趋向:由上而下,岩体基性程度和有益元素含量增高;上、下岩相呈渐变过渡关系,蕴矿岩相中硫化物向深部逐渐富集。总之,岩体中造岩、造矿元素和矿物的分布特征,表明岩浆侵位于岩浆房后,发生了液态重力分异。从而导致上部基性岩相及下部超基性岩相的形成。且由于岩浆在分异演化过程中,当分异作用达到一定程度时,随岩浆酸度的增加,降低了硫化物熔融体的溶解度,促成了熔离作用的发生。经熔离生成的硫化物熔浆因重力作用而沉于岩体底部,而部分硫化物熔浆则顺层贯入于岩体底板的片岩中,从而形成目前岩体中的硫化镍矿床。根据矿石中硫化物包体测温资料,硫化物结晶温度约在300℃,且浸染状矿石早晶出于块状矿石	
找矿标志	大地构造标志:下二台-呼兰-伊泉陆缘岩浆弧盘桦上叠裂陷盆地内。 岩体标志:辉长岩类、斜长辉岩类、闪辉岩类基性岩体。 构造标志:二道甸子-暖木条子轴向近东西背斜北翼	

(三)通化县赤柏松铜镍矿

通化县赤柏松铜镍矿成矿模式见表4-2-15、图4-2-24。

表4-2-15　通化县赤柏松铜镍矿床成矿模式表

名称	赤柏松式铜镍硫化物型赤柏松铜镍矿床	
成矿的地质构造环境	矿床位于前南华纪华北东部陆块(Ⅱ)龙岗-陈台沟-沂水前新太古代陆核(Ⅲ)板石新太古代地块(Ⅳ)内的二密-英额布中生代火山-岩浆盆地的南侧	
控矿的各类及主要控矿因素	岩浆控矿:分布本区古元古代基性—超基性岩,为有利成矿期。复式岩体是构造多次活动、岩浆多次侵入产物,多形成大而富矿床,单式岩体分异完善,基性程度愈高,形成熔离型矿床越有利。就地熔离矿体一般位于岩体底部或下部,深源液态分离贯入型矿体多位于先期侵入岩体底部、边部或近侧围岩中。 构造控矿:本溪-浑江超岩石圈断裂为控制区域基性—超基性岩浆活动的导矿构造,区域基性岩体沿断裂古隆起一侧,分段(群)集中分布。基底穹隆核部断裂构造控制基性—超基性岩产状、形态等特征	
矿床的三维空间分布特征	产状	走向北北东5°~10°,北段倾向南东63°~84°,中南段倾向转为北西55°~86°,岩体北端翘起,向南东东方向侧状45°左右
	形态	似层状、脉状
成矿期次	成矿早期:早期岩浆阶段形成的主要矿物有磁铁矿、铬尖晶石、钛铁矿、金红石、锐钛矿、钙钛矿。该阶段晚期有磁黄铁矿、镍黄铁矿、黄铜矿生成;岩浆熔离阶段形成的主要矿物有磁黄铁矿、镍黄铁矿、黄铜矿。 主成矿期:岩浆贯入阶段形成的主要矿物有磁黄铁矿、镍黄铁矿、黄铜矿、白铁矿、黄铁矿;热液阶段:白铁矿、黄铁矿、紫硫镍矿、方黄铜矿、黑铜矿、斑铜矿、辉钼矿、方铅矿、闪锌矿、赤铁矿、自然金;表生期:针铁矿、纤铁矿、孔雀石、蓝铜矿、铜蓝	
成矿时代	元古宙早期,1960~2240Ma	
矿床成因	Ⅰ号基性岩体硫化铜镍矿床为熔离-深源液态分离矿浆贯入型矿床	
成矿机制	岩体中岩石类型、矿物组成及岩石化学成分和硫化物中主成矿元素和伴生元素含量随岩体垂直深度而递变。其总趋向:由上而下,岩体基性程度和有益元素含量增高;上、下岩相呈渐变过渡关系,蕴矿岩相中硫化物向深部逐渐富集。总之,岩体中造岩、造矿元素和矿物的分布特征,表明岩浆侵位于岩浆房后,发生了液态重力分异。从而导致上部基性岩相及下部超基性岩相的形成。且由于岩浆在分异演化过程中,当分异作用达到一定程度时,随岩浆酸度的增加,降低了硫化物熔融体的溶解度,促成了熔离作用的发生。经熔离生成的硫化物熔浆因重力作用而沉于岩体底部,而部分硫化物熔浆则顺层贯入于岩体底板的片岩中,从而形成目前岩体中的硫化镍矿床。根据矿石中硫化物包体测温资料,硫化物结晶温度约在300℃,且浸染状矿石早晶出于块状矿石	
找矿标志	大地构造标志:板石新太古代地块内的二密-英额布中生代火山-岩浆盆地的南侧。 岩体标志:辉绿辉长岩-橄榄苏长辉长岩-二辉橄榄岩,细粒苏长岩,含矿辉长玢岩基性—超基性岩体。 构造标志:穹状背形核部的北东向或北北东向断裂构造	

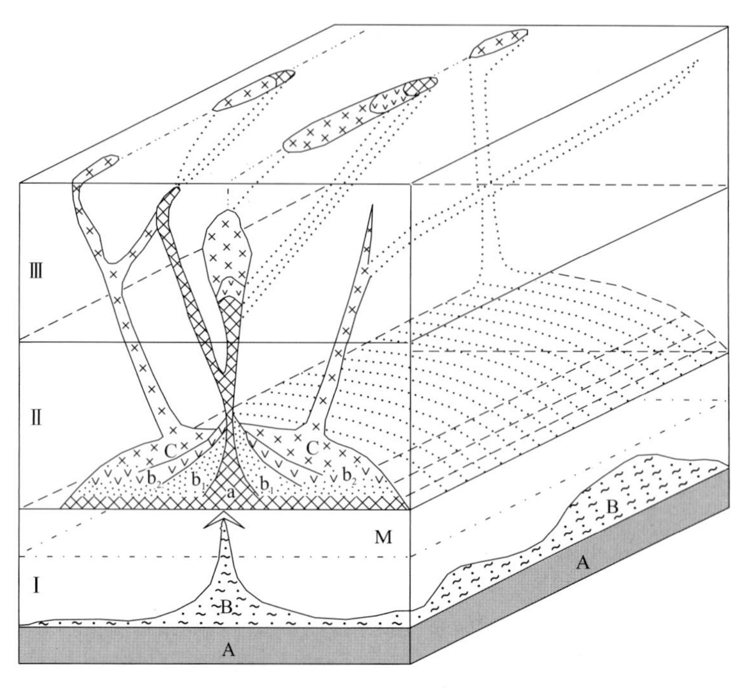

图 4-2-24　赤柏松式铜镍硫化物型矿床成矿模式图

Ⅰ.上地幔；A.上地幔物质；B.上地幔部分熔融原始熔浆；M.莫霍面；Ⅱ.深源岩浆库、原始熔浆转移后进行液态重力分异的场所；a.硫化物矿浆；b_1.暗色橄榄辉长苏长岩质矿浆；b_2.中色橄榄辉长苏长岩质矿浆；C.拉斑玄武质岩浆；Ⅲ.岩浆房、成岩成矿的地方

(四)和龙市长仁铜镍矿

和龙市长仁铜镍矿成矿模式见表 4-2-16、图 4-2-25。

表 4-2-16　和龙市长仁铜镍矿床成矿模式表

名称	红旗岭式基性—超基性岩浆熔离-贯入型长仁铜镍矿床	
成矿的地质构造环境	矿床位于天山-兴蒙-吉黑造山带(Ⅰ)包尔汉图-温都尔庙弧盆系(Ⅱ)清河-西保安-江域岩浆弧(Ⅲ)内。古洞河断裂北东侧北北东向(或近南北向)及北西向2组扭裂内，超基性岩体出露区	
控矿的各类及主要控矿因素	区域赋矿岩体主要为辉石橄榄岩型，辉石岩型，辉石岩-橄榄岩型，橄榄岩-辉石岩-辉长岩-闪长岩杂岩型。所以区域超基性岩体控制了矿体的分布。古洞河断裂是区内唯一活动时间长、期次多、规模大、切割深度深的导岩构造；沿古洞河断裂以及北东向断裂附近发育的北西向及北东向2组扭裂，控制闪长岩体为主；沿古洞河断裂及茬田-东丰深断裂两侧，以北北东向或近南北向压扭-扭张性断裂为主，主要控制辉长岩体；北北东向(或近南北向)及北西向2组扭裂，规模小，分布较密集，控制矿区基性—超基性岩体。该期构造控制的岩体与成矿关系密切	
矿床的三维空间分布特征	产状	受压扭性-张扭性复性断裂控制的矿体走向北北东或近南北，向西或北西西倾斜；受张扭性-压扭性复性断裂控制的矿体走向北西，倾向南西，倾角50°～70°，矿体大多有侧伏现象，近南北向矿体多数向南西侧伏，北西向矿体向北西侧伏，侧伏角25°～30°
	形态	透镜状、脉状
成矿期次	早期熔离阶段：主要生成钛铁矿、磁铁矿、尖晶石、磁黄铁矿和镍黄铁矿，少量黄铜矿、黄铁矿，极少量方黄铜矿。 晚期熔离-贯入阶段：主要生成磁黄铁矿、镍黄铁矿、黄铁矿、黄铜矿、方黄铜矿，少量的砷镍矿、红砷镍矿、针镍矿、紫硫镍矿。 热液成矿期：主要生成黄铁矿、砷镍矿、红砷镍矿、针镍矿、紫硫镍矿、闪锌矿。 表生期：主要生成褐铁矿和孔雀石	

续表 4-2-16

名称	红旗岭式基性—超基性岩浆熔离-贯入型长仁铜镍矿床
成矿时代	海西早期
矿床成因	岩浆熔离型
成矿机制	海西早期，褶皱区回返隆起古断裂及次级断裂构造活动加剧，上地幔初始岩浆沿古洞河深大断裂上升侵位，并集聚形成地下岩浆房。在地壳相对稳定时期，岩浆房内超镁质熔浆开始分异或熔离，经初始分异，铜镍元素局部集中，在多期次级继承性构造活动作用下，发生了物质成分不同的多期侵入体或复合侵入体。晚期岩浆熔离分凝式矿床，当贫硫化物熔浆一次侵位后，熔浆自身发生分层熔离-就地重结晶作用所形成的矿床；晚期岩浆熔离贯入式矿床，贫硫化物熔浆一次侵位后，由于深远分异作用及就地重结晶分异作用继续进行，在岩浆底部及岩浆房内，生成晚期富硫残余熔浆，沿构造裂隙贯入形成矿脉；混染带硫化作用矿化，岩浆侵位后与围岩发生接触交代，硫化镍熔点降低，沉淀形成矿床
找矿标志	大地构造标志：清河-西保安-江域岩浆弧内。 岩体标志：辉石橄榄岩型，辉石岩型，辉石岩-橄榄岩型，橄榄岩-辉石岩-辉长岩-闪长岩杂岩型基性—超基性岩体出露区。 构造标志：古洞河断裂北东侧北北东向（或近南北向）及北西向 2 组扭裂

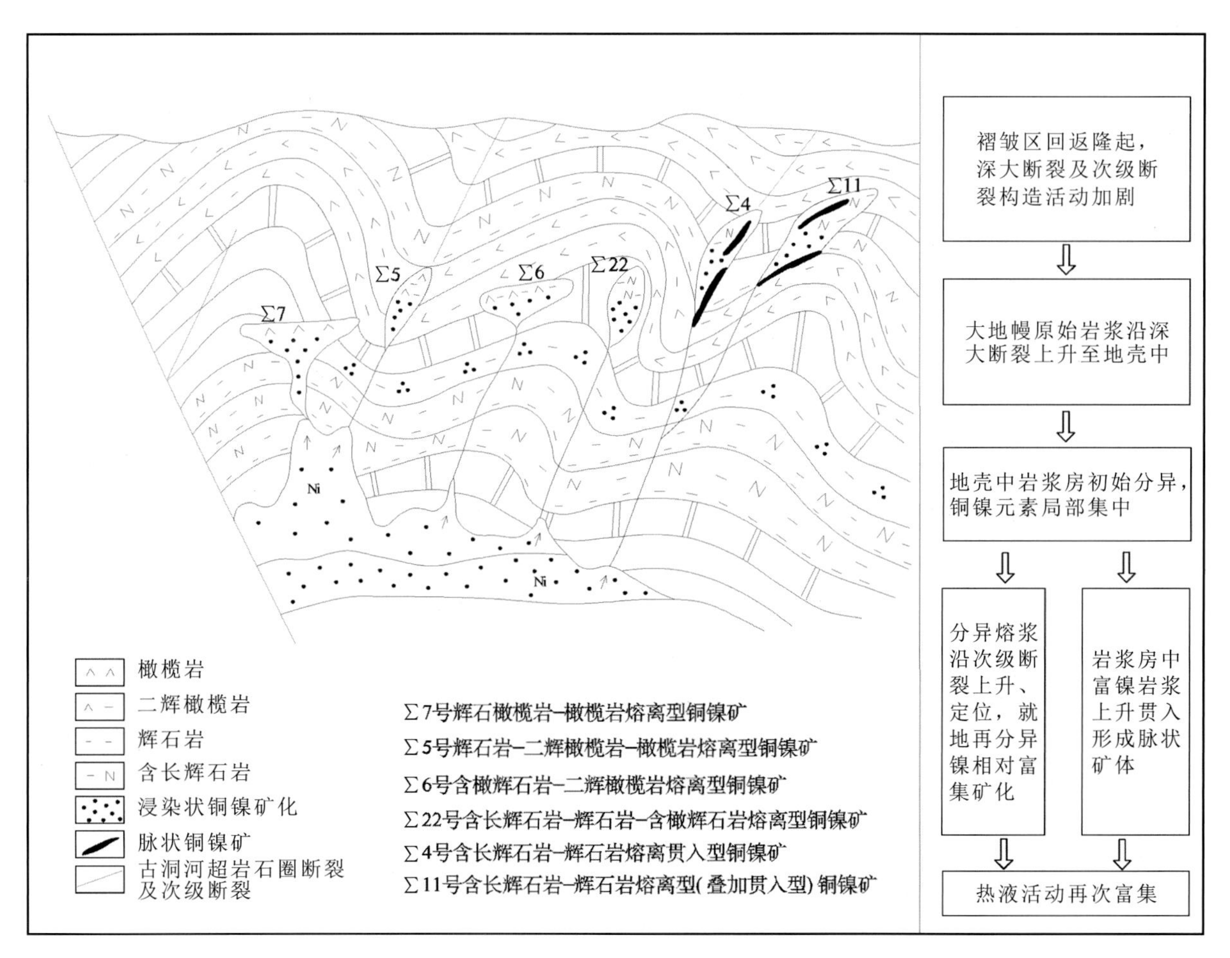

图 4-2-25　红旗岭式基性—超基性岩浆熔离-贯入型长仁铜镍矿床成矿模式图

（五）白山市杉松岗铜钴矿床

白山市杉松岗铜钴矿床成矿模式见表4－2－17、图4－2－26。

表4－2－17　白山市杉松岗铜钴矿床成矿模式表

名称	杉松岗式铜钴矿床	
成矿的地质构造环境	前南华纪华北东部陆块（Ⅱ）胶辽吉元古代裂谷带（Ⅲ）老岭坳陷盆地内	
控矿的各类及主要控矿因素	大地构造背景控矿：杉松岗式铜钴矿床产出的大地构造环境为前南华纪华北东部陆块（Ⅱ）胶辽吉元古宙裂谷带（Ⅲ）老岭坳陷盆地内。 地层控矿：矿体严格受老岭（岩）群花山岩组富含碳质的千枚岩层位的控制。 断裂控矿：区内以近南北向断裂与成矿关系最为密切，区域上属横路岭-荒沟山-四平街“S”形断裂带的组成部分，为压-压扭性断裂，断层两侧岩层发生强烈破碎和片理化、糜棱岩化，并伴随有强烈的矿化作用，沿断裂有花岗岩岩枝及闪长岩脉的侵位，显示多期活动特点，矿体产于该断裂上盘花山岩组地层中	
矿床的三维空间分布特征	产状	矿体主要赋存在花山岩组下段千枚状片岩夹薄层状大理岩及变质砂岩中。矿体呈向南西凸出的弧形展布，与围岩产状一致，总体产状为走向280°～320°，倾向北东，倾角45°～60°
	形态	矿体均呈层状、似层状。矿体在走向与倾斜方向上均有膨缩变化，矿体受断层及褶曲等构造影响，局部形态、产状有较大变化
成矿期次	成矿早期：即沉积成矿期形成富硅的隐晶质多金属硫化物阶段，形成富含Fe、Cu、Co、Pb、Zn、Au等元素的隐晶质SiO_2，偶见胶状黄铁矿等矿物。 主成矿期：区域变质叠加改造重结晶成矿期。石英-金属硫化物阶段，矿物共生组合为石英-黄铁矿-硫镍钴矿、石英-黄铁矿-磁黄铁矿-硫镍钴矿-闪锌矿。石英-绢云母-富硫化物阶段，矿物共生组合为石英-绢云母-黄铁矿-磁黄铁矿-黄铜矿-辉砷钴矿-硫钴矿-硫镍钴矿-方铅矿-闪锌矿、石英-绢云母-黄铁矿-毒砂-磁黄铁矿-黄铜矿-黝铜矿-硫镍钴矿-辉钴矿-方钴矿-方铅矿-闪锌矿、石英-黄铁矿-闪锌矿-方铅矿。 成矿晚期：区域变质重结晶阶段晚期。贫硫化物-碳酸盐阶段，矿物共生组合为方解石-黄铁矿-闪锌矿-方铅矿。 表生期：孔雀石-褐铁矿阶段，矿物共生组合为孔雀石-褐铁矿，辉铜矿-蓝铜矿-孔雀石-褐铁矿	
成矿时代	古元古代	
矿床成因	沉积变质	
成矿机制	太古宙地体经长期风化剥蚀，陆源碎屑及大量Cu、Co组分被搬运到裂谷海盆中，与海水中S等相结合，或被有机质、碳质或黏土质吸附，固定沉积物中，实现了Cu、Co金属硫化物富集，形成原始矿层或“矿源层”。之后在辽吉裂谷的抬升回返过程中，含矿地层发生褶皱和断裂，为热液环流提供了构造空间。同时在伴随的区域变质作用下，Cu、Co及其伴生组分发生活化，变质热液从围岩和原始矿层或“矿源层”中萃取Cu、Co及其伴生组分，形成含矿热液，含矿热液运移到有利的构造空间沉淀或叠加到原始矿层或“矿源层”之上，使成矿构造进一步富集成矿。矿床属沉积变质热液矿床	
找矿标志	大地构造标志：胶辽吉古元古代裂谷带老岭坳陷盆地。 地层标志：老岭（岩）群花山岩组含碳质绢云千枚岩、千枚状片岩或夹少量薄层状大理岩地层出露区。 地球化学标志：Co、Cu、Ni异常，亲Fe元素族和亲S元素族的异常套合好	

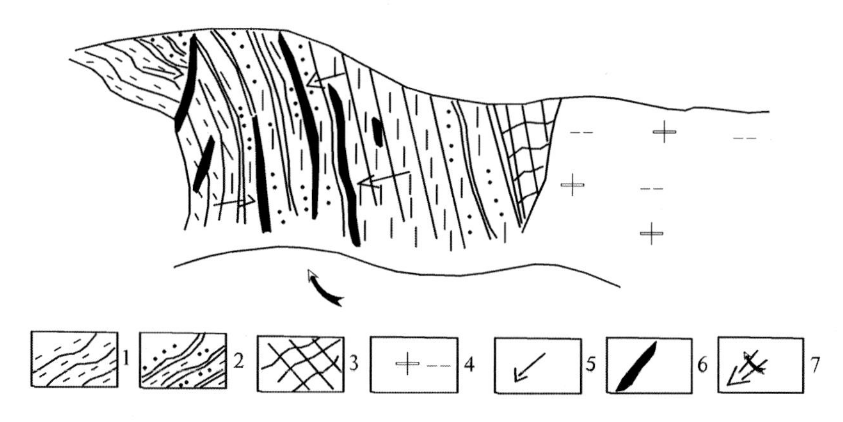

图 4-2-26 杉松岗式沉积变质型钢钴矿床成矿模式图

1.老岭(岩)群花山岩组下段千枚状片岩;2.老岭(岩)群花山岩组下段千枚状变质粉质岩;3.角岩;4.燕山早期草山似斑状黑云母花岗岩体;5.受固生断裂作用影响地层中的Co、Cu等成矿元素发生活化迁移的方向,并形成初始的层状Co、Cu矿体或矿深层;6.Co、Cu矿体;7.后期综合热液(变质、构造、岩浆热液)注入方向,使初始含矿层或矿源层中Co、Cu及Si等元素发生活化迁,在有利的构造位置富集成矿

第三节 预测工作区成矿规律研究

一、预测工作区地质构造专题底图确定

(一)红旗岭预测工作区

1.预测工作区范围

预测工作区位于吉林省中部,磐石市东部和桦甸市西北部,总面积为2515km^2。编图比例尺为1∶5万。

2.地质构造专题底图特征

在空间上镍矿产与基性—超基性岩浆建造十分密切,因此重点突出侵入岩建造和构造,简化沉积岩建造、火山岩建造和变质岩建造。对侵入岩建造进行了较详细的划分,包括成分特征、形态及空间分布特征、与围岩的接触关系等,同时注重构造边界、主干断裂及分布和控矿构造。

保留沉积岩、火山岩、侵入岩地质体和代号。

充分收集了1∶20万区域地质调查和矿产普查中发现的镍矿产及围岩蚀变资料,确定了矿产与侵入岩建造及区域地质构造之间的成因联系,转绘了有关的矿床、矿点、矿化点和围岩蚀变,转绘物探、化探、遥感解译资料。

大型辉发河断裂带北东向—南西向通过编图区,次级北西向构造赋存基性—超基性侵入岩。区内局部发育糜棱状岩、具韧性剪切带特征。

编制了沉积岩建造柱状图、火山岩建造综合柱状图、侵入岩建造综合柱状图、变质岩建造综合柱状图。

(二)双凤山预测工作区

1.预测工作区范围

预测工作区位于吉林省中部,梅河口市东北部和磐石市西部,总面积为432km²。编图比例尺为1∶5万。

2.地质构造专题底图特征

在空间上镍矿产与基性—超基性岩浆建造十分密切,因此重点突出侵入岩建造和构造,研究基性—超基性岩组合,简化沉积岩建造、火山岩建造和变质岩建造。注重分析研究区岩浆活动规律和时空展布特征与矿产关系,对侵入岩建造进行了较详细的划分,包括成分特征、形态及空间分布特征、与围岩的接触关系等,同时注重构造边界、主干断裂及分布和控矿构造。

充分收集了1∶20万区域地质调查和1∶25万最新研究成果,转绘了有关的矿床、矿点、矿化点和围岩蚀变,转绘物探、化探、遥感解译资料。

双凤山基性岩带呈北西西向展布,有3个基性(超基性)岩体群。辉发河断裂带北西向分支断裂是主要控岩构造,镁铁质、超镁铁质岩(幔源)只分布于辉发河断裂的北侧,并且近断裂带岩体数量多、基性程度高、矿体也多。

编制了沉积岩建造柱状图、火山岩建造综合柱状图、侵入岩建造综合柱状图、变质岩建造综合柱状图。

(三)川连沟-二道岭子预测工作区

1.预测工作区范围

预测工作区位于吉林省中部,四平市东南部,总面积为125km²。编图比例尺为1∶5万。

2.地质构造专题底图特征

区内镍矿产与超镁铁质岩有关,为岩浆熔离-贯入型铜镍矿床,在空间上受基性—超基性岩性、岩相构造控制,因此对这一部分进行了较详细的划分,重点编制侵入岩建造构造图。注重研究与镍成矿有关的基性—超基性侵入岩建造、岩浆活动构造环境、侵入岩活动序列、岩浆活动规律和时空展布特征及其与镍矿产的关系。

收集1∶20万区域地质和矿产地质资料,突出侵入岩建造,重视构造,简化沉积岩建造、火山岩建造和变质岩建造。

转绘了有关的矿床、矿点、矿化点和围岩蚀变,转绘物探、化探、遥感解译资料。

区内大型变形构造主要为北东向伊舒断裂,该断裂控制了基性—超基性岩的形成与展布。

编制了沉积岩建造柱状图、火山岩建造综合柱状图、侵入岩建造综合柱状图、变质岩建造综合柱状图。

(四)漂河川预测工作区

1.预测工作区范围

预测工作区位于吉林省中部,蛟河市漂河川一带,总面积约3453km²。编图比例尺为1∶5万。

2. 地质构造专题底图特征

在空间上镍矿床与侵入岩建造十分密切，因此修改侵入岩建造和构造，简化沉积岩建造、火山岩建造和变质岩建造，即重点突出侵入岩建造和构造。

通过资料的收集和整理后，明确了区内含矿目的层，划分图层，以预测区内的侵入岩为研究重点，其次为变质岩。其研究内容包括侵入岩岩石建造、岩石特征，以及主要的与成矿有关的构造：即成矿构造、控矿构造等，同时注意区内矿化特点、蚀变类型等。

区内与镍矿产有关的构造主要为北东向—南西向的大型敦密断裂带，控制了基性—超基性岩浆活动，基性岩体就位于近东西向、北东向、北东东向的断裂系统中。

转绘矿点、矿化点和围岩蚀变。

转绘物探、化探、遥感解译资料。

编制了沉积岩建造柱状图、火山岩建造综合柱状图、侵入岩建造综合柱状图、变质岩建造综合柱状图。

（五）大山咀子预测工作区

1. 预测工作区范围

预测工作区位于吉林省敦化市北东塔东、朱敦店一带，总面积约 1 590.87km²。编图比例尺为 1∶5 万。

2. 地质构造专题底图特征

在空间上镍矿床与侵入岩建造十分密切，因此修改侵入岩建造和构造，简化沉积岩建造、火山岩建造和变质岩建造，即重点突出侵入岩建造和构造。

通过资料的收集和整理后，明确了区内含矿目的层，划分图层，以预测区内的侵入岩为研究重点，其次为变质岩。其研究内容包括侵入岩岩石建造、岩石特征，以及主要的与成矿有关的构造：即成矿构造、控矿构造等，同时注意区内矿化特点、蚀变类型等。

区内与镍矿产有关的构造主要为北东向—南西向的大型敦密断裂带，控制了基性—超基性岩浆活动，基性岩体就位有北东向、北东东向的特征。

转绘矿点、矿化点和围岩蚀变。

转绘物探、化探、遥感解译资料。

编制了沉积岩建造柱状图、火山岩建造综合柱状图、侵入岩建造综合柱状图、变质岩建造综合柱状图。

（六）六棵松-长仁预测工作区

1. 预测工作区范围

预测工作区位于吉林省东南部，和龙县东北部长仁—獐项一带，总面积为 3 073.76km²。编图比例尺为 1∶5 万。

2. 地质构造专题底图特征

在空间上镍矿床与侵入岩建造十分密切，受基性—超基性侵入岩岩性、岩相构造控制，因此修改侵入岩建造和构造，简化沉积岩建造、火山岩建造和变质岩建造。铜镍矿与长仁-獐项基性—超基性岩群有密切的成生联系，所以要重点表达区内侵入岩的特征。

通过资料的收集和整理后，明确了区内含矿目的层，划分图层，以预测区内的侵入岩为研究重点，其次为变质岩。其研究内容包括侵入岩岩石建造、岩石特征，以及主要的与成矿有关的构造：即成矿构造、控矿构造等，同时注意区内矿化特点、蚀变类型等。

转绘矿点、矿化点和围岩蚀变，研究矿产与侵入岩浆、构造之间的成因联系。转绘物探、化探、遥感解译资料，充分利用物探、化探、遥感综合信息资料，让其起到矿产预测应有的作用。

区内与镍矿产有关的构造主要为北西向的古洞河深大断裂带，控制了六棵松-长仁基性岩群的展布，同时亦是重要的控矿断裂。

编制了沉积岩建造柱状图、火山岩建造综合柱状图、侵入岩建造综合柱状图、变质岩建造综合柱状图。

（七）赤柏松-金斗预测工作区

1. 预测工作区范围

预测工作区位于吉林省南部，通化县境内，总面积约 1 178.62km²。编图比例尺为 1∶5 万。

2. 地质构造专题底图特征

在空间上镍矿床与侵入岩建造十分密切，因此修改侵入岩建造和构造，简化沉积岩建造、火山岩建造和变质岩建造，即重点突出侵入岩建造和构造。

通过资料的收集和整理后，明确了区内含矿目的层，划分图层，以预测区内的侵入岩为研究重点，其次为变质岩。其研究内容包括侵入岩岩石建造、岩石特征，以及主要的与成矿有关的构造：即成矿构造、控矿构造等，同时注意区内矿化特点、蚀变类型等。

含铜镍基性—超基性岩体在赤柏松北西成带、北东成脉，构成赤柏松基性—超基性岩带。在基性—超基性岩中普遍有镍或铜镍矿化。

转绘矿点、矿化点和围岩蚀变，研究矿产与侵入岩浆、构造之间的成因联系。转绘物探、化探、遥感解译资料，充分利用物探、化探、遥感综合信息资料，让其起到矿产预测应有的作用。

编制了沉积岩建造柱状图、火山岩建造综合柱状图、侵入岩建造综合柱状图、变质岩建造综合柱状图。

（八）大肚川-露水河预测工作区

1. 预测工作区范围

预测工作区位于吉林省中部，桦甸市、敦化市、抚松县安图县境内，白山镇—夹皮沟镇一带，总面积约 3 284.45km²。编图比例尺为 1∶5 万。

2. 地质构造专题底图特征

在空间上镍矿床与侵入岩建造十分密切，因此修改侵入岩建造和构造，简化沉积岩建造、火山岩建造和变质岩建造，即重点突出侵入岩建造和构造。

镍矿产与基性—超基性岩浆建造密切，受基性—超基性岩岩性、岩相构造控制。因此对这一部分进行了较详细的划分。同时注重构造边界、主干断裂及分布和控矿构造。

通过资料的收集和整理后，明确了区内含矿目的层，划分图层，以预测区内的侵入岩为研究重点，其次为变质岩。其研究内容包括侵入岩岩石建造、岩石特征，以及主要的与成矿有关的构造：即成矿构造、控矿构造等，同时注意区内矿化特点、蚀变类型等。

与镍矿产有关的构造主要为北西向—南东向大型韧性断裂带，赋存镍矿产基性—超基性侵入岩就位于近北西向—北东东向的断裂系统中。

转绘矿点、矿化点和围岩蚀变，研究矿产与侵入岩浆、构造之间的成因联系。转绘物探、化探、遥感解译资料，充分利用物探、化探、遥感综合信息资料，让其起到矿产预测应有的作用。

编制了沉积岩建造柱状图、火山岩建造综合柱状图、侵入岩建造综合柱状图、变质岩建造综合柱状图。

（九）荒沟山-南岔预测工作区

1. 预测工作区范围

预测工作区位于吉林省南部，白山市境内，东以鸭绿江为界与朝鲜相邻，北始咋子镇、湾沟，南至公益乡、老虎山；西起五道江镇、六道沟乡，东达鸭绿江和闹枝乡，总面积为 2 499.56km²。编图比例尺为 1∶5 万。

2. 地质构造专题底图特征

在空间上镍矿床与变质岩建造十分密切，受古元古代老岭（岩）群花山岩组的岩性、岩相构造控制。因此修改变质岩建造，简化沉积岩建造、火山岩建造和侵入岩建造，保留地质体和代号，重点对与镍矿有关的沉积变质建造进行了较详细的划分，对变质变形构造进行详细研究。

通过资料的收集和整理后，明确了区内含矿目的层，划分图层，以预测区内的变质岩为研究重点，其次为侵入岩。其研究内容包括变质岩岩石建造、岩石特征，以及主要的与成矿有关的构造：即成矿构造、控矿构造等，同时注意区内矿化特点、蚀变类型等。

与镍矿产有关的大型构造为老岭变质核杂岩，该构造控制了古元古代以来的岩石展布。断层为北东向—南西向断裂带，赋镍矿产变质岩总体北东东向展布。

转绘矿点、矿化点和围岩蚀变，研究矿产与变质岩、构造之间的成因联系。转绘物探、化探、遥感解译资料，充分利用物探、化探、遥感综合信息资料。

编制了沉积岩建造柱状图、火山岩建造综合柱状图、侵入岩建造综合柱状图、变质岩建造综合柱状图。

二、预测工作区成矿要素特征

（一）侵入岩浆型

1. 红旗岭预测工作区

预测工作区成矿要素图以 1∶5 万吉林省红旗岭地区侵入岩建造构造图为预测底图，突出标明与成矿有关的地质内容。图面标明全部矿床、矿点、矿化线索、采矿遗迹、蚀变等有关内容；主要反映区域成矿地质作用、区域成矿构造体系、区域成矿特征等内容。总结区域成矿规律，确定各种成矿要素信息。在预测工作区范围内，可以根据区域成矿要素的空间变化规律，进行分区。吉林省红旗岭地区红旗岭式基性—超基性岩浆熔离-贯入型铜镍矿成矿要素详见表 4－3－1。

表 4-3-1　红旗岭地区红旗岭式基性—超基性岩浆熔离-贯入型铜镍矿成矿要素表

区域成矿要素		内容描述	类别
特征描述		岩浆熔离型矿床	
区域地质环境	岩石类型	辉长岩-辉石岩-橄榄岩型与斜方辉石岩-苏长岩型	必要
	成矿时代	225Ma 前后的印支中期	必要
	成矿环境	矿床位于天山-兴蒙-吉黑造山带(Ⅰ)包尔汉图-温都尔庙弧盆系(Ⅱ)下二台-呼兰-伊泉陆缘岩浆弧(Ⅲ)盘桦上叠裂陷盆地(Ⅳ)内	必要
	构造背景	区域上受槽台两大构造单元接触带辉发河-古洞河超岩石圈断裂控制，是区域导岩构造。该断裂不仅是两构造单元的分界线，也是含镍基性—超基性侵入岩体的导岩(矿)构造，与之有成因联系的北西向次一级断裂为储岩(矿)构造	重要
区域矿床特征	蚀变特征	滑石化、次闪石化、黑云母化、皂石化、蛇纹石化、绢云母化等蚀变与矿化关系密切	重要
	控矿条件	区域上受槽台两大构造单元接触带辉发河-古洞河超岩石圈断裂控制，是区域导岩构造。与辉发河-古洞河超岩石圈断裂有成因联系的次一级北西向断裂是控岩控矿构造。含矿岩体为辉长岩-辉石岩-橄榄岩型与斜方辉石岩-苏长岩型的基性—超基性岩体	必要

2. 双凤山预测工作区

预测工作区成矿要素图以 1∶5 万吉林省双凤山地区侵入岩建造构造图为预测底图，突出标明与成矿有关的地质内容。图面标明全部矿床、矿点、矿化线索、采矿遗迹、蚀变等有关内容；主要反映区域成矿地质作用、区域成矿构造体系、区域成矿特征等内容。总结区域成矿规律，确定各种成矿要素信息。在预测工作区范围内，可以根据区域成矿要素的空间变化规律，进行分区。吉林省双凤山地区红旗岭式基性—超基性岩浆熔离-贯入型铜镍矿成矿要素详见表 4-3-2。

表 4-3-2　双凤山地区红旗岭式基性—超基性岩浆熔离-贯入型铜镍矿成矿要素表

区域成矿要素		内容描述	类别
特征描述		岩浆熔离型矿床	
区域地质环境	岩石类型	辉长岩-辉石岩-橄榄辉石岩	必要
	成矿时代	225Ma 前后的印支中期	必要
	成矿环境	矿床位于天山-兴蒙-吉黑造山带(Ⅰ)包尔汉图-温都尔庙弧盆系(Ⅱ)下二台-呼兰-伊泉陆缘岩浆弧(Ⅲ)盘桦上叠裂陷盆地(Ⅳ)内	必要
	构造背景	区域上受槽台两大构造单元接触带辉发河-古洞河超岩石圈断裂控制，是区域导岩构造。该断裂不仅是两构造单元的分界线，也是含镍基性—超基性侵入岩体的导岩(矿)构造，与之有成因联系的近东西向—北西向次一级断裂为储岩(矿)构造	重要
区域矿床特征	蚀变特征	滑石化、次闪石化、黑云母化、皂石化、蛇纹石化、绢云母化等蚀变与矿化关系密切	重要
	控矿条件	区域上受槽台两大构造单元接触带辉发河-古洞河超岩石圈断裂控制，是区域导岩构造。与辉发河-古洞河超岩石圈断裂有成因联系的次一级近东西向—北西向断裂是控岩控矿构造。含矿岩体为辉长岩-辉石岩-橄榄辉石岩型的基性—超基性岩体	必要

3. 川连沟-二道岭子预测工作区

预测工作区成矿要素图以1∶5万吉林省川连沟-二道岭子地区侵入岩建造构造图为预测底图，突出标明与成矿有关的地质内容。图面标明全部矿床、矿点、矿化线索、采矿遗迹、蚀变等有关内容；主要反映区域成矿地质作用、区域成矿构造体系、区域成矿特征等内容。总结区域成矿规律，确定各种成矿要素信息。在预测工作区范围内，可以根据区域成矿要素的空间变化规律，进行分区。吉林省川连沟-二道岭子地区红旗岭式基性—超基性岩浆熔离-贯入型铜镍矿成矿要素详见表4-3-3。

表4-3-3　川连沟-二道岭子红旗岭式基性—超基性岩浆熔离-贯入型铜镍矿成矿要素表

区域成矿要素		内容描述	类别
特征描述		岩浆熔离型矿床	
区域地质环境	岩石类型	辉长岩-辉石角闪岩	必要
	成矿时代	海西期	必要
	成矿环境	矿床位于天山-兴蒙-吉黑造山带(Ⅰ)大兴安岭弧形盆地(Ⅱ)锡林浩特岩浆弧(Ⅲ)白城上叠裂陷盆地(Ⅳ)内	必要
	构造背景	区域上位于华北陆块(地台)北缘活动陆缘带，依舒地堑的东南部，大黑山条垒的构造叠合部位。北东向伊舒断裂带是一条地体拼接带，为性质不同的2个大地构造单元的分界线，也是含镍基性—超基性侵入岩体的导岩构造。与之有成因联系的近东西向—北西向次一级断裂为储岩(矿)构造	重要
区域矿床特征	蚀变特征	滑石化、次闪石化、黑云母化、蛇纹石化、绢云母化等蚀变与矿化关系密切	重要
	控矿条件	区域上北东向伊舒断裂带是一条地体拼接带，为性质不同的2个大地构造单元的分界线，也是含镍基性—超基性侵入岩体的导岩构造。区内断裂构造展布方向主要有北东向、北西向、近东西向，中基性—超基性侵入岩受近东西向—北西向构造控制，呈近东西向—北西向展布特征。含矿岩体为辉长岩-辉石角闪岩	必要

4. 漂河川预测工作区

预测工作区成矿要素图以1∶5万吉林省漂河川预测工作区侵入岩浆构造图为预测底图，突出标明与成矿有关的地质内容。图面标明全部矿床、矿点、矿化线索、采矿遗迹、蚀变等有关内容；主要反映区域成矿地质作用、区域成矿构造体系、区域成矿特征等内容。总结区域成矿规律，确定各种成矿要素信息。在预测工作区范围内，可以根据区域成矿要素的空间变化规律，进行分区。吉林省漂河川地区红旗岭式基性—超基性岩浆熔离-贯入型铜镍矿成矿要素详见表4-3-4。

表4-3-4　漂河川地区红旗岭式基性—超基性岩浆熔离-贯入型铜镍矿成矿要素表

区域成矿要素		内容描述	类别
特征描述		岩浆熔离型矿床	
区域地质环境	岩石类型	主要为斜长角闪橄辉岩、含长角闪橄辉岩、斜长角闪辉岩，及含长橄辉岩等	必要
	成矿时代	铜镍硫化物矿床的形成时间晚于含矿岩体，为225Ma前后的印支中期	必要
	成矿环境	矿床位于天山-兴蒙-吉黑造山带(Ⅰ)包尔汉图-温都尔庙弧盆系(Ⅱ)下二台-呼兰-伊泉陆缘岩浆弧(Ⅲ)盘桦上叠裂陷盆地(Ⅳ)内	必要

续表 4-3-4

<table>
<tr><td colspan="2">区域成矿要素</td><td>内容描述</td><td rowspan="2">类别</td></tr>
<tr><td colspan="2">特征描述</td><td>岩浆熔离型矿床</td></tr>
<tr><td>区域地质环境</td><td>构造背景</td><td>区域的北东向—南西向敦密断裂带控制了基性—超基性岩浆活动，区内断裂构造主要以北东向为主，北西向次之，矿体主要受控于二道甸子-暖木条子轴向近东西背斜北翼，大体沿大河深组与范家屯组接触带展布，橄辉岩类、辉长岩类、斜长辉岩类、闪辉岩类基性—超基性岩体控矿</td><td>重要</td></tr>
<tr><td rowspan="2">区域矿床特征</td><td>蚀变特征</td><td>含矿岩石主要表现为黄铜矿化、黄铁矿化、云英岩化、褐铁矿化、辉锑矿化等，而围岩中则发育黄铁矿化、硅化、碳酸盐化、绢云母化、绿泥石化等蚀变</td><td>重要</td></tr>
<tr><td>控矿条件</td><td>敦密断裂带控制基性—超基性岩浆活动，基性岩体就位于近东西向、北东向、北东东向的断裂系统中。矿体主要受控于二道甸子-暖木条子轴向近东西背斜北翼，大体沿大河深组与范家屯组接触带展布，橄辉岩类、辉长岩类、斜长辉岩类、闪辉岩类基性—超基性岩体控矿</td><td>必要</td></tr>
</table>

5. 大山咀子预测工作区

预测工作区成矿要素图以 1∶5 万吉林省大山咀子预测工作区侵入岩浆构造图为预测底图，突出标明与成矿有关的地质内容。图面标明全部矿床、矿点、矿化线索、采矿遗迹、蚀变等有关内容；主要反映区域成矿地质作用、区域成矿构造体系、区域成矿特征等内容。总结区域成矿规律，确定各种成矿要素信息。在预测工作区范围内，可以根据区域成矿要素的空间变化规律，进行分区。吉林省大山咀子地区红旗岭式基性—超基性岩浆熔离-贯入型铜镍矿成矿要素详见表 4-3-5。

表 4-3-5 大山咀子地区红旗岭式基性—超基性岩浆熔离-贯入型铜镍矿成矿要素表

<table>
<tr><td colspan="2">区域成矿要素</td><td>内容描述</td><td rowspan="2">类别</td></tr>
<tr><td colspan="2">特征描述</td><td>岩浆熔离型矿床</td></tr>
<tr><td rowspan="4">区域地质环境</td><td>岩石类型</td><td>主要为斜长角闪橄辉岩、含长角闪橄辉岩、斜长角闪辉岩及含长橄辉岩等</td><td>必要</td></tr>
<tr><td>成矿时代</td><td>印支中期</td><td>必要</td></tr>
<tr><td>成矿环境</td><td>区域上位于天山-兴蒙-吉黑造山带（Ⅰ）小兴安岭-张广才岭弧盆系（Ⅱ）小顶山-张广才岭-黄松裂陷槽（Ⅲ）双阳-永吉-蛟河上叠裂陷盆地（Ⅳ）内</td><td>必要</td></tr>
<tr><td>构造背景</td><td>预测区位于区域敦密断裂带的北东侧，敦密断裂带控制了基性—超基性岩浆活动，区内断裂构造展布方向主要为北东向，北西向次之，基性岩体就位于北东向、北东东向的断裂系统中，辉长岩类、斜长辉岩类基性岩体控矿</td><td>重要</td></tr>
<tr><td rowspan="2">区域矿床特征</td><td>蚀变特征</td><td>围岩发育黄铁矿化、硅化、碳酸盐化、绢云母化、绿泥石化等蚀变</td><td>重要</td></tr>
<tr><td>控矿条件</td><td>敦密断裂带是含镍基性—超基性侵入岩体的导岩构造，基性岩体就位其次一级的北东向、北东东向的断裂系统中，辉长岩类、斜长辉岩类基性岩体控矿</td><td>必要</td></tr>
</table>

6. 六棵松-长仁预测工作区

预测工作区成矿要素图以 1∶5 万吉林省六棵松-长仁预测工作区侵入岩浆构造图为预测底图，突出标明与成矿有关的地质内容。图面标明全部矿床、矿点、矿化线索、采矿遗迹、蚀变等有关内容；主要反映区域成矿地质作用、区域成矿构造体系、区域成矿特征等内容。总结区域成矿规律，确定各种成矿要素信息。在预测工作区范围内，可以根据区域成矿要素的空间变化规律，进行分区。吉林省六棵松-长仁地区红旗岭式基性—超基性岩浆熔离-贯入型铜镍矿成矿要素详见表4-3-6。

表4-3-6 六棵松-长仁红旗岭式基性—超基性岩浆熔离-贯入型铜镍矿成矿要素表

<table>
<tr><td colspan="2">区域成矿要素</td><td>内容描述</td><td rowspan="2">类别</td></tr>
<tr><td colspan="2">特征描述</td><td>岩浆熔离型矿床</td></tr>
<tr><td rowspan="4">区域地质环境</td><td>岩石类型</td><td>辉石岩、含长辉石岩、橄榄二辉岩；辉石橄榄岩、含长辉石橄榄岩、橄榄辉石岩、辉橄岩；斜长辉石岩、辉石岩、辉石橄榄岩；角闪辉石岩、橄榄辉石岩、辉石岩、辉石橄榄岩、辉长岩</td><td>必要</td></tr>
<tr><td>成矿时代</td><td>海西期</td><td>必要</td></tr>
<tr><td>成矿环境</td><td>矿床位于天山-兴蒙-吉黑造山带（Ⅰ）包尔汉图-温都尔庙弧盆系（Ⅱ）清河-西保安-江域岩浆弧（Ⅲ）图们-山秀岭上叠裂陷盆地（Ⅳ）内</td><td>必要</td></tr>
<tr><td>构造背景</td><td>预测区位于两大构造单元交接处之褶皱区一侧，以古洞河深断裂为界，北为吉黑古生代大洋板块褶皱造山带之东段与古洞河深大断裂交会处，南为龙岗-和龙地块。区内的断裂构造主要有东西向、北西向、北东向断裂，其中北西向断裂（长仁-獐项断裂）为著名的古洞河大断裂的一部分。古洞河断裂是区内唯一活动时间长、期次多、规模大、切割深度深的导岩构造，控制了六棵松-长仁基性岩群的展布，同时亦是重要的控矿断裂。矿床、矿体的展布受超基性岩体的规模、形态及时空分布特征所制约，含矿建造主要为辉石岩、二辉橄榄岩、橄榄二辉岩、二辉岩</td><td>重要</td></tr>
<tr><td rowspan="2">区域矿床特征</td><td>蚀变特征</td><td>基性—超基性岩体的蚀变以自蚀变为主，主要有蛇纹石化、次闪石化、绿泥石化、滑石化、金云母化。多分布在岩体底部，中部辉石橄榄岩相中。与Cu、Ni矿化关系密切</td><td>重要</td></tr>
<tr><td>控矿条件</td><td>古洞河断裂是区内唯一活动时间长、期次多、规模大、切割深度深的导岩构造，控制了六棵松-长仁基性岩群的展布。沿古洞河断裂以及北东向断裂附近发育的北西向及北东向2组扭裂，控制闪长岩体为主。沿古洞河断裂及茬田-东丰深断裂两侧，以北北东向或近南北向压扭-扭张性断裂为主，主要控制辉长岩体；北北东向（或近南北向）及北西向2组扭裂，规模小，分布较密集，控制矿区基性—超基性岩体，该期构造控制的岩体与成矿关系密切。矿体的展布受超基性岩体的规模、形态及时空分布特征所制约，赋矿岩体主要为辉石岩，含长辉石岩、橄榄二辉岩；辉石橄榄岩，含长辉石橄榄岩、橄榄辉石岩、辉橄岩；斜长辉石岩、辉石岩，辉石橄榄岩；角闪辉石岩、橄榄辉石岩、辉石岩、辉石橄榄岩、辉长岩基性—超基性岩体</td><td>必要</td></tr>
</table>

7. 赤柏松-金斗预测工作区

预测工作区成矿要素图以1∶5万吉林省赤柏松-金斗预测工作区侵入岩浆构造图为预测底图，突出标明与成矿有关的地质内容。图面标明全部矿床、矿点、矿化线索、采矿遗迹、蚀变等有关内容；主要反映区域成矿地质作用、区域成矿构造体系、区域成矿特征等内容。总结区域成矿规律，确定各种成矿要素信息。在预测工作区范围内，可以根据区域成矿要素的空间变化规律，进行分区。吉林省赤柏松-金斗地区赤柏松式铜镍硫化物型铜镍矿成矿要素详见表4-3-7。

表 4-3-7　赤柏松-金斗地区赤柏松式铜镍硫化物型铜镍矿成矿要素表

<table>
<tr><td colspan="2">区域成矿要素</td><td>内容描述</td><td rowspan="2">类别</td></tr>
<tr><td colspan="2">特征描述</td><td>熔离-深源液态分离矿浆贯入型矿床</td></tr>
<tr><td rowspan="4">区域地质环境</td><td>岩石类型</td><td>变质辉长岩、橄榄苏长辉长岩、二辉橄榄岩、变质辉绿岩、正长斑岩等</td><td>必要</td></tr>
<tr><td>成矿时代</td><td>元古宙早期，1960～2240Ma</td><td>必要</td></tr>
<tr><td>成矿环境</td><td>前南华纪华北东部陆块(Ⅱ)龙岗-陈台沟-沂水前新太古代陆核(Ⅲ)板石新太古代地块(Ⅳ)内的二密-英额布中生代火山-岩浆盆地的南侧</td><td>必要</td></tr>
<tr><td>构造背景</td><td>分布在穹状背形核部的北东向或北北东向断裂构造是本区控岩、控矿构造。本溪-浑江超岩石圈断裂为控制区域基性—超基性岩浆活动的导矿构造，区域基性岩体沿断裂古隆起一侧，分段(群)集中分布。基底穹隆核部断裂构造控制基性—超基性岩产状、形态等特征</td><td>重要</td></tr>
<tr><td rowspan="2">区域矿床特征</td><td>蚀变特征</td><td>Ⅰ号岩体从不含矿岩相到含矿岩相，黑云母的含量由 1.5%增长至 5%，在贯入型矿石中金属硫化物周围分布有黑云母等含钾矿物，这是一种钾化的表现。还有次闪石化，在含矿的岩体边部较为发育</td><td>重要</td></tr>
<tr><td>控矿条件</td><td>岩浆控矿：分布本区古元古代基性—超基性岩，为有利成矿期。复式岩体是构造多次活动、岩浆多次侵入产物，多形成大而富矿床，单式岩体分异完善，基性程度愈高，形成熔离型矿床越有利。就地熔离矿体一般位于岩体底部或下部，深源液态分离贯入型矿体多位于先期侵入岩体底部、边部或近侧围岩中。
构造控矿：分布在穹状背形核部的北东向或北北东向断裂构造是本区控岩、控矿构造；本溪-浑江超岩石圈断裂为控制区域基性—超基性岩浆活动的导矿构造</td><td>必要</td></tr>
</table>

8. 大肚川-露水河预测工作区

预测工作区成矿要素图以 1∶5 万吉林省大肚川-露水河预测工作区侵入岩浆构造图为预测底图，突出标明与成矿有关的地质内容。图面标明全部矿床、矿点、矿化线索、采矿遗迹、蚀变等有关内容；主要反映区域成矿地质作用、区域成矿构造体系、区域成矿特征等内容。总结区域成矿规律，确定各种成矿要素信息。在预测工作区范围内，可以根据区域成矿要素的空间变化规律，进行分区。吉林省大肚川-露水河地区赤柏松式铜镍硫化物型铜镍矿成矿要素详见表 4-3-8。

表 4-3-8　大肚川-露水河地区赤柏松式铜镍硫化物型铜镍矿成矿要素表

<table>
<tr><td colspan="2">区域成矿要素</td><td>内容描述</td><td rowspan="2">类别</td></tr>
<tr><td colspan="2">特征描述</td><td>熔离-深源液态分离矿浆贯入型矿床</td></tr>
<tr><td rowspan="4">区域地质环境</td><td>岩石类型</td><td>变质辉长岩、橄橄苏长辉长岩、二辉橄榄岩、变质辉绿岩、正长斑岩等</td><td>必要</td></tr>
<tr><td>成矿时代</td><td>元古宙早期</td><td>必要</td></tr>
<tr><td>成矿环境</td><td>前南华纪华北东部陆块(Ⅱ)龙岗-陈台沟-沂水前新太古代陆核(Ⅲ)夹皮沟新太古代地块(Ⅳ)内</td><td>必要</td></tr>
<tr><td>构造背景</td><td>预测区处于辉发河-古洞河深大断裂向北突出弧形顶部。区内构造复杂，主要以阜平期的褶皱构造和韧性剪切带为基础构造，其褶皱轴及韧性剪切带展布方向总体上都为北西向，在韧性剪切带中有多次脆性构造叠加，形成了多条平行的挤压破碎带。变辉长岩、辉绿岩等为控矿岩体</td><td>重要</td></tr>
</table>

续表 4-3-8

<table>
<tr><td colspan="2">区域成矿要素</td><td>内容描述</td><td rowspan="2">类别</td></tr>
<tr><td colspan="2">特征描述</td><td>熔离-深源液态分离矿浆贯入型矿床</td></tr>
<tr><td rowspan="2">区域矿床特征</td><td>蚀变特征</td><td>蚀变主要为青磐岩化，局部有蛇纹石化、硅化、碳酸盐化及次闪石化</td><td>重要</td></tr>
<tr><td>控矿条件</td><td>辉发河-古洞河深大断裂为控制区域基性—超基性岩浆活动的导岩(矿)构造；北西向—北东东向的次级断裂为主要的控岩(矿)构造，赋存镍矿的基性—超基性岩体就位于近北西向—北东东向的断裂系统中；控矿岩体有中太古代变辉长-辉绿岩，新太古代变辉长岩、变辉长辉绿岩、角闪石岩，古元古代变质辉绿岩、变质辉长-辉绿岩，多以岩脉或岩墙产出，往往成群出现</td><td>必要</td></tr>
</table>

(二)沉积变质型

荒沟山-南岔预测工作区成矿要素图以1∶5万吉林省荒沟山-南岔预测工作区变质建造构造图为预测底图，突出标明与成矿有关的地质内容。图面标明全部矿床、矿点、矿化线索、采矿遗迹、蚀变等有关内容；主要反映区域成矿地质作用、区域成矿构造体系、区域成矿特征等内容。总结区域成矿规律，确定各种成矿要素信息。在预测工作区范围内，可以根据区域成矿要素的空间变化规律，进行分区。荒沟山-南岔地区杉松岗式沉积变质型铜矿成矿要素详见表4-3-9。

表 4-3-9 荒沟山-南岔地区杉松岗式沉积变质型镍矿成矿要素表

<table>
<tr><td colspan="2">区域成矿要素</td><td>内容描述</td><td rowspan="2">类别</td></tr>
<tr><td colspan="2">特征描述</td><td>沉积变质型</td></tr>
<tr><td rowspan="4">区域地质环境</td><td>岩石类型</td><td>云母片岩、大理岩、千枚岩夹大理岩</td><td>必要</td></tr>
<tr><td>成矿时代</td><td>古元古代</td><td>必要</td></tr>
<tr><td>成矿环境</td><td>前南华纪华北东部陆块(Ⅱ)胶辽吉元古宙裂谷带(Ⅲ)老岭坳陷盆地内</td><td>必要</td></tr>
<tr><td>构造背景</td><td>矿区位于老岭背斜南东翼的次级褶皱三道阳岔-三岔河复式背斜的北西翼，小四平-荒沟山-南岔“S”形断裂及与之平行的断裂构造，为重要的导矿、容矿构造。区内断裂构造发育，可划分北东向、北西向、近南北向及近东西向4组，其中北东向断裂最发育，与成矿关系最为密切。区内与镍矿有关的为元古宙花山岩组沉积变质建造，总体呈北东东向展布</td><td>重要</td></tr>
<tr><td rowspan="2">区域矿床特征</td><td>蚀变特征</td><td>矿区内围岩蚀变属中-低温热液蚀变，总体上蚀变较弱，蚀变明显受花山岩组地层及北东向褶皱控制，蚀变呈北东向带状展布，蚀变与围岩没有明显的界线，呈渐变过渡关系。主要蚀变类型有硅化、绢云母化、绿泥石化、钠长石化、碳酸盐化</td><td>重要</td></tr>
<tr><td>控矿条件</td><td>构造控矿：区域的小四平-荒沟山-南岔“S”形断裂及与之平行的断裂构造，为重要的导矿、容矿构造。区内断裂构造发育，可划分北东向、北西向、近南北向及近东西向4组，其中以北东向断裂最发育，与成矿关系最为密切，这组断裂多属逆掩性质的层间断裂，受其影响，断层两侧，尤其是下盘岩层发生强烈破碎和片理化，并伴随有强烈的矿化作用。
地层控矿：矿体严格受花山岩组云母片岩、大理岩、千枚岩夹大理岩变质岩建造控制，总体呈北东东向展布</td><td>必要</td></tr>
</table>

三、预测工作区区域成矿模式

根据预测工作区区域地质构造背景、内生矿产的成矿作用特征，建立了预测工作区各类型矿床的成矿模式。

（一）侵入岩浆型

1. 红旗岭预测工作区

该预测工作区矿床类型为基性—超基性岩浆熔离-贯入型，位于天山-兴蒙-吉黑造山带（Ⅰ）包尔汉图-温都尔庙弧盆系（Ⅱ）下二台-呼兰-伊泉陆缘岩浆弧（Ⅲ）盘桦上叠裂陷盆地（Ⅳ）内。岩体类型为辉长岩-辉石岩-橄榄岩型与斜方辉石岩-苏长岩型。成岩时代属海西早期。其成矿过程为由富集成矿组分地幔部分熔融产生的拉斑玄武质含矿熔浆，沿超壳断裂上升到地壳中相对稳定的中间岩浆房发生液态熔离和重力效应，形成顶部富硅酸盐熔体底部富硫化物熔体的不混熔岩浆；伴随导岩容岩构造的脉动式间歇活动，岩浆房顶部比重轻、硫化物浓度低的岩浆首先侵入形成1号岩体的辉长岩相并结晶分异成辉长岩和斜长二辉岩；随后硫化物浓度基性程度大的岩浆紧接着到达侵位，与辉长岩相呈侵入接触关系，形成1号岩体橄榄岩相，并随温度降低，铁镁硅酸盐晶出，发生就地熔离作用，形成上悬矿体和底部矿体。岩浆房底部富硫化物熔体最后上升，较上部熔体侵位于1号岩体底轴部，并发生就地熔离和重力效应，形成容矿岩相矿石的垂直分带和纯硫化物脉。较下部更富硫化物的高黏度熔体在构造推动力作用下呈岩墙状贯入到张扭性断裂中，形成7号岩体。岩浆房中残留的近于硫化物的熔体最后贯入，形成7号岩体中的纯硫化物脉。控矿因素及找矿标志为区域上受槽台两大构造单元接触带辉发河-古洞河超岩石圈断裂控制，是区域导岩构造。与辉发河-古洞河超岩石圈断裂有成因联系的次一级北西向断裂是控岩控矿构造。辉长岩-辉石岩-橄榄岩型与斜方辉石岩-苏长岩型为主要的含矿岩体。找矿标志为与辉发河-古洞河超岩石圈断裂有成因联系的次一级北西向断裂；辉长岩-辉石岩-橄榄岩型与斜方辉石岩-苏长岩型岩体；地球物理场重力线状梯度带，或异常存在或中等强度磁异常；地球化学场，Cu、Ni、Co高异常。见本章第二节中红旗岭式成矿模式图4-2-23。

2. 双凤山预测工作区

该预测工作区矿床类型为基性—超基性岩浆熔离-贯入型，位于天山-兴蒙-吉黑造山带（Ⅰ）包尔汉图-温都尔庙弧盆系（Ⅱ）下二台-呼兰-伊泉陆缘岩浆弧（Ⅲ）盘桦上叠裂陷盆地（Ⅳ）内。区域上受槽台两大构造单元接触构造辉发河-古洞河超岩石圈断裂控制，是区域含镍基性—超基性侵入岩体的导岩（矿）构造，区内近东西向、北西向断裂构造控制是主要的控岩（矿）构造，基性—超基性岩体总体呈近东西向—北西向展布，矿体产于基性—超基性岩体内，辉长岩-辉石岩-橄榄辉石岩型为主要的含矿岩体，成岩时代属海西早期。找矿标志为与辉发河-古洞河超岩石圈断裂有成因联系的次一级近东西向—北西向断裂；辉长岩-辉石岩-橄榄辉石岩型岩体；地球物理场重力线状梯度带，或异常存在或中等强度磁异常；地球化学场，Cu、Ni、Co高异常。

3. 川连沟-二道岭子预测工作区

该预测工作区矿床类型为基性—超基性岩浆熔离-贯入型，位于天山-兴蒙-吉黑造山带（Ⅰ）大兴安岭弧形盆地（Ⅱ）锡林浩特岩浆弧（Ⅲ）白城上叠裂陷盆地（Ⅳ）内。区域上位于依舒地堑的东南部，大黑山条垒的构造叠合部位，北东向伊舒断裂带是一条地体拼接带，为性质不同的2个大地构造单元的分界线，也是含镍基性—超基性侵入岩体的导岩（矿）构造。矿体产于基性—超基性岩体内，辉长岩-角闪辉长岩-辉石角闪岩型为主要的含矿岩体，成岩时代属海西期。控矿因素及找矿标志为与伊舒断裂带有成因联系的次一级近东西向—北西向断裂，基性—超基性岩体总体呈近东西向—北西向展布特征；辉长岩-辉石角闪岩岩体；地球物理场重力线状梯度带，或异常存在或中等强度磁异常；地球化学场，铜、镍、钴高异常。

4. 漂河川预测工作区

该预测工作区矿床类型为基性—超基性岩浆熔离-贯入型，位于天山-兴蒙-吉黑造山带（Ⅰ）包尔汉图-温都尔庙弧盆系（Ⅱ）下二台-呼兰-伊泉陆缘岩浆弧（Ⅲ）盘桦上叠裂陷盆地（Ⅳ）内。矿体存在于辉长岩类、斜长辉岩类、闪辉岩类基性—超基性岩体中。成矿时代为印支中期。其成矿过程为岩浆侵位于岩浆房后，发生了液态重力分异，从而导致上部基性岩相及下部超基性岩相的形成。且由于岩浆在分异演化过程中，当分异作用达到一定程度时，随岩浆酸度的增加，降低了硫化物熔融体的溶解度，促成了熔离作用的发生。经熔离生成的硫化物熔浆因重力作用而沉于岩体底部，而部分硫化物熔浆则顺层贯入于岩体底板的片岩中，从而形成目前岩体中的硫化镍矿床。根据矿石中硫化物包体测温资料，硫化物结晶温度在300℃左右，且浸染状矿石早晶出于块状矿石。基性岩体的各岩相普遍遭受强弱不同的蚀变，蚀变类型主要有次闪石化、绿泥石化、蛇纹石化及绢云母化等，往往在矿体附近和矿化地段蚀变强烈。其控矿因素为北东向—南西向敦密断裂带控制基性—超基性岩浆活动，基性岩体就位于近东西向、北东东向的断裂系统中，矿体主要受控于二道甸子-暖木条子轴向近东西背斜北翼，大体沿大河深组与范家屯组接触带展布。辉长岩类、斜长辉岩类、闪辉岩类基性—超基性岩体控矿。找矿标志为二道甸子-暖木条子轴向近东西背斜北翼，大河深组与范家屯组接触带附近，次闪石化、绿泥石化、蛇纹石化及绢云母化等蚀变强烈地段。

5. 大山咀子预测工作区

该预测工作区位于南华纪-中三叠世天山-兴蒙-吉黑造山带（Ⅰ）小兴安岭-张广才岭弧盆系（Ⅱ）小顶山-张广才岭-黄松裂陷槽（Ⅲ）双阳-永吉-蛟河上叠裂陷盆地（Ⅳ）内。矿体存在于辉长岩类、斜长辉岩类、闪辉岩类基性—超基性岩体中。成矿时代为印支期。其成矿过程为岩浆侵位于岩浆房后，发生了液态重力分异。从而导致上部基性岩相及下部超基性岩相的形成。且由于岩浆在分异演化过程中，当分异作用达到一定程度时，随岩浆酸度的增加，降低了硫化物熔融体的溶解度，促成了熔离作用的发生。经熔离生成的硫化物熔浆因重力作用而沉于岩体底部，从而形成目前岩体中的硫化镍矿床。其控矿因素为北东向—南西向敦密断裂带控制基性—超基性岩浆活动，基性岩体就位于北东向、北东东向的断裂系统中，辉长岩类、斜长辉岩类基性—超基性岩体控矿。找矿标志为与区域深大断裂有成因联系的次级北东向、北东东向的断裂；辉长岩类、斜长辉岩类基性岩体；地球物理场重力线状梯度带，或异常存在或中等强度磁异常；黄铁矿化、硅化、碳酸盐化等蚀变强烈地段。

6. 六棵松-长仁预测工作区

该预测工作区矿床类型为基性—超基性岩浆熔离-贯入型，位于天山-兴蒙-吉黑造山带（Ⅰ）包尔汉图-温都尔庙弧盆系（Ⅱ）清河-西保安-江域岩浆弧（Ⅲ）图们-山秀岭上叠裂陷盆地（Ⅳ）内。矿体分布于辉石橄榄岩、辉石岩、橄榄岩、辉长岩等基性—超基性岩体中。形成过程为海西早期，褶皱区回返隆起古断裂及次级断裂构造活动加剧，上地幔初始岩浆沿古洞河深大断裂上升侵位，并集聚形成地下岩浆房。在地壳相对稳定时期，岩浆房内超镁质熔浆开始分异或熔离，经初始分异，Cu、Ni元素局部集中，在多期次级继承性构造活动作用下，产生了物质成分不同的多期侵入体或复合侵入体。经过一定分异的贫硫化物熔浆一次侵位后，由于外界条件的改变，使熔浆自身发生分层熔离，即就地重结晶作用。并在重力作用下，Ni及比重大的铁镁矿物多集中在岩体的底部或中部富集，形成底部、中部矿体。成矿温度

395～400℃。当贫硫化物熔浆一次侵位结束后，由于深部岩浆房的分异作用继续进行，在岩浆房及至岩体底部，生成了晚期富硫残余熔浆。在压滤和护熔作用下，富硫熔浆沿刚好形成或正在形成的构造裂隙上侵，形成晚期熔离贯入式矿床。富镍岩浆侵位后，与围岩发生接触交代作用，使围岩中的 Al^{3+}、Si^{2+}、Ca^{2+}、Na^{+} 离子带入岩浆，从而使硫化镍的熔点降低，使部分岩体的边缘混染带中出现矿化富集。蚀变主要有蛇纹石化、次闪石化、滑石化、金云母化，多分布在岩体底部，中部辉石橄榄岩相中，与 Cu、Ni 矿化关系密切，见本章第二节中长仁铜镍矿床成矿模式图 4－2－25。

7. 赤柏松-金斗预测工作区

该预测工作区矿床类型为基性—超基性岩浆熔离-贯入型，位于前南华纪华北东部陆块（Ⅱ）龙岗-陈台沟-沂水前新太古代陆核（Ⅲ）板石新太古代地块（Ⅳ）内的二密-英额布中生代火山-岩浆盆地的南侧。矿体分布于本区古元古代基性—超基性岩中。构造控矿：本溪-浑江超岩石圈断裂为控制区域基性—超基性岩浆活动的导矿构造，区域基性岩体沿断裂古隆起一侧，分段（群）集中分布。基底穹隆核部断裂构造控制基性—超基性岩产状、形态等特征。形成于元古宙早期。形成过程为早期岩浆成矿作用，金属硫化物与橄榄石、斜方辉石组成显微文象状似共结结构，这种结构早于熔离作用硫化物的形成，这种结构在主侵入体中与附加侵入体中均有所见，应属岩浆结晶作用早期阶段的产物。熔离作用：原生岩浆由于温度、压力的变化或第三种成分的加入，使熔浆分为互不混溶两种液体，即硅酸盐溶液与硫化物溶液，硫化物铜镍矿床形成主要取决于岩浆中 S 和亲 S 元素浓度及岩浆成分，只有浓度较高，才可能形成不混溶硫化物液体或硫化物结晶体，从熔体中分离出来，进而形成熔离矿床。由于受重力影响而集中，岩体分异较完善，基性程度较高岩相中，多形成岩体的底部。深源液态分离作用，这是对附加侵入体的硫化物特别是纯硫化物形成而言，即苏长辉长岩体、含矿辉长玢岩单一岩相，本身铜矿又与主侵入体属同源异期产物。深源岩浆形成就是在以离子为主体硅酸盐熔体中也存在被溶解金属原子和金属硫化物分子，这种硅酸盐被视为离子-电子液体，这种液体在微观上具有非常不均一的结构，从而决定在深源硫化物-硅酸熔浆液态即已分离为互不混溶的熔浆与富硫化物矿浆。已经发生熔离、分异岩浆沿近南北向断裂依次上侵而形成铜镍矿床，见本章第二节中赤伯松式铜镍矿成矿模式图 4－2－24。

8. 大肚川-露水河预测工作区

该预测工作区矿床类型为基性—超基性岩浆熔离-贯入型，位于华北东部陆块（Ⅱ）龙岗-陈台沟-沂水前新太古代陆块（Ⅲ）夹皮沟新太古代地块（Ⅳ）内。矿体分布于本区元古宙基性—超基性岩中。辉发河-古洞河超岩石圈断裂为控制区域基性—超基性岩浆活动的导矿构造，形成于元古宙早期。形成过程为早期岩浆成矿作用，金属硫化物与橄榄石、斜方辉石组成显微文象状似共结结构，熔离作用：原生岩浆由于温度、压力的变化或第三种成分的加入，使熔浆分为互不混溶两种液体，即硅酸盐溶液与硫化物溶液，已经发生熔离、分异岩浆沿近北西向—北东东向的断裂依次上侵而形成铜镍矿床。控矿因素辉发河-古洞河超岩石圈断裂控制基性—超基性岩浆活动，赋存镍矿的基性岩体就位于近北西向—北东东向的断裂系统中，变辉长岩等为控矿岩体。找矿标志为与区域深大断裂有成因联系的次级近北西向、北东东向的断裂；辉长岩类、辉绿岩类基性岩体；地球物理场重力线状梯度带，或异常存在或中等强度磁异常。

（二）沉积变质型

该类型矿床只分布在荒沟山-南岔预测工作区。位于华北东部陆块（Ⅱ）胶辽吉元古宙裂谷带（Ⅲ）老岭坳陷盆地（Ⅳ）内。矿带位于辽吉古元古代坳拉槽北段。矿体主要赋存在花山岩组第二岩性段含碳绢云千枚岩中。矿体主要受三道阳岔-三岔河复式背斜北西翼次一级褶皱构造控制。太古宙地体经长期风化剥蚀，陆源碎屑及大量 Cu、Co 组分被搬运到裂谷海盆中，与海水中 S 等相结合，或被有机质、碳质或黏土质吸附，固定于沉积物中，实现了 Cu、Co 金属硫化物富集，形成原始矿层或“矿源层”。之后在辽吉裂谷的抬升回返过程中，含矿地层发生褶皱和断裂，为热液环流提供了构造空间。同时在伴随的区域变质作用下，Cu、Co及其伴生组分发生活化，变质热液从围岩和原始矿层或“矿源层”中萃取Cu、Co及其伴生组分，形成含矿热液，含矿热液运移到有利的构造空间沉淀或叠加到原始矿层或“矿源层”之上，使成矿构造进一步富集成矿。矿床属沉积变质热液矿床。变质作用是本区一次重要的矿化期次，常见金属硫化物及次生孔雀石化沿千枚理面分布，又可见到沿千枚理分布的硅质条带与千枚理产状一致，且作同步褶曲。该矿床形成于古元古代。矿区内围岩蚀变属中-低温热液蚀变，总体上蚀变较弱，蚀变明显受花山岩组地层及北东向褶皱控制，蚀变呈北东向带状展布，蚀变与围岩没有明显的界线，呈渐变过渡关系。主要蚀变类型有硅化、绢云母化、绿泥石化、钠长石化、碳酸盐化。找矿标志为老岭(岩)群花山岩组地层中含碳质绢云千枚岩，即经多期变质变形的构造核部。见本章第二节中杉松岗铜钴矿床成矿模式图4-2-26。

第五章 物探、化探、遥感、自然重砂应用

第一节 重 力

一、技术流程

(一)资料收集整理

在 2008—2009 年 1∶100 万、1∶20 万重力资料及综合研究成果报告收集基础上,2010 年在开展典型矿床地球物理异常特征研究时,收集了通化赤柏松铜镍矿、磐石红旗岭铜镍矿、通化二密铜矿、白山市大横路铜钴矿等典型矿床大比例尺重力、磁测、电法的面积性和剖面性物探资料,其中重力大比例尺较少、后两者略多,还收集了这些矿区密度参数、磁参数、电参数等物性资料。预测工作区和典型矿床所在区域研究时,全部使用 1∶20 万重力资料。

(二)预测工作区重力工作方法与技术

1. 预测工作区重力基础图件及推断图件编制

配合预测工作区预测底图的编制,编制不同预测工作区重力基础图件及推断地质构造图。编图比例尺和范围与预测组提供的相一致。吉林省镍矿产预测工作区重力资料比例尺以 1∶20 万为主(没有大于 1∶20 万比例尺资料),预测工作区比例尺为 1∶5 万。采用北京 54 坐标系,投影方式为高斯-克吕格投影、依标准 6 度分带规定,确定投影分带的中央经线的经度值,吉林省中央经线的经度值有 123 度 00 分,129 度 00 分 2 个,投影原点纬度规定使用地球赤道纬度:00 度 00 分 00 秒。参照《全国矿产资源潜力评价数据模型 空间坐标系统及其参数规定分册》《重力资料应用技术要求》《重力资料应用数据模型》。

2. 预测工作区重力资料解释技术方法

重力解释的目的是对重力场所载有的地下各密度体的有关信息,做出合理的地质解释。重力解释工作重点是以镍矿资源潜力预测评价为目标,对预测区内重力异常进行定性、定量解释,提取依据重力资料解释推断的地质要素信息。

(三)典型矿床重力异常特征研究

开展典型矿床重力异常特征研究,研究异常与成矿的规律,建立典型矿床地质地球物理找矿模型,为矿产预测提供综合信息和要素。

（四）建立数据库并提交成果

按一图一库、一说明书、一元数据提交数据库工作成果。

（五）编写重力地质解释工作报告。

二、资料应用情况

收集了吉林省 1∶100 万区域重力调查成果解释报告（1987 年），长春市、四平市、辽源市、梅河口市幅 1∶20 万区域重力解释报告（1989 年），通化市、浑江市、桓仁县、集安市幅 1∶20 万区域重力调查成果解释报告（1991 年）。还收集了长春兰家金矿、磐石红旗岭铜镍矿、大黑山铜钼矿等矿区大比例尺地质、重磁资料。

根据全国项目组下发的吉林省 1∶20 万和 1∶100 万重力数据，编制吉林省布格重力异常图、剩余重力异常图，预测工作区布格重力异常图、剩余重力异常图。预测工作区使用的全部为 1∶20 万重力数据。结合吉林省相关图幅 1∶25 万～1∶5 万地质矿产图、本次预测工作区航磁图件、区域性密度参数、磁参数，矿区密度参数、磁参数、电参数等物性资料，开展重力资料地质解释工作，编制重力推断地质构造图和典型矿床地质矿产及物探剖析图，为矿产预测提供综合信息。

三、数据处理

重力异常数据处理采用中国地质调查局发展中心提供的 RGIS 重磁电数据处理软件。

1. 布格重力异常“五统一”

全国项目组下发的吉林省 1∶20 万重力数据，是已经按新规范（DZ/T 0082—2006）“五统一”要求进行统一改算的布格重力异常值。

2. 数据扩边

重力数据扩边能够减少数据处理导致的边界数据范围损失，宜尽量采用已有数据进行，即将所要处理的区域向外进行适当扩大。吉林省 1∶20 万和 1∶100 万布格重力异常数据，数据向外扩边距离大于 20km。

3. 离散数据网格化

编制预测区布格重力异常平面图前对 1∶20 万比例尺测点的布格重力异常值网格化，形成对应网格化文件（*.GRD 文件），方法采用“Kring 泛克立格法”，间距 1km×1km，搜索类型采用八方位，搜索半径为 5 个数据点距。其他变差函数类型：线型模型；漂移类型：无漂移；块金效应：测量误差效应值为 0，微结构误差效应值为 0；几何异向性参数：比率为 1，角度为 0。

运用 MapGIS 软件 DTM 分析模块进行等值线绘制。

4. 剩余重力异常计算

编制预测区剩余重力异常平面图前，首先采用矩形窗口滑动平均法，计算剩余重力异常。根据吉林省及预测工作区具体地质构造特征，滑动平均窗口选定为 30km×30km 和 14km×14km 2 种。采用窗口滑动平均的异常值作为窗口中心点的区域背景场，该点重力值与区域背景场相减即为该点的剩余重力异常。数据扩边范围大于滑动平均窗口的半边长。

另外还进行了不同方向水平一阶导数、垂向导数、不同高度向上延拓等数据处理。编制重力异常水平一阶导数、垂向导数、不同高度向上延拓图件。

数据处理的目的是突出重力异常形态特征，为解释推断提供异常信息。

四、地质推断解释

（一）典型矿床

1. 磐石县红旗岭铜镍矿床

红旗岭基性—超基性岩群所处区域布格重力场为负背景场上产出的海龙-黑石北东向重力低异常带的北西侧，红旗岭-三道岗呈北西向展布的重力高异常带的东南端。在 14km×14km 窗口滑动平均剩余重力异常图上，该重力高异常带，长约 40km，宽约 20km，其内可分解出红旗岭、茶尖岭和三道岗 3 个北西走向的局部重力高剩余异常，与红旗岭、茶尖岭和三道岗基性—超基性岩体群分布区相吻合；其中红旗岭岩区重力异常形态呈北西向规则椭圆状，长约 10km，宽 8km，最高剩余重力值为 $4\times10^{-5}m/s^2$，其周围有二道岗、西半截河、黑石等重力低异常，高低异常之间呈现明显线性重力梯级带。区内北东向梯级带有团林镇-蛟河口乡-黑石镇、富太镇-呼兰镇和茶尖岭-呼兰镇 3 条，北西向有松山镇-富太镇-石咀镇、五道沟-呼兰镇-驿马镇 2 条。红旗岭剩余重力高异常处在北东和北西 2 组重力梯级带切割成的菱形断块区内。

经与地质和矿产资料关联，红旗岭基性—超基性岩群均分布在该重力高异常区内。红旗岭矿田赋有大型硫化铜镍矿床 2 个、小型矿床 4 个，呈北西向带状展布在红旗岭重力高异常区的南西侧。红旗岭-三道岗重力高异常带分布基本上与呼兰倾伏背斜吻合，出露地层主要为早古生代晚寒武世黄莺屯（岩）组斜长片麻岩、黑云斜长变粒岩、角闪斜长变粒岩和蓝晶石片岩及早—中奥陶世小三个顶子（岩）组变质砂岩、石英砂岩、粉砂岩与结晶灰岩、大理岩及少量火山岩。此外在其西南侧茶尖岭一带还出露有中—晚二叠世石盒子组中酸性火山岩、砂砾岩夹灰岩透镜体。区内早、晚古生代浅变质岩系是红旗岭基性—超基性岩的主要侵入围岩。依据区域物性资料分析，红旗岭重力高异常主要为古生界岩性所引起，基性—超基性岩群大量侵入而增加了古生界的基性程度，亦是引起重力高异常的重要地质因素。此外前述北东向和北西向 2 组重力梯级带均是已知断裂构造所引起。这 2 组断裂控制了矿田的分布。其中团林-蛟河口-黑石镇断裂是敦密区域性深大断裂带组成部分，是深源岩浆上侵的通道，而其北西向次级断裂为储岩、储矿构造。

总之，本区 1∶25 万区域重力异常特征显示矿田的分布范围及矿田构造体系的基本特征。受北东向和北西向 2 组重力梯级带控制的重力高异常是红旗岭矿田区域性重力异常找矿标志。

2. 通化赤柏松铜镍矿床

赤柏松大型硫化铜镍矿床在 1∶25 万布格重力异常图上，处于“人”形重力高异常带右支的内侧，以布格重力 $-32\times10^{-5}m/s^2$ 异常值圈定的高异常带场态宽缓。右支的端处，也就是矿床的南东部叠加有近等轴状局部重力高异常，最大值 $-26\times10^{-5}m/s^2$。剩余重力异常特征更为明显，矿床处于以 $2\times10^{-5}m/s^2$ 异常值圈定的椭圆状剩余重力高异常中心，异常长 4.4km，宽 2.5km，椭圆状重力高异常剩余重力异常最大值略大于 $3\times10^{-5}m/s^2$。矿床的南西侧分布有近东西走向呈似椭圆状布格重力低异常，异常强度最低值为 $-45\times10^{-5}m/s^2$，边部有梯度带环绕，该梯度带北东段总体呈北西走向，在矿床位置处有局部错动，显示出北西向和北东向重力梯度带交会的特征，同时也是北侧重力高异常向南正向变异部位。与

1∶25万地质图进行对比，矿床处于北西向、北东向、东西向断裂构造交会部位，含矿辉绿岩体位于局部重力高异常上。根据辉绿岩体、新太古代片麻岩、侏罗纪火山沉积地层密度依次降低物性参数特征，新太古代英云闪长质片麻岩、花岗岩片麻岩分布区与重力高异常带较吻合，推断是引起重力高异常带的主体，侵入其中的新元古代冰湖沟变质辉绿岩体呈北东走向，沿北西方向雁形排列和平行排列，构成赤柏松岩基性—超基性群，是引起重力高异常带上的局部重力高的主要因素，推断辉绿岩体深部规模变大，重力低异常区与侏罗系火山沉积范围基本一致。

综上所述，矿床位于区域布格重力异常北西向、北东向梯度带交会并发生错动部位及重力高异常带的边缘，说明矿床产出明显受太古界龙岗岩群古老变质岩基底隆起和断裂构造控制，含矿的辉绿辉长岩群侵入其中产生局部重力高异常。重力高异常带的边缘、梯度带交会并发生错动部位是寻找与基性—超基性岩有关的硫化铜镍矿床的有利部位。

（二）预测工作区

1. 红旗岭预测工作区

预测区位于辉发河深大断裂北侧，即华北地台北缘陆缘活动带上。区内岩浆活动强烈，广泛分布燕山期花岗岩、二长花岗岩、花岗闪长岩及花岗斑岩、闪长岩等。而印支期基性—超基性岩分布在红旗岭、茶尖岭等地，为铜镍矿的成矿母岩。

区内重力场表现为东部低、西部高。团林镇-黑石镇-桦甸重力低异常带贯穿全区，南部是板石河-松山镇重力高异常带，在黑石镇附近形成向北突起伸入预测区。预测区的北部是烟筒山-官马镇北西向重力高异常带南部边界，在三道岗附近呈舌状伸入区内。

在1∶50万布格重力异常图上梯度带走向主要有2组，为北东向和北西向，其中北东向规模大。分布于南部和北部，主要反映了辉发河深大断裂，北西向梯度带分布于细林镇、红旗岭附近，反映北西向断裂构造，区内红旗岭岩体群的分布与红旗岭一带的重力高异常吻合，该重力高大体呈北东向分布，重力值$-24\times10^{-5}m/s^2$，北部的三道岗重力高异常值$-18\times10^{-5}m/s^2$。区内重力高是区外大面积重力高的延续部分。红旗岭基性—超基性岩体分布在重力高的边部或重力的梯度带上。

在1∶50万剩余重力异常图上，红旗岭重力高异常分出3个局部异常，红旗岭重力高，呈等轴状；细林镇重力高，呈北西向的带状；三道岗重力高呈等轴状。红旗岭、三道岗重力高，反映的是早古生代寒武纪-奥陶纪地层；细林-茶尖岭重力高反映晚古生代二叠纪的沉积岩。同时，在剩余重力异常图上北东向、北西向构造线反映更清晰。

2. 双凤山预测工作区

在区域布格重力异常图上，区内重力场特征是两重力高夹一重力低。预测区北部重力高自康大营镇—磐石县城一带，该重力高异常面积较小，总体方向为北西向，中心部位近南北向，场值在$(-20\sim-14)\times10^{-5}m/s^2$，重力高异常在区内部分呈北西向分布，梯度带较为密集。在剩余重力异常图上，北西向梯度带更密集，并出现2个局部重力高异常。

区内南部重力高是区域上较大面积重力高异常的边部，呈舌状延伸至预测区内，该重力高异常自辽源的安恕镇-渭津镇东西向分布，梯度带走向由近东西向转为北西向。区域剩余重力异常图上，梯度带曲线密度增加，并出现北西向的局部重力高异常，反映了浅部的地质信息。

区内北西向的重力低异常带，断裂迹象明显，与辉南-伊通断裂吻合，其两侧场有基性—超基性岩分布，是本区重要控岩构造之一。

3. 川连沟-二道岭子预测工作区

预测区位于大黑山条垒南端，在1∶50万区域布格重力异常图上可看出，区内重力曲线走向总体呈北东向，但从局部看曲线走向较凌乱，在孟家岭一带曲线走向近南北。在剩余重力异常图上，走向形态和布格异常图基本一致，但细节更清晰。主要反映了浅部的地质信息。在南部叶赫—山门一带表现一北东向的重力高，重力值高于北部，一般在(−4～−6)×10^{-5}m/s^2，曲线规律性更强。在剩余重力异常图上，不仅突出了重力高异常也突出了重力低异常，如东侧的重力低异常与北部的重力低对应起来。该重力高异常主要反映了古生代隆起，山门镍矿产于该带中。

在山门镇—石林镇一线，处于重力高向重力低的过渡带上，梯度带走向近东西向，反映了东西向断裂的存在，区内东西向断裂及北东向的深大断裂是本区重要的控岩、控矿构造。

4. 漂河川预测工作区

在1∶50万布格重力异常图上，北东向区域性密集重力梯度带从预测区通过，梯度带向北延出预测区至大山咀子附近，主要反映了敦密断裂的重力场特征。敦密断裂的东侧是敦化重力低异常，走向为北东东，异常面积大约是15×40km^2。在异常范围内有3个局部异常，分别呈北东向和东西向分布，重力值为−56×10^{-5}m/s^2、−56×10^{-5}m/s^2和−54×10^{-5}m/s^2。在敦密断裂西侧分布3个重力异常，分别是二道甸子重力高，漂河川重力高和小南沟重力高。漂河川重力高呈东西向分布，重力值−26×10^{-5}m/s^2，二道甸子，小南沟重力高呈北西向分布，重力值−28×10^{-5}m/s^2。1∶50万剩余重力异常图上，重力异常细节更清晰，如漂河川异常北侧梯度带密集，并有局部异常出现，二道甸子异常近东西向分布。区内的镍矿床或矿点均分布于重力高的边缘或重力梯度带上。

5. 大山咀子预测工作区

在1∶50万区域布格重力异常图上，重力异常呈现两侧偏高，中间低等特点，即在大山咀子一带为1条北东向的重力低，异常带两侧重力值升高。在1∶50万的剩余重力异常图上，该特点更明显。重力低反映了敦密断裂形成的断陷盆地。重力高反映了老地层，隆起北侧的重力高反映了中元古代变质岩及二叠纪地层，而南侧的重力高反映了晚古生代变质岩地层隆起。

6. 六棵松-长仁预测工作区

区内重力场大体分为3部分，北部是1条明显的重力低值带，沿北西向分布，与测区外的东西向重力低异常带连成一体，主要反映了沿深大断裂侵入的构造岩浆岩带。中部是近东西向分布的重力高异常带，重力高北侧呈北西向分布，重力低异常在其边部北西向梯度带密集分布，反映了北西向的深大断裂。重力高异常主要反映了新太古代变质岩的重力场特征。

预测区南部是沿东西向分布的重力低异常，与区外大面积重力低异常相连，反映了海西期和燕山期侵入岩的重力场。从区内重力场梯度走向看，应存在北西向、北东向、东西向3组断裂。

7. 赤柏松-金斗预测工作区

从布格重力异常图上可见，预测区重力场呈两低一高的特征，即南北低中部高。北部的三棵榆树重力低异常走向北北东，两侧梯度带走向北东，强度最低值为−40×10^{-5}m/s^2。南部大泉源异常重力低异常，走向为东西，其南侧梯度带延出测区，强度最低值为−44×10^{-5}m/s^2。南北重力低异常为中生代断陷分地的反映，并且南部面积略大于北部。

预测区中部的重力高异常岩体呈东西向分布，在英额布以东变宽，在平面上呈“人”字形，与西部重力高异常及东部快大茂子-通化重力高异常连成一体，为两重力高的降低部分，强度值为−32×10^{-5}m/s^2。

在区域剩余重力异常图上“人”字形重力高异常显得更突出。重力高反映了隆起带，主要是由龙岗岩群四道砬子河岩组变质岩组成。区内的赤柏松铜镍矿、新安铜镍矿和金斗铜镍矿均处于重力低向重力高过渡的北西向梯度带上。

8. 大肚川-露水河预测工作区

预测区东部重力低异常，与区域上东西向重力低异常为一体。该异常长约 110km、宽 30～35km，异常值(－56～－50)$\times10^{-5}$m/s^2，最低－60$\times10^{-5}$m/s^2。预测区内异常梯度带呈北西向分布。重力低异常带与北西向及近东西向分布的大断裂有关，主要反映了海西期酸性侵入岩体的分布特征。预测区西部是老金厂重力高，平面形态在区内近等轴状，重力值一般(－40～－30)$\times10^{-5}$m/s^2，异常中心部位(－34～－30)$\times10^{-5}$m/s^2，等值线在区内近于环状，向西经红石镇延至区外。老金厂重力高异常反映了太古宙变质基底的隆起。区内东南部有 1 个次一级的重力高，重力值(－46～－42)$\times10^{-5}$m/s^2，走向近东西向与区外重力高相连。

预测区南部有一处明显的重力低异常，呈舌状近南北向分布。异常的最低部位在区内边部，形态近等轴状，最低值(－60～70)$\times10^{-5}$m/s^2，重力低异常附近全部为玄武岩覆盖并有几处火山口分布，推断该重力低为火山有机物引起。

9. 荒沟山-南岔预测工作区

从区域布格重力异常图上可以看出，区内构造线方向受鸭绿江大断裂和本溪-浑江断裂的影响，主要为北东向分布。

区内明显的重力低异常有 3 处，一是红土崖-石人镇重力异常，北东向分布，异常形态两端大，中间细，呈哑铃状。两端的重力值(－52～－50)$\times10^{-5}$m/s^2 和(－60～－50)$\times10^{-5}$m/s^2，北端更低。该异常反映了中生代断陷盆地的重力场特征。二是东侧的青沟里重力低异常，异常范围较小，近东西向分布重力值(－54～－50)$\times10^{-5}$m/s^2，该异常与草山岩体吻合，反映了酸性侵入岩体的重力场特征。值得注意的是，草山岩体与老秃顶子岩体岩性相同，但处于不同的重力场，老秃顶子岩体处于高梯度带上，说明二者在物质成分上有差别。预测区东部的干沟子重力低异常，异常中心在区外闹枝镇附近，区内部分为异常边部梯度带上。异常反映了闹枝中生代断陷盆地。

本区重力异常 2 处，其余为次级重力高或重力高过渡地带。一处重力高异常位于北部，位于通化、大安、六道江重力高异常带上，为通化重力高的次级异常，异常值－36$\times10^{-5}$m/s^2，异常带反映了新元古代、古生代地层局部隆起。

预测区南部重力高异常位于七道沟—临江一带北东向分布。重力值(－40～－30)$\times10^{-5}$m/s^2，最高值－28$\times10^{-5}$m/s^2。异常带反映了新元古代、中元古代地层的重力场特征。本区处于荒沟山多金属成矿带上，区内矿床、矿点密集分布于重力高、重力高梯度带或次级重力高上。

第二节　磁　测

一、技术流程

(一)资料收集整理

2008—2010 年，对 1∶20 万、1∶10 万、1∶5 万航磁测量成果资料及综合研究成果报告的收集整理，基本上满足了开展镍矿预测工作区需要。在开展典型矿床地球物理异常特征研究时，收集了通化赤柏松铜镍矿、磐石红旗岭铜镍矿、通化二密铜矿、珲春小西南岔金铜矿等典型矿床大比例尺磁测、重力、电法的面积性和剖面性物探资料，其中重力大比例尺较少、后两者略多，还收集了这些矿区密度参数、磁参数、电参数等物性资料。

（二）编制预测工作区磁测图件

预测工作区磁测图件比例尺为 1∶5 万。采用北京 54 坐标系，投影方式为高斯-克吕格投影、依标准 6 度分带规定，确定投影分带的中央经线的经度值，吉林省中央经线的经度值有 123 度 00 分、129 度 00 分 2 个，投影原点纬度规定使用地球赤道纬度：00 度 00 分 00 秒。参照《全国矿产资源潜力评价数据模型 空间坐标系统及其参数规定分册》《磁测资料应用技术要求》《磁测资料应用数据模型》。

（三）典型矿床研究

1. 典型矿床选择

为筛选与镍矿产有关的磁异常，配合成矿规律、矿产预测要素研究，对典型矿床所处地质构造环境、重磁场背景和重磁异常特征进行研究。

吉林省镍矿典型矿床成因类型有基性—超基性岩浆熔离-贯入型、沉积变质型。所有典型矿床都应用 1∶10 万、1∶5 万航磁测量成果资料。通化赤柏松铜镍矿、磐石红旗岭铜镍矿还应用了大比例尺磁测、电法、重力的面积性和剖面性物探资料。

2. 典型矿床研究内容

成矿地质作用、成矿构造体系、成矿特征、区域重磁场特征、局部重磁异常特征等。

3. 编制典型矿床系列图

（四）磁异常研究

（1）磁测资料应用工作中，需要拾取局部磁异常，并对局部磁异常进行定性解释，推断其成因，进而分类。

（2）对推断具有找矿意义的地质体或构造引起的磁异常，应进行半定量和定量解释，求取磁性体的埋深和走向。

（3）对矿致磁异常，应进行详细的半定量和定量解释。

（五）预测工作区磁法推断地质构造

（1）确定预测工作区磁法推断地质构造内容。

（2）编制预测工作区磁法推断地质构造图。

（六）建立数据库并提交成果

按一图一库、一说明书、一元数据提交数据库工作成果。

（七）编写磁测地质解释工作报告

按已有资料编写磁测地质解释工作报告。

二、资料应用情况

收集了19份吉林省东部山区、白城西部1∶10万、1∶5万、1∶2.5万航空磁力测量成果报告，吉林省及其西部邻区1∶50万航磁图解释说明书等成果资料。

根据国土资源航空物探遥感中心提供的吉林省2km×2km航磁网格数据和1957—1994年间航空磁测1∶100万、1∶20万、1∶10万、1∶5万、1∶2.5万共计20个测区的航磁剖面数据，分别编制了吉林省航磁ΔT等值线平面图、航磁ΔT化极等值线平面图、航磁ΔT化极垂向一阶导数等值线平面图，预测工作区航磁ΔT等值线平面图、航磁ΔT化极等值线平面图、航磁ΔT化极垂向一阶导数等值线平面图，并编制了不同方向水平导数、上延不同高度等图件。收集了区域性密度参数、磁参数，矿区密度参数、磁参数、电参数等物性资料，典型矿床大比例尺地质、物探资料。结合吉林省相关图幅1∶25万地质矿产图、1∶5万地质矿产图、1∶20万区域重力等区域性成果资料及大比例尺地质矿产图、地质勘探剖面图，开展镍矿预测工作区地质解释和典型矿床研究工作，编制磁法推断地质构造图和典型矿床地质矿产及物探剖析图，为矿产预测提供综合信息。

三、数据处理

（一）数据处理方法技术

（1）矢量化：对搜集的磁测解释结果图件（纸介质图）进行矢量化，形成电子版图件。矢量化采用MapGIS6.7软件。格式为MapGIS6.7软件的点、线、面格式。

（2）网格化：采用具有网格化功能的软件（如RGIS或Surfer软件）完成，网格化方法可以采用最小曲率法或克里格法，网格化间距一般为1/2—1/4测线间距。1∶5万、1∶10万航磁剖面数据均采用最小曲率法网格化，网格间距分别为150m×150m、250m×250m。

（3）位场数据转换处理：根据预测工作区内的岩性体及断裂构造等推断解释需要，进行磁测数据转换处理工作，以便在磁测数据原始场和数据处理图件基础上，结合地质图，编制研究区的岩性及断裂构造图。

采用RGIS软件系统进行磁场数据处理，编制预测工作区航磁ΔT异常等值线平面图、航磁ΔT化极等值线平面图、航磁ΔT化极垂向一阶导数等值线平面图，另外还编制了航磁ΔT化极水平一阶导数（0°、45°、90°、135°方向），航磁ΔT化极上延不同高度处理图件。

化极处理的目的是消除地磁场斜磁化对磁异常造成的位移影响。在化极处理的基础上进行垂向一阶导数处理是为了突出浅部磁性地质体引起的局部异常。水平一阶导数处理是为了突出不同方向的线性异常，确定断裂构造位置。

（二）定量解释方法

对矿致磁异常及与本次矿产研究有关的地质构造异常进行磁法定量解释。

磁法定量解释方法主要采用2.5D拟合法，另外可适当采用特征点法、切线法等方法。

通过人机连作，合理修改模型的磁化强度、磁化倾角、磁化偏角、水平延伸长度及其组合，可以使计算曲线与实测曲线很好地吻合，达到对与矿有关的地质体、地质构造定量解释的目的。

四、磁法推断地质构造特征

(一)典型矿床

1.通化赤柏松铜镍矿床

1)矿床所在区域重磁场特征

1∶25万区域航磁异常显示,赤柏松铜镍矿床位于叠加在正磁异常背景上的北东东走向、规整的椭圆状局部正磁异常上,异常长13.7km、宽7.3km,最大值350nT,异常南东侧梯度陡,北西缓。在航磁异常化极等值线图上处于局部正磁异常南缘北东向梯度带的内侧。在航磁异常化极垂向一阶导数等值线图上处于局部正磁异常边缘。结合1∶25万地质图进行对比分析,区域航磁异常背景正磁异常为中低磁性的新太古代片麻岩的反映,围绕其边部的梯度带与相应河谷位置相当,应有断裂构造存在。局部正磁异常主要由辉绿岩体较高磁性引起。

2)矿床所在地区磁场特征

1∶5万航磁异常显示,赤柏松铜镍矿床处在赤柏松西部以300～340nT为背景圈定的航磁异常区内的北部,吉C-1987-123强磁异常向北东低缓异常过渡部位上,背景异常的东部、东北部及西部共分布着3条线性低磁异常带。大都岭-赤柏松-快大茂子线性低磁异常带走向北东,快大茂子到金斗北侧线性低磁异常带走向北西;大都岭-小赤柏松-金斗线性低磁异常带走向近南北,前2个在地质上对应着2条断裂构造带,后者处于新太古代片麻岩分布区,推断有隐伏的断裂构造带存在,线性低磁异常带两侧的磁异常梯级带反映了断裂构造带的宽度。矿床处的背景异常呈椭圆状,北北东走向,异常长5km,宽2.7km,东侧梯度带陡且走向平直,西侧梯度带陡并有错动显示,走向上发生改变。背景异常区南端及中部分别叠加有吉C-1975-94、吉C-1987-123异常,最大强度分别为580nT、520nT。吉C-1975-94近等轴状,直径约1.2km,南西侧梯度带陡,东侧略缓,向北与吉C-1987-123相连,吉C-1987-123呈似椭圆状,长1.8km,宽1km,最大值出现在该异常的东端,这2个航磁异常均为甲类异常,为已知含铜镍矿的基性岩体引起。航磁异常化极等值线显示,矿床处于吉C-1987-123磁异常北东侧边部,同时是北西走向梯度带和北东走向梯度带交会处,应是断裂构造交会部位,所夹区域为宽缓异常区。航磁异常化极垂向一阶导数等值线图上局部正磁异常更加明显,矿床处于正磁异常向西凹进顶部的零等值线附近,同时也是东北侧菱形局部磁异常之西南尖端处,是已知基性岩体的反映。

3)矿床所在位置地球物理特征

(1)矿区岩(矿)石磁参数特征。

矿区及外围岩(矿)石磁参数详见表5-2-1。赤柏松矿区广泛出露太古宙龙岗岩群地层,中基性岩体(脉)尤为发育。岩石磁性复杂。由表5-2-1可以看出,本区磁铁石英岩磁性最强,磁化率高达32 798×10^{-5}SI,可引起近10 000nT的磁异常。岩石以基性岩、中性岩磁性较强,但中基性岩间磁性差异较小,斜辉橄榄岩、闪长岩、闪长玢岩等磁性较强,磁化率一般(3300～5500)×10^{-5}SI,可以引起1000nT以上的磁异常,其次为橄榄苏长岩、辉长辉绿岩、辉长玢岩、黑色流纹岩、辉长岩等,具有中等磁性,磁化率一般在(1200～2200)×10^{-5}SI之间,可以引起500～1000nT的磁异常。磁性较弱,形成区域背景场的岩性有石英正长斑岩、蚀变细粒辉绿辉长岩、流纹岩、凝灰岩、混合岩、斜长角闪岩等,磁性较弱,一般(260～950)×10^{-5}SI。

表 5-2-1　赤柏松矿区岩(矿)石磁参数统计表

岩石名称	块数	$\kappa/\times10^{-5}$SI		$J_r/\times10^{-3}$A/m		备注
		变化范围	常见值	变化范围	常见值	
磁铁石英岩	4	9299～7163	32 798	1400～19 500	8320	
含磁铁矿角闪岩	5	7540～13 823	10 593	850～5900	2270	
安山岩	17	1483～14 074	8218	640～15 800	2400	
钠长斑岩	18	4046～12 566	7980	380～15 800	2400	
斜辉橄榄岩	9	2262～20 986	5466	1800～6500	1690	1972 年资料
闪长岩	31	1508～10 933	4725	210～11 900	750	
闪长玢岩类	29	679～12 566	3368	170～7000	1000	
橄榄苏长岩	7	1068～4398	2187	450～3400	1150	1972 年资料
辉长辉绿岩	40	0～6535	2011	0～1300	250	
辉长玢岩	3	691～2865	1759	870～6450	2800	
黑色流纹岩	8	1420～2639	1634	210～670	520	部分为 1972 年资料
辉长岩类	32	50～3519	1169	0～540	180	部分为 1972 年资料
石英正长斑岩	11	0～2639	942	0～8050	840	
斜长角闪岩	26	0～3142	892	0～720	80	
蚀变细粒辉绿辉长岩	23	0～3016	842	0～200	50	
混合岩类	30	0～2513	829	0～7800	350	
流纹岩	31	0～2011	402	0～340	60	
凝灰岩	12	25～1005	264	0～3500	600	

(2)矿床所在位置地磁场特征。

矿区最主要的Ⅰ号含矿基性岩体的物探异常如下。

从图 5-2-1 中可以看出，由于区内北北东向中基性岩体(脉)极其发育，区内磁异常显得较为杂乱，但依然有规律可循，可划出岩体边界，异常走向以北北东为主，与中基性岩体(脉)有一定的对应关系。图中几个主要异常编号分别为 C1-1、C2、C7、C11。通过分析得知，C1-1 由Ⅰ号含矿基性岩体引起，基性—超基性岩体由辉绿辉长岩、橄榄苏长辉长岩、二辉橄榄岩组成，二辉橄榄岩为含矿岩石。C2、C7、C11 分别由辉绿辉长岩、辉长玢岩、闪长岩引起。C1-1 和 C2 异常之间，Ⅰ号基性岩体北端有北西向沟谷，应有断裂构造存在。

C1-1 是 C1 异常的北段，C1-2、C1-3 是 C1 的中段和南段，C1 走向北北东，长近 6000m，两端尖灭。宽几十米到百余米，强度一般 500～1000nT，北段 C1-1 较南段 C1-3 高，负值不明显，梯度陡，北段西侧较东侧陡，南段西侧较东侧缓。该异常由辉绿辉长岩(向下基性程度增高)即Ⅰ号含矿基性岩体引起，埋深小，下延大。北段倾向南东，南段倾向北西，后者基性程度较差。

C1-1 北端(矿区)有联剖与激电异常，并与土壤 Cu 异常、Ni、Cr 异常相吻合。

C2 异常位于 C1-1 北部，走向北北东，长 2200m，两端均趋于尖灭，宽一百余米，强度变化大，一般 200～1000nT，反映物性不均匀，梯度大，西侧有负值。由辉绿辉长岩即Ⅱ号岩体引起，埋深小，下延大。倾向北西，南端有 Cu、Cr 单点异常。

C7 异常位于 C1-1 东侧，相距 100m，走向北北东，长 2000m，两端尖灭，宽 20～30m，强度 1000nT

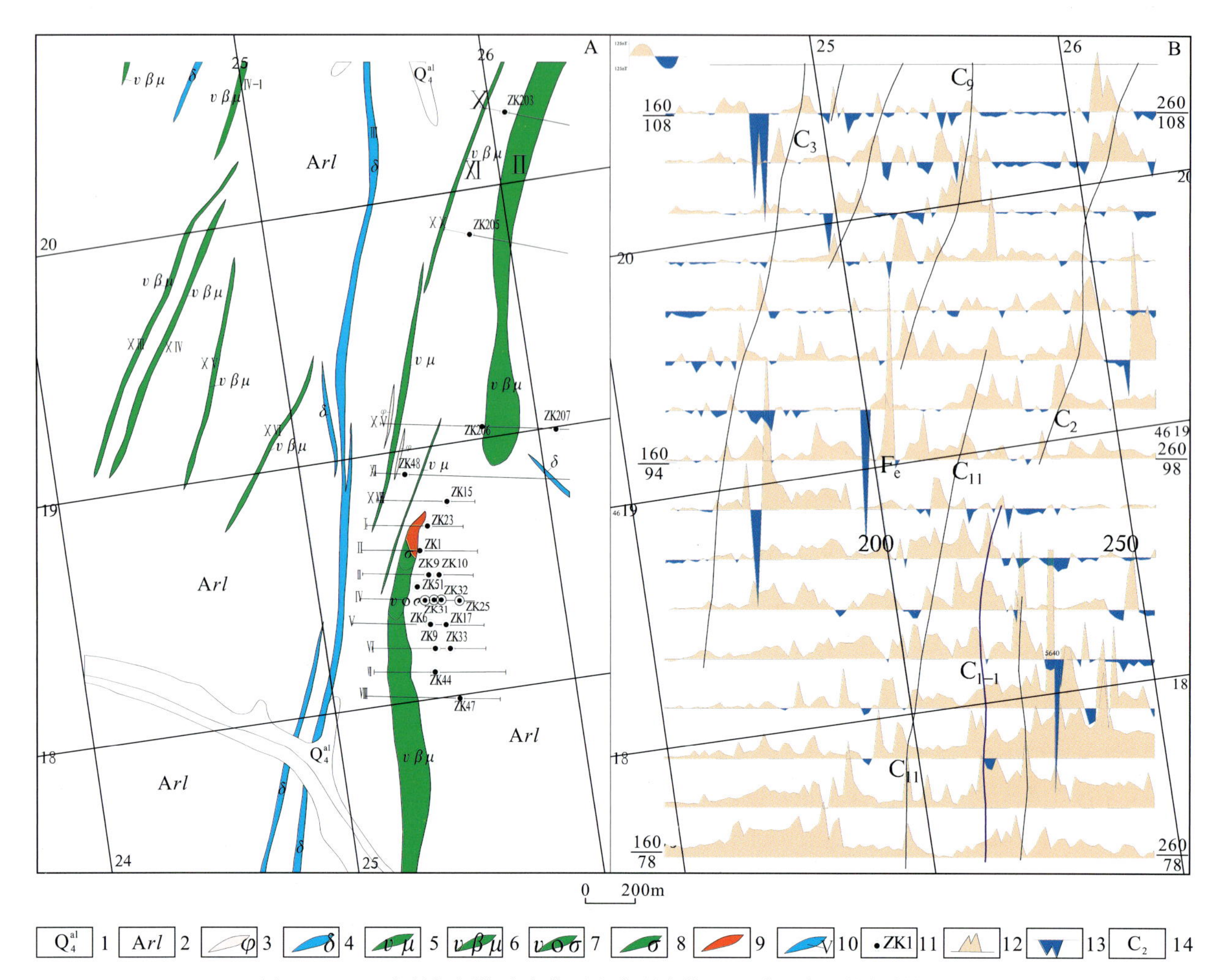

图 5-2-1　赤柏松铜镍矿床典型矿床所在位置地质矿产及物探剖析图

A. 地质矿产图；B. 地磁剖面平面图；1. 全新统一级阶地冲积层；2. 龙岗组混合质片麻岩夹斜长角闪岩；3. 钠长斑岩隔水岩脉；4. 闪长岩；5. 辉长玢岩；6. 辉绿辉长岩；7. 橄榄苏长辉长岩；8. 含长二辉橄榄岩 9. 铜镍矿体；10. 基性岩体及编号；11. 钻孔及编号；12. 地磁正异常；13. 地磁负异常；14. 异常编号

左右，无负值，呈尖峰状，经槽探证实为辉长玢岩引起。

C11 异常位于 C1－1 西侧，相距 100m，走向北东，长 2500m，宽 50m，强度近 1000nT，由闪长岩引起，有工程证实。

2. 磐石县红旗岭铜镍矿床

1）矿床所在区域磁场特征

红旗岭矿田 1∶25 万航磁异常特征不甚明显，处在红旗岭-二道岗北西向高磁异常带的南西侧边缘。化极图上矿田分布在北西向正负磁场间梯级带内。垂向一阶导数正负磁异常分布和结构展现出一定的规律性，红旗岭矿田位于团林-蛟河口-黑石北东向串珠状正磁异常带的北西侧，蛟河口-细林-牛心和五道河-呼兰-驿马 2 条北西向高磁异常带间红旗岭-石咀子北西向负磁异常带的南东段。负磁异常带北西长约 30km，宽约 20km，异常平缓、低弱，最小强度为－50nT。该区正负异常走向，在前述 2 条高磁异常带之间局部磁异常（正、负）走向多为北西向，其外侧则多为近东西向。而且正负异常之间线性零等值线方向随异常走向不同而有所改变，在负异常区内的线性零值线方向多以北西向为主。在 1∶5 万航磁异常图上，各矿段均处于负磁场区上强度较弱的局部相对高异常的边部。

红旗岭矿田重磁局部正负剩余异常之间有密切负相关关系。重力正、负异常与航磁负、正异常相对应。由此指出，引起重磁异常的地质因素有着同源性。经与地质关联，负航磁异常带多半是由古生代变质岩地层所引起，古生代地层是本区基性—超基性岩浆侵入的主要围岩，因此，区内负磁异常(相对重力高异常)显示了该区基性—超基性岩的分布。高磁异常主要由海西期、印支期及燕山期中—酸性花岗岩侵入岩所引起，岩浆活动受北西向、北东向和东西向3组构造控制，北东向岩体产出受区域性团林-蛟河口-黑石深大断裂(敦密断裂)控制；北西向岩体主要沿蛟河口-牛心乡、黑石-烟筒山及五道沟-呼兰-驿马等北西向断裂分布。区域航磁异常特征显示北东向和北西向2组断裂构造交切的块状负磁场区控制了红旗岭硫化铜镍矿田的分布，北东向深大断裂是深源岩浆活动的通道，而北西向断裂是基性—超基性岩的储岩构造。

2)1号、7号含矿岩体物探异常特征

综合物探方法(磁法、重力、激电、自电)应用，对红旗岭1号、7号岩体2个大型硫化铜镍矿床的发现起到了重要作用。

(1)1号含矿岩体。

重、磁方法在1号含矿岩体上均有明显异常反映。剩余异常等值线以零值线圈闭的异常范围、形态与岩体相一致，反映了二者内在的相关性。地面磁测以200nT等值线圈定的高磁异常亦与岩体形态、范围相吻合，异常呈北西向椭圆形，强度由北向南逐渐升高，最高达800～1000nT，磁异常强度变化与岩体岩相变化具有一定的相关性，随岩性基性程度增大而升高。200～600nT异常范围与岩体辉长岩相分布一致，600～800nT异常范围与辉石岩相大体吻合，>800nT异常范围与橄榄岩相相对应。由此可见，地面大比例尺磁测除能发现和圈定具有一定规模的岩体外，对其岩相划分也有一定的效果。

在1号岩体上，激电中梯、视电阻率联合剖面及自然电位结构取得了一定的找矿效果(图5-2-2)。激电中梯η_s曲线在1号岩体上出现明显高值异常反映，强度一般在5%～10%，最高可达38%。异常形态在岩体变窄处呈现单峰状而在变宽处则出现"鞍型"异常(即在岩体边缘叠加有局部在10%～20%强度的高峰状异常)，而岩体围岩η_s曲线平稳低缓，强度仅2%～3%。分析认为，岩体与围岩电化学活动性的差异主要为岩体电子导体含量相对围岩增高所引起，异常与岩体普遍磁黄铁矿化关系更为密切。岩体南端和其西侧边缘高峰状异常多与硫化铜镍矿体赋存部位相一致，推断异常是由矿体引起的。此外，自然电位测量在岩体南端出露的氧化矿体上产生强度达－400mV的自电异常，异常机制无疑与硫化铜镍矿化强度高和氧化还原界面潜(潜水面)有关。总之，岩体金属硫化物富集是引起激电和自电异常的主导因素，因此，激电和自电异常对评价1号岩体的含矿性起到了一定的作用。

(2)7号含矿岩体。

7号岩体硫化铜镍矿床是深熔分异出的富含铜镍熔浆直接贯入形成的"满罐式"单一矿体，其大比例尺综合物探方法异常特征要比1号岩体就地熔离分异成因矿床异常更为直观、简单、明显，剖面上的磁异常(ΔZ)、激电异常(η_s)、视电阻率异常(ρ_s)和自然电位异常(V)均直接由含矿岩体(矿体)所引起。因此，两高(ΔZ、η_s)和两低(ρ_s、V)异常组合成为该成因类型矿床的找矿标志。在矿区采用快速、简捷的地面磁测和自然电位常规方法有效地圈定和评价了7号含矿岩体的空间分布(图5-2-3)。地面磁法与300nT等值线圈闭的异常和自然电场法的－10mV电位等值线圈闭异常范围和形态基本重合，并且与7号含矿岩体水平地面投影形态、范围相吻合。磁、电异常引起机制主要与岩体富含磁黄铁矿、镍黄铁矿、黄铜矿等金属硫化物有关。由此看出，对于圈定浅埋深的"满罐式"矿化岩体，采用简捷、轻便的常规经典老式物探手段(磁法、自电)便可取得满意的地质效果。

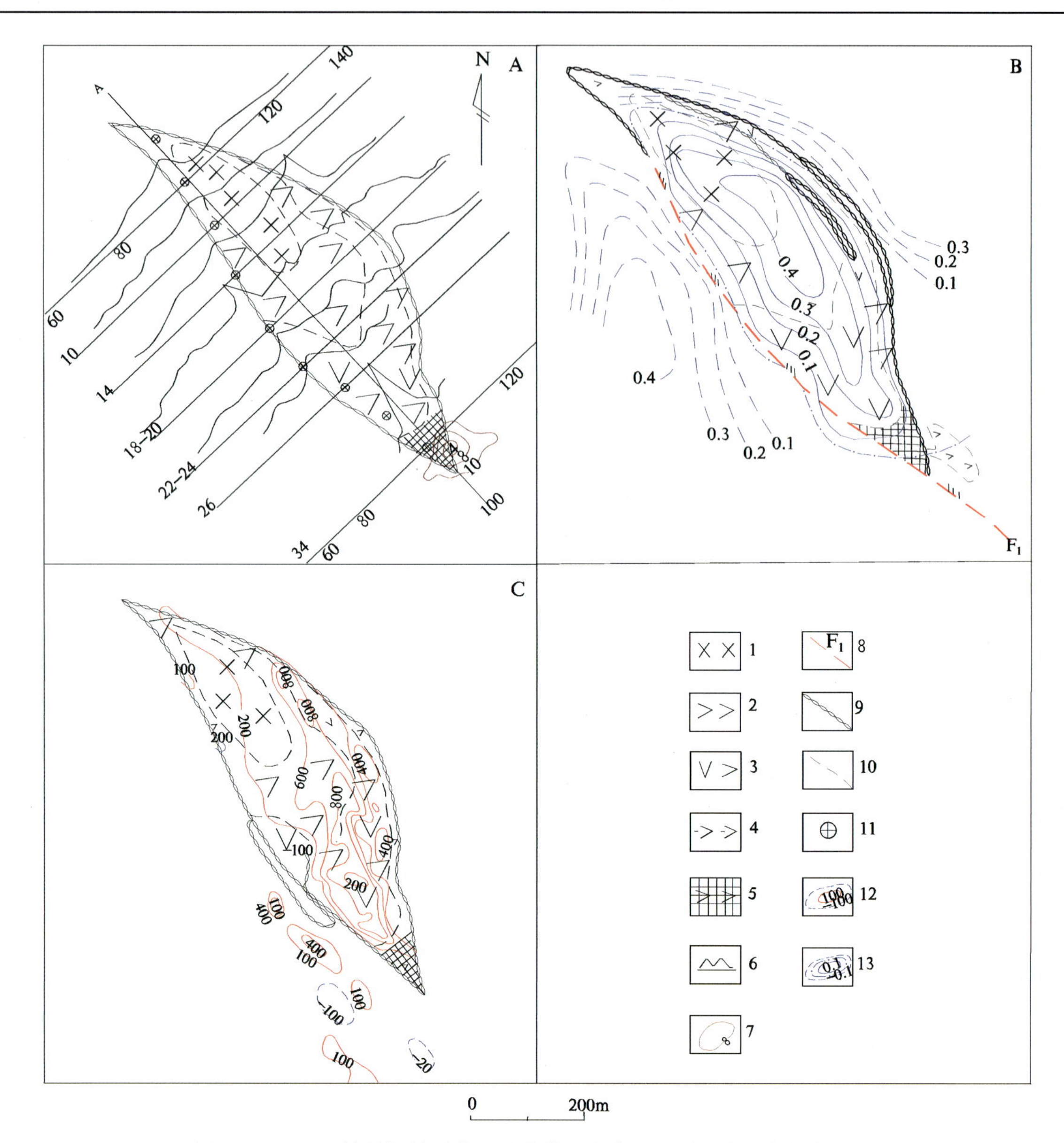

图 5-2-2　红旗岭铜镍矿床 1 号岩体所在位置地质矿产及物探剖析图

A. 激电自电综合平面图;B. 剩余 Δg 异常平面图;C. 磁法综合平面图

1.辉长岩;2.辉石岩;3.辉石橄榄岩;4.橄榄岩;5.工业矿体;6.激电视极化率曲线(1cm=10%);7.自然电位等值线(mV);8.断层及编号;9.构造破碎带;10.推断岩相界线;11;联剖视电阻率正交点 12.磁法 ΔZ 正、负异常曲线(nT);13.剩余 Δg 异常等值线正、负、零值线

(二)预测工作区

1. 红旗岭预测工作区

1)磁场特征

预测区位于吉黑褶皱系呼兰背斜东南部,基性—超基性岩体侵位于早古生代呼兰(岩)群变质岩中,岩性主要是变粒岩与大理岩互层夹斜长角闪岩,大理岩夹变粒岩,以及晚古生代二叠纪板岩、砂岩、凝灰岩等,岩体受挥发河深断裂带次级、北西向断裂控制。

预测区磁场处于变化磁场的过渡带上。在 1∶50 万区域航磁图上,预测区处于磐石-呼兰东西向高

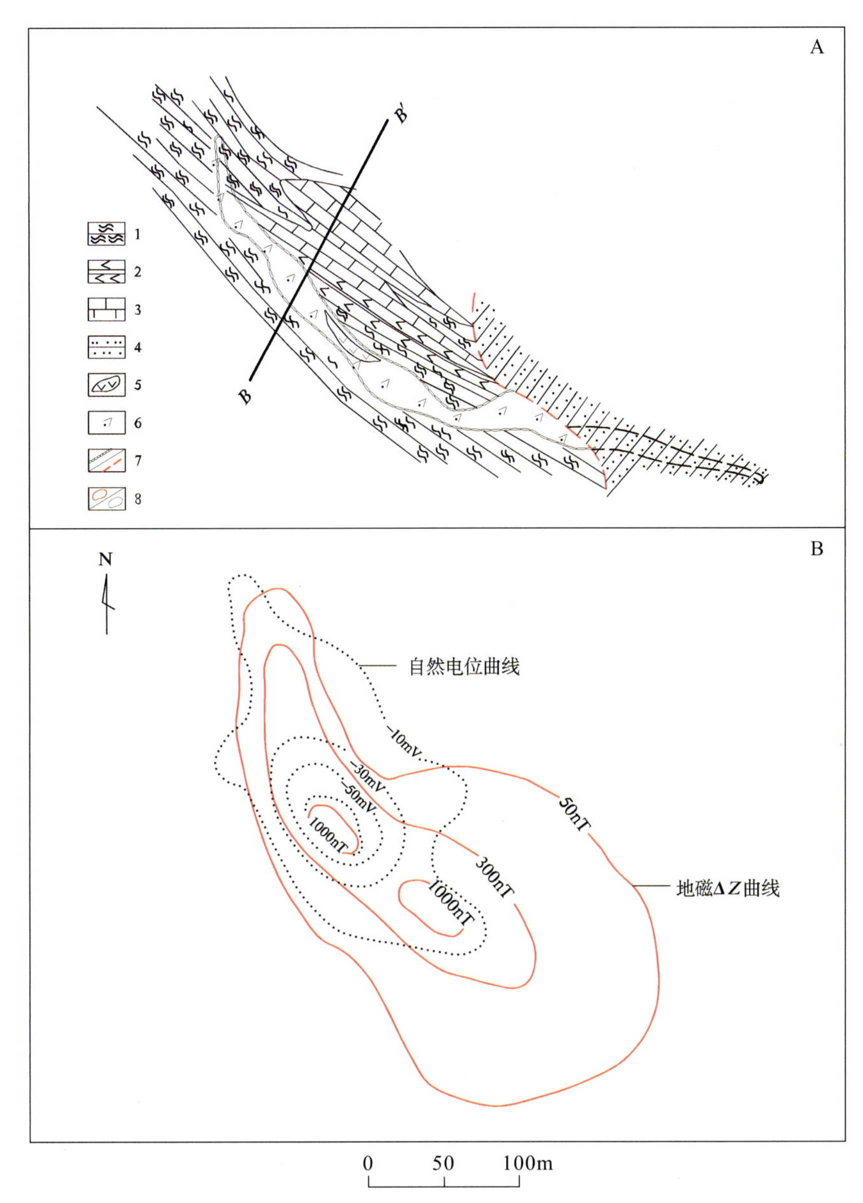

图 5-2-3 红旗岭铜镍矿床 7 号岩体物探综合图

A. 7 号含矿岩体地质图；B. 地磁 ΔZ 曲线/自然电位异常等值线图

1. 黑云母片麻岩；2. 角闪片岩；3. 大理岩；4. 砂砾岩；5. 橄榄岩脉；6. 斜方辉岩；7. 构造破碎带/断层；8. 地磁 ΔZ 异常/自然电位异常等值线

值异常带的南部，一座营-黑石东西向负异常带上，该异常带在黑石镇附近转为北东向，异常带磁场强度在－50～－100nT 之间。

在 1∶5 万航磁化极图上，预测区磁场呈现 2 种不同的形态。在东胜村、兴隆村、朝阳村、呼兰河口、育氏屯一线以北，磁场以北西向条带状分布的低缓异常为主，异常正负相向，反映了区内北部构造线方向为北西向。在大片负磁场中，自北石河子—东村、茶尖岭—都力河村一带，磁场呈现一种升高的势态，磁场强度在 0～－100nT 之间，红旗岭基性—超基性岩体群分布于该负异常带中，岩体群在航磁图上无明显反映。岩体群侵入于早古生代变质岩中，磁场的变化大体上反映古生代变质岩。这一点从重力图上也能看出来，在区域布格重力图上，对应该负磁场的是 1 个东西向重力高。

预测区南部，除平静负磁场外，是 1 条宽 6～8km 的北东向强磁异常带，局部异常呈条带状强度高，两侧有负值，强度最高在 1000nT 以上。该带是位于预测区南部辉发河深大断裂的一部分，沿断裂带分布中生代中性火山岩带。

2)推断断裂

(1)F_5 位于预测区中部，沿呼兰河口、田家屯、务本屯、长水村一线北西向延伸，断裂沿梯度带及磁场低值带展布，向北延伸，预测区内长 29km。断裂北东侧是中侏罗世二长花岗岩分布区，南西一侧出露早古生代变质岩，沿断裂有中侏罗世正长花岗岩分布。

(2)F_3 位于预测区西部，沿北崴子、福安屯、十里村、自由屯一线呈北西向沿梯度带、异常低值带展布，长 27km。断裂两侧是茶尖岭岩体群和红旗岭岩体群。该断裂为区内控岩控矿构造。

(3)F_{12} 位于预测区南部，沿红星村、三道岔一线北东向延伸，区内长约 41km，断裂南东侧异常带是太古宙变质岩英云角闪质片麻岩的反映，北西侧大片负磁场区是中生代沉积岩。断裂是辉发河深断裂在区内的部分，它控制了本区基性、中酸性侵入岩体及喷出岩的分布。

(4)F_{10} 位于 F_{12} 的北部，沿新民村、复兴村、朝阳村一线北东向延伸，长约 38km。断裂南东侧是 1 条北东向的强磁异常带，和异常带对应的重力场是 1 条重力低的异常带。在异常带上分布早白垩世金家屯组的安山岩、安山质集块岩、流纹岩、凝灰质砂岩等火山沉积岩；安民组的安山岩、砂砾岩等。断裂北西侧相对平静磁场主要反映了古生代及侏罗纪侵入岩体。该断裂是辉发河大断裂的一部分。

本区共推断 13 条断裂，其中北西向 9 条，北东向 4 条。

3)侵入岩

(1)基性—超基性岩。

红旗岭岩体群属于印支期侵入岩体，由辉长岩、橄榄岩组成，分布于红旗岭、茶尖岭及三道岗一带。红旗岭基性—超基性岩带可进一步划分为 3 个亚带。

Ⅰ亚带：在茶尖岭一带，共有 9 个岩体，多数侵入二叠系，在斜方辉橄榄岩、橄榄角闪辉石岩、角闪岩中赋存有铜镍矿体。在 1 号、6 号、10 号岩体中赋存小型铜镍矿。

Ⅱ亚带：由黑石镇经红旗岭镇至三道岗一带，带内有基性—超基性岩体约 16 个，均侵入于呼兰(岩)群变质岩中，其中红旗岭 1 号、7 号超基性岩体赋存大型铜镍矿床。红旗岭 2 号、3 号、9 号、32 号和三道岗岩体赋存小型矿床。

Ⅲ亚带：在东村北孤顶子一带，带内有变质基性—超基性岩体约 10 个。岩体侵入呼兰(岩)群变质岩中，大多受变质、变形作用呈变辉长岩、变质角闪石岩、变辉橄榄岩。该岩体一般基性程度略低，分异差，矿化少，仅在个别岩体中见有铜镍矿化。

从本区基性—超基性岩体磁法异常显示情况看，航磁反映不佳，岩体上无异常显示。但地面磁法，异常反映较好，如磐石县 503 地区(茶尖岭一带)Ⅵ号岩体上，有明显的磁异常，强度 600nT 左右，呈带状，走向北西 25°，异常规律性强。并且激电、化探次生晕 Ni 异常显示为含矿岩体。另Ⅲ、Ⅴ、Ⅹ、Ⅷ等都有很好磁异常显示，但Ⅰ号岩体反映不佳。对于多个岩体地面磁法有异常反映，说明利用地面磁法寻找基性—超基性岩为有利方法。

(2)中酸性侵入岩。

中侏罗世花岗闪长岩：在红旗岭镇北部及东西两侧长岗村、二道岗、北孤顶一带侵入二叠系。岩体上背景场在 0～150nT 之间。

中侏罗世二长花岗岩：在呼兰镇、务本屯、富贵屯一带出露，岩体受北西向构造控制。岩体上磁场背景在 0～150nT 之间。

4)火山岩

(1)中生代火山岩。

沿辉发河大断裂分布的中生代火山岩主要是早白垩世金家屯组安山岩、安山质集块岩、流纹岩、凝灰质砂岩等。该火山岩磁性很强，自王家炉—永安屯一带，形成1条东向的强磁异常带，异常变化大，火山岩特征明显。

(2)新生代玄武岩。

在预测区东部，曹家甸、羊桦树附近分布，面积不大。

2. 双凤山预测工作区

1)磁场特征

预测区位于天山-阴山构造岩浆带，辉发河-古洞河北侧构造岩群亚带。区内古生代、中生代中酸性侵入岩大面积分布，形成平稳负磁场及局部异常。

区内基性—超基性岩发育，成群出现(双凤山岩群)，多受北西向和东西向构造控制。如吉C-72-59占多村异常东西分布，是中性及基性岩体的综合反映。预测区南部的吉C-72-61、吉C-72-64和吉C-72-60异常呈北西向分布，均属基性岩异常，并且强度较高，最高强度在1000nT左右。基性岩的磁性强弱不一，如吉C-72-44-1的双凤山基性岩体和吉C-72-44的朝阳村基性岩体，最高强度只有160nT左右，但异常仍然很清晰。而一些异常，经地面查证定性为古老变质基性岩，如C-72-60-2的中心村异常、吉C-72-64的韩家店村异常、吉C-72-68马屁股山异常，磁场都很强，可能原岩磁性较强，其后期作用进一步增强了岩体的磁性。

2)推断断裂

本区构造线方向主要为近东西向及北西向，反映出近东西向和北西向2组断裂构造发育。

(1)F_1位于预测区北部，沿普安、兴华乡、长兴村一线北西向分布，区内长19.1km。断裂南侧是1条北西向的平稳负异常带，北侧是波动的磁场。F_1和F_4所夹北西向负异常是辉南-伊通断裂的反映，该带与区域布格重力图上的北西向重力低异常带大体吻合。断裂带两侧均有基性—超基性岩分布，南侧有后明新岩体、双凤山岩体和朝阳村岩体，北侧有新兴岩体和占多村岩体，该断裂是区内主要控制断裂。

(2)F_3位于预测区北部，沿东西向的占多村异常带南侧梯度带延伸，区内长13.7km。该断裂控制了占多岩体的分布。

区内共推断断裂5条，其中，北西向2条，近东西向3条。

3)侵入岩

(1)基性—超基性岩。

双凤山岩体由辉长岩、橄榄辉长岩、苏长岩、橄榄岩组成，岩体矿化普遍，主要有磁黄铁矿、黄铁矿、个别镍黄铁矿。Co含量一般较高，普遍0.02%，最高0.085%；Ni一般0.06%。最高0.22%。岩石基性程度较高者矿化强。

区内基性—超基性岩沿北西向断裂分布，在航磁图上都有异常显示，但不同的岩体磁场强度相差较大，区内共圈出基性岩体4个、超基性岩体2个、变质基性岩体4个。

(2)中酸性侵入岩。

本区中酸性侵入岩大面积分布，主要是海西期和燕山期侵入体，但大部分以平稳负背景场出现，只局部有异常反映。海西期花岗岩主要分布在中部和北部，共有5处，燕山期花岗岩分布在南部，共有3处。

4)区内航磁异常

(1)吉C-72-44-1。

吉C-72-44-1位于预测区中部，唐家堡子—双凤山一带，平面形态呈带状，北西向分布，北侧梯度陡，南侧缓，异常长3km，宽0.7km，极大值300nT，属于低缓异常。异常与双凤山岩体吻合。该岩体岩石类型主要为辉长岩、橄榄辉长岩、辉长苏长岩、苏长岩、次闪石化斜长橄榄岩等，岩体矿化现象普遍，基性—超基性岩中皆有硫化物，主要为磁黄铁矿，少量黄铁矿和黄铜矿，个别见钴镍矿物或镍黄铁矿，一般含 Ni 0.06%左右，个别高达 0.22%。异常由基性岩引起。

(2)吉 C－72－59。

吉 C－72－59 位于预测区北部，三个顶子—占多村一带，带状分布，全长约 17km，宽 1.7～2km，异常梯度陡，强度高，一般强度 600～800nT，最高 1200nT。异常查证见黑云母闪长岩、辉长闪长岩、辉长岩、含长二辉岩。蚀变见绿泥石化和次闪石化，矿化多为磁铁矿化、黄铁矿化、少量的黄铜矿化。异常由中基性岩体引起。

另外，在吉 C－70－59 异常的西端，小背山—新兴屯一带，航磁异常变得低缓，从平面等值线图上看，该异常变得低缓，与大异常不连续。经钻探验证见辉长岩和含长二辉岩(新兴基性岩体)，矿化一般只见黄铁矿、黄铜矿和少量磁铁矿，Cu、Co、Ni 含量均不高。

区内除以上 2 个异常外，还有吉 C－72－44(泉眼)、吉 C－72－59－3(鸡场)、吉 C－72－60(后明新)、吉 C－72－60－2(中心村)、吉 C－72－64(静安村)、吉 C－72－61(高杨树)、吉 C－72－68(马屁股山)等异常经验证，由基性或超基性岩引起。

5)区内岩体分布与成矿

区内基性—超基性岩出露较多，且按一定的规律成带分布，可分为以下 3 个岩带。

(1)新兴屯-金家岗岩带。

新兴屯、金家岗、占多村一线东西向分布，与航磁异常吉 C－72－59 方向一致，岩性以基性岩为主，岩体矿化现象不强烈。

(2)双凤山-朝阳堡岩带。

沿明新村、双凤山、泉眼、朝阳堡一线北西向分布，岩体岩性以超基性岩为主，岩体蚀变矿化较好，Ni 含量一般 0.06%，最高 0.22%，磁异常与岩体对应较好，但磁性较低，属低缓异常。

(3)中心村-马屁股山岩带。

沿中心村—静安村、高杨树、马屁股山一线北西向分布，岩体以古老变质基性岩为主，岩体磁性强，异常多为高值异常。

3. 川连沟-二道岭子预测工作区

1)磁场特征

预测区位于大黑山条垒南部，区内岩体呈北东向展布，主要为多期次侵入的中酸性岩引起的磁异常，局部基性—超基性岩和古生代中—基性火山沉积变质岩引起的磁异常。

区内中酸性侵入岩十分发育，往往为多次侵入的复式岩体。故岩体反映的磁性较复杂，表现为多个岩体磁场的叠加。形成了强弱不等的几个异常带。

(1)在南部泉眼沟、解放村、靠道子村一带，侵入岩以中侏罗世闪长岩为主，磁场北东向的强异常带，一般强度 300～400nT，最高 700nT 以上。

(2)在李家房、何家村、杨家窑、孟家岭镇一带，北东向的弱异常带，一般强度－40～80nT。异常带南部侏罗纪二长花岗岩和三叠纪二长花岗岩，北部是石炭纪磨盘山组灰岩。

(3)北部异常带在前乌拉脚沟—拉腰子村及潘家沟村一带，3 处异常最高值达 700nT。异常呈北东向和东西向分布。异常主要反映了侏罗纪的闪长岩体。

(4)火山岩形成的局部强异常，如四平市西部的条子河异常。老城村异常、大河东异常及连川沟异常，异常均受北东向构造控制。

2)推断断裂

(1)F_3 位于预测区东部，沿吴家屯、卧龙屯、孟家岭、北赵家沟一线，北东向线性梯度带延伸，两端延出测区，测区内长 55.8km。断裂北西侧连续的异常带是由不同期次的中酸性侵入岩引起的，南东侧平稳的负异常带与巨厚的中新生代陆源粗碎屑岩有关。该断裂即伊通-舒兰岩石圈断裂在区内的一部分，是区内主干断裂，控制了该区岩浆活动和矿产分布。

(2)F_{14} 位于预测区南部，沿崔家屯、高家店、古洞村一线，北东向线性梯度带分布，长 15.5km。北西侧连续的正磁场，异常带状分布和侏罗纪闪长岩有关，南东侧磁场正负变化较大。一般在－100～100nT 之间可见两侧磁场明显不同，沿断裂有脉岩及银矿点分布，该断裂为大断裂的次级断裂。

(3)F_1 位于预测区北西侧，沿东仙马泉、小泉眼沟、靠山屯村、孙家屯村、尹家油房一线，北东向线性梯度带分布长约 22km。断裂处于白垩系泉头组中，南东侧正异常带推测与隐伏的中酸性侵入岩有关。两侧正负变化的磁场为中生代沉积盆地。区内大顶山铜铅锌多金属矿床于断裂一侧。

(4)F_{11} 位于预测区南部三门莫家附近，近东西向沿梯度带分布，长约 4.8km。断裂处于寒武纪西保安(岩)组变质岩中，沿断裂有燕山期流纹岩分布。区内山门镍矿分布于该断裂北侧。东西向断裂是区内主要的控矿构造。

本区推断断裂 14 条，其中北东向 11 条，东西向 3 条。

3)侵入岩

(1)基性—超基性岩。

加里东期侵入岩：黑云母化含磷角闪岩出现在山门镍矿区，呈岩床状侵入角闪斜长片麻岩中，走向近东西。辉长岩侵入角闪斜长片麻岩中，分布于三门莫家附近，岩体规模较小，含磷灰石，不含金属硫化物。

海西早期侵入岩：岩体规模均较小，呈岩床、岩株状沿龙王背斜两翼和依兰-伊通地垄西北侧成群分布，受东西向和北西向次级断裂控制。海西期基性—超基性岩为区内主要含矿岩体，以 8 号岩体含矿性最好，蚀变较强，含硫化镍高(Ni 含量 0.3%～1%)。岩体与航磁异常具有对应关系，如吉 C-89-26-7、吉 C-89-27 航磁异常，均由含矿基性—超基性岩体引起。除 2 处已知异常处，根据异常形态圈出基性—超基性岩体 7 处。分别分布于东西向及北东向的断裂带上。

(2)中酸性侵入岩。

预测区内中酸性侵入岩很发育，主要分布在条垒内，从加里东期至燕山期均有出露。由于岩浆的多次侵位，岩体反映的磁场较复杂，表现为多个岩体磁性叠加的磁场，在岩体磁性相近时很难圈出单个岩体。强磁性岩体，如闪长岩易于圈出，区内只圈出了闪长岩 14 处，其中 2 处为隐伏岩体，即四平岩体和推腰子岩体，2 处黑云母二长花岗岩体。

4)火山岩

区内火山岩分布不广，只有少量的中生代安山岩和新生代玄武岩，根据磁场特征圈定出安山岩 3 处，玄武岩 6 处。

5)航磁异常

(1)吉 C-89-26。

平稳背景场的低缓异常，走向东西，长 1.5km，宽 0.7km，强度 160nT。异常处于西保安(岩)组黑云斜长片麻岩中，中部为辉石角闪岩、角闪岩体，岩体内赋存山门镍矿。异常由含镍矿基性岩体引起。

(2)吉 C-89-27。

平稳背景场上低缓异常，走向东西，东端转为北西向。东西向长 1.2km，北东向长 1.5km，强度 340nT。异常处于东西向和北东向构造交会处，西保安(岩)组黑云斜长片麻岩中。沿北东向断裂分布有辉石岩、角闪岩小基性岩体，异常主要由基性岩引起。

(3)吉 C-89-21。

住于龙王屯南 1km 处。正负交替背景场上升高的强磁异常带，走向近东西，长 3.5km，宽 0.8km，西弱东强，形态不一，西端强度约 350nT，东端最高值 720nT。异常区内出露西保安(岩)组变质岩，近东西向断裂发育，西部有辉石闪长岩小岩体与异常吻合。推断异常由基性岩引起。

4. 漂河川预测工作区

1）磁场特征

在化极航磁图(1∶5万)上，预测区东部八道河子、大暖木条子、三道漂河川以东地区，磁场平稳以负磁场为主，磁场强度－200～－100nT，最低在－300nT左右。幸福山—东北岔一带的负异常带大体呈北西向分布，磁场强度－300～340nT。大面积的负异常带还有几处，多与中酸性侵入岩有关，在漂河川附近寒上村和新立屯附近有2处明显的异常，寒上树村东西向分布的长条状、强度200nT以上异常由闪长玢岩引起。新立屯异常呈等轴状，异常强度与前者相当，推测与中性岩有关。漂河川基性—超基性岩带处在漂河川东西向的断裂带上，漂河川东西两侧，有数条基性岩呈脉状分布，但在航磁图上无异常反映。区内大面积分布的古生代变质岩磁场高于中酸性侵入岩磁场，强度一般在－200～0nT之间，预测区西部由玄武岩大面积覆盖，磁场与西部不同，磁场正负相变化很大，异常最强的在金岗村—青沟子村一带，最高强度达800nT。

2）推断断裂

(1)F_1 位于预测区中部，沿北东向线性梯度带延伸，两端均延出测区，区内长59km。断裂两侧磁场较平稳，主要为中生代侵入岩体及古生代变质岩分布区，东侧磁场波动大，为大面积玄武岩覆盖区。断裂与重力推断的断裂吻合，重力场为1条北东向的线性梯度带。该断裂为敦密深大断裂，控制了两侧多期次的岩浆活动及火山岩的分布。

(2)F_4 位于预测区东部，在大兴川村北、香水村、大兴村、友好村一线北东向延伸，区内长约24km。断裂处于磁场梯度带上，两侧的磁场明显不同，该断裂为敦密断裂的次级断裂。

(3)F_7 位于测区中部漂河川、寒上村一线，东西向沿梯度带分布，长16.5km。断裂处于古生代变质岩中，印支期基性—超基性岩体多沿此断裂侵入，断裂的北侧是中生代中酸性侵入岩，该断裂是本区重要的控岩、控矿构造。

本区共推断断裂9条，其中北东向、东西向各4条，北西向1条。

3）侵入岩

(1)基性—超基性岩。

本区基性岩分布较广，成群出现，主要基性岩为角闪辉长岩及其变种，与基性岩体伴生的超基性岩为含长辉石岩及其变种，构成了基性—超基性杂岩体，呈小型侵入体，其中一些岩体铜镍矿化良好，主要在蛇岭沟村、寒上村、漂河川呈东西向分布。

基性岩磁性很不均匀。据测得的物探资料，在174块标本中有126块标本无磁性，有磁性的基性岩 κ 最大值为 $3460\times4\pi\times10^{-6}$SI，$\kappa$ 平均值为 $890\times4\pi\times10^{-6}$SI，$J_r$ 极大值为 2850×10^{-3}A/m，J_r 平均值为 700×10^{-3}A/m。

1∶1万的地面磁法测量，异常清晰并与基性岩体吻合很好。如4号岩体上的C10异常呈高值尖峰状凸起于正常场上，极大值为3600nT，极小值为－510nT，长约300m，东窄西宽，北西走向，异常梯度大，与矿体位置非常吻合。经异常验证，由基性岩引起的磁异常有C2、C5、C6、C7、C8、C9、C10、C12、C14、C18、C20等，1∶1万航磁图上共显示12处基性岩体。除C10异常为4号基性岩体外，C8的东端、C9的东南端发现有Ni次生晕异常或铜镍矿。

(2)中酸性侵入岩。

海西期二长花岗岩：在预测区东部十八道沟村、江源镇、兴农村一带，磁场强度0～100nT，磁场波动不大，并有局部异常分布。

燕山期中酸性侵入岩：早期花岗闪长岩在预测区北部火烧咀子—琵河村一带，磁场强度0～150nT，磁场平稳，波动不大。晚期闪长玢岩有2处，分布在寒上村、新立屯一带，异常呈东西向带状和等轴状，异常最高强度 200nT 以上，两岩体沿东西向断裂分布。

4)火山岩

本区玄武岩在东部大面积覆盖，磁场特点是异常正负相间，异常呈北东向或东西向分布，局部异常强度高、梯度陡，磁场波动很大。西部玄武岩零星分布，异常较明显。

5.大山咀子预测工作区

1)磁场特征

区内玄武岩大面积覆盖，主要是船底山组玄武岩和军舰山组玄武岩。玄武岩磁场特征明显，主要是正负跳跃的杂乱磁场，局部异常方向变化大，规律性较差，并且负值大于正值，负异常强度一般－400～－300nT，最低值－700～－600nT，而正异常一般 100～300nT，最大值 300～500nT。

敦密断裂在预测区中部通过，该断裂控制了侵入岩及火山岩的分布，因处于玄武岩覆盖区，受玄武岩磁场的影响，断裂反映不够清晰。

预测区南部柳木桥村、东兴村、石门子一带，磁场变化平稳，主要以负磁场为主，对应海西期花岗闪长岩出露区，反映了花岗闪长岩的磁场特征；预测区北部靠山村、道口村、红旗村一带，磁场平稳波动不大，反映了中新统土门子组的磁场特征。

预测区东北部塔拉占村附近，磁场升高，异常走向呈北东向，如 C－78－17 号异常强度 700nT，C－78－19 号异常强度 960nT，而 C－60－34 号异常强度达 1800nT。异常出现在花岗闪长岩中或花岗岩与老地层接触带上，与隐伏的强磁性地质体有关。

2)推断断裂

根据本区磁场分布特征，结合区域重力图在区内确定 3 条断裂。

(1)F_1 位于预测区北部，自插鱼河村、西仁和村、西江家村一线北东向延伸，长 26.5km。断裂沿正负磁异常梯度带展布，并处于重力梯度带上，该断裂应为敦密断裂带上的次级断裂。

(2)F_2 位于预测区中部，自口前村、文明屯、荒沟屯、小沟村一线北东向延伸，区内长 42km。断裂沿正负磁异常梯度带展布，处于北东向重力低异常带上，该断裂为敦密断裂带上的主断裂。

(3)F_3 位于 F_2 的南侧，自老虎洞村、石塘村、林胜村一线延伸，长 27km，沿磁异常梯度带展布，该断裂为敦密断裂带上的次级断裂。

3)侵入岩

区内圈定侵入岩 3 处，其中北部 2 处，南部 1 处。

(1)晚古生代泥盆纪三道荒沟黑云母花岗闪长岩：位于预测区北部塔拉占村以东，在预测区外呈大面积分布。区内岩体上磁场升高，在重力图上岩体处于重力高的边部，局部异常在 700～900nT 之间，可能与后期隐伏侵入体有关。

(2)小浦紫河黑云母花岗闪长岩：位于预测区南部，柳木桥村、东兴村、石门子一带，岩体上磁场平稳，以负值为主，与玄武岩覆盖区磁场明显不同。重力为一局部重力低异常，在剩余重力图上这一特点表现也很明显。

(3)侏罗纪十八道沟岩体：岩性为中细粒二长花岗岩，位于预测区北部猴石一带，磁场强度一般 100～300nT，局部异常呈北东向分布。岩体出现在重力高的边部。

4)火山岩

(1)火山岩。

区内火山岩主要是船底山组玄武岩和军舰山组玄武岩，磁场特征十分明显。正负跳跃变化大，与其他地质体磁场明显不同。根据磁场特征圈出的玄武岩与地质图上玄武岩分布范围基本吻合。

(2)火山口的圈定。

火山口的特征很明显，一般是中心正异常，四周为明显的负异常，或中心为负，四周为正或强异常的北侧为明显的负异常。本区圈出火山口3处，1处在预测区东南部，为中心正、四周负；1处在北部老营沟附近，即吉C-60-35号航磁异常；1处在烧锅村附近。

5）航磁异常

区内航磁异常分布于东北部，如吉C-60-34、吉C-78-19-1等，主要和铁矿有关，区内尚未发现与基性岩有关的编号异常，而在大面积的玄武岩盖层下可能有基性岩体分布。在预测西北部靠山村附近，发现1处未编号异常，异常形态较好，周围未见玄武岩，附近出露二叠系，推测异常可能由基性岩引起。

6.六棵松-长仁预测工作区

1）磁场特征

预测区处于吉黑褶皱系南缘。岩体围岩为青龙村（岩）群变质系，古洞河深断裂带的次级北西向断裂控制岩体的分布。

区内异常走向以北西向为主，其次为东西向，且磁场正负变化较大。在甲山村、鸡南村、兴隆村一带，呈北西向分布的异常带与和龙一带的新太古代变质岩有关，一些夹有磁铁矿层的片岩和片麻岩，呈强度很大的尖峰状起伏磁场，一般200～700nT，最高在1000nT以上，如吉C-60-159最大值为1500nT，和龙以东的茌田、长财村、元洞、新德村一带，为1条北西向分布的异常带，强度一般200～500nT，局部异常可达700～1000nT。异常带为晚二叠世花岗闪长岩引起，其中一些高值异常多由基性岩引起，如吉C-60-170异常最高值1000nT。

预测区北部，文化村、长仁村、孟山北洞新兴屯一带出露不同时期的侵入岩，由东向西分布有早侏罗世花岗闪长岩、早寒武世片麻状花岗闪长岩、早二叠世—晚二叠世花岗闪长岩，不同时期的侵入岩引起的磁场大体一致，一般0～200nT。而在北西向断裂带上，小浦柴岩体表现为负磁场，一般－100～250nT。

预测区西部北道村—马鞍山村一带大片的负磁场与中生代沉积岩地层对应。在青山村—金城村一带，北西向的正负变化较大的杂乱异常区，主要反映了玄武岩的磁场特征。

2）推断断裂

（1）F_4 位于预测区北部，北西向，区内长约50km，沿异常梯度带延伸，断裂两侧磁场不同，差异明显。在布格重力异常图上，断裂处于北西向的梯度带上。该断裂为古洞河深断裂的一部分，控制了区内基性—超基性及中酸性侵入岩体的分布。

（2）F_3、F_6、F_8 与 F_4 大体平行，为古洞河深断裂带上的平行断裂，长56km。

（3）F_9 位于预测区中部，断裂沿东西向梯度带及磁场低值带展布，长23.5km。在布格重力异常图上，断裂处于东西向的梯度带上，该断裂与地质上实测的东西向鸡南断裂部分吻合。断裂位于新太古代地层中，为性质不明断裂。

（4）F_{12} 位于预测区中部，沿北东向梯度带及磁场低值带分布，长约25km。在布格重力异常图上，断裂局部与梯度带吻合，并且与地质确定的断裂基本一致。

（5）F_5 位于预测区北部，即长仁青龙断裂，北西向，磁场为北西向负异常带断裂，长约9.5km。为次级断裂构造，是本区重要控岩、控矿构造。

3）侵入岩

区内侵入岩广泛分布，加里东期、海西期、燕山期侵入岩均有出露。

（1）早寒武世片麻状花岗闪长岩：主要在测区北部伸军村—孟山北洞一带出露，磁场强度0～150nT，磁场变化平稳，强度不高，区内圈出1处异常。

（2）基性—超基性岩。

加里东期超基性岩：主要分布在龙岗岩群变质岩中，在官地—茌田一带，超基性岩体群中分布的单个岩体，规模均较小，变质较深，岩性主要为斜辉橄榄岩、蛇纹石化橄榄岩，岩体分异不好，矿化较弱，未发现 Cu、Ni 工业矿体，航磁有异常反应，异常最高可达－1000nT。沿古洞河深断裂带次级断裂分布于长仁—獐项—东新一带，侵入于古生代青龙村(岩)群变质岩中的基性—超基性岩，是区内主要赋矿岩体，呈北西向展布，单个岩体多为近南北走向，呈脉状、串珠状，岩相以二辉橄榄岩、橄榄二辉岩和辉石岩为主，有 Cu、Ni 矿化，6 号、4 号岩体含工业矿体。岩体大部分处于航磁负磁场中，无异常显示，只在个别岩体或矿体上有 10～50nT 以下的异常显示。

(3)早三叠世—晚二叠世岩体。

小浦柴河岩体：岩性主要是黑云母花岗岩，在预测区北部新兴屯一带出露，磁场强度 0～150nT，磁场平稳波动小，磁场较弱，表现为负值，仅圈出了有磁性的部分。

花砬子岩体：岩性为花岗闪长岩，在预测区西南部太平沟—金山村一带出露。磁场强度 0～150nT，在太平沟一带局部异常，达 700nT 以上。

(4)晚二叠世花岗闪长岩：位于预测区东南部长财村、永兴屯、风华洞一带，磁场强度 0～200nT，局部异常强度可达 800～1000nT，区内圈出 1 处异常。

(5)早侏罗世花岗闪长岩：位于预测区东北部青龙村、龙湖洞、文化村一带，磁场强度 0～150nT，磁场平稳，波动不大，区内圈出 1 处异常。

4)火山岩

主要为中生代火山岩，位于预测区西部羊草村、新华岭一带，异常强度 100～200nT，磁场波动不大，异常对应白垩系大拉子组，推断异常由隐伏的火山岩引起。另外在该异常区内存在 1 处火山口，异常位于胜利村—东光一带，异常十分典型，为中心低、四周高的环形异常，并且正负变化很大。

在预测区南部老八厂、青山村一带大面积覆盖区，磁场特征正负变化剧烈，正值一般 100～300nT，负值一般－200～－500nT，最低值－750nT。区内圈出 2 处异常。

5)变质岩

区内变质岩主要是新太古代变质岩，有较强的磁性，官地岩组岩性为黑云变粒岩与浅粒岩互层夹磁铁石英岩，鸡南岩组岩性为斜长角闪岩夹磁铁石英岩，变粒岩，浅粒岩。主要出露在和龙土山镇、源河村、鸡南村、甲山村一带，沿深大断裂南侧呈北西向分布。磁场强度一般 50～300nT，局部异常可达 700～800nT。

6)航磁异常

(1)吉 C－60－171：位于预测区南部龙漂村附近，走向近南北，长 2km，宽 1km。异常强度最高 1000nT，北侧有负值异常处于新太古代变质岩中。推断异常由基性岩引起。

(2)吉 C－60－170：异常位于和龙北部的东沟村附近，走向北西，长 1.8km，宽 0.8km，异常强度 750nT，异常处于太古宙变质岩中，经地面检查，异常由基性岩引起。

在 C－60－170 异常的东南部荏田附近，有 2 处未编号异常，均为北西向分布，1 处强度在 750nT，1 处强度稍低。两异常处于晚二叠世花岗岩闪长岩体中，推断 2 处异常由基性岩引起。

(3)吉 C－60－107：位于预测区北部长仁村东北 2km 处，异常近椭圆状，异常弧立处于大片起伏跳动正磁场之中，强度达 1000nT。异常位于大面积花岗岩中，经地面检查证实，异常由辉长岩及角闪辉长岩引起。另外在獐项村附近的 2 处铜镍矿床上，均有航磁异常显示，异常范围较小，强度较低，只有 50nT 左右。

(4)吉 C－60－136：位于预测区西部金城村南 3km 处，是大范围负磁场中的孤立异常，异常强度达 350nT，南侧负值达－450nT。异常处于新太古代变质侵入岩中，经查证，异常由含铜镍的基性岩引起。从本区基性—超基性岩与航磁异常对应情况看，岩体上有航磁异常显示岩体的矿化、含矿性都不好，而含工业矿体的基性—超基性岩，如长仁-獐项Ⅳ岩带的 6 号、5 号岩体，Ⅰ岩带的 11 号、13 号岩体都有 Cu、Ni 矿化，Ⅱ岩带的 4 号岩体含工业矿体。岩体都处于航磁负磁场中，无异常显示。

7. 赤柏松-金斗预测工作区

1）磁场特征

预测区东部是赤柏松-金斗高值异常带，该带南起新安村、徐家大沟附近，向北至老采沟门附近，异常带长约20km，宽约8km，最高值500nT以上。

本区处于龙岗断块东南端，基底为太古宙龙岗岩群深变质岩。异常带对应四道砬子河岩组变质岩，变质程度较深。根据区内物探资料，龙岗岩群变质岩磁性较强，可形成背景磁场或局部异常。

在赤柏松-快大茂子北部的杨春沟、老采沟、华鲜村、杨宝沟村以北地区磁场强度升高，磁场较杂乱，大体呈东西向分布。背景场400nT左右，最高值在1000nT以上，主要反映了中生代中性火山岩的磁场特征。在庆生村—老采沟门一线，是1条南北向的密集梯度带，该带以西磁场急剧下降至负磁场，主要反映了中生代沉积地层的弱磁场特征，局部有火山岩出露。

2）推断断裂

（1）F_5 位于预测区东部，沿大都岭、小赤柏松、金斗、北沟村一线，呈南北向沿梯度带低值带展布，长约15.5km。断裂东侧磁场明显降低，断裂两侧均有基性岩体分布，东侧有赤柏松Ⅰ号岩体，西侧有新安岩体、金斗岩体，该断裂对基性岩体的分布有控制作用。

（2）F_4 位于预测区中部庆生村—老牛沟一线，沿线性梯度带近南北向分布，庆生村以南呈北东向分布，长约18km。梯度带一侧若干小异常呈串珠状分布。断裂东侧为太古宙变质岩，两侧降低的磁场对应中生代沉积岩。

（3）F_9 位于预测区东部大都岭—赤柏松一线，沿北东向线性梯度带分布，长约8.5km。断裂处于太古代变质岩中，局部有中生代沉积岩分布。

（4）F_{11} 位于预测区南部，新开村、大苇塘沟附近，东西向分布，长约10.4km。断裂处于侏罗纪火山岩中，沿断裂北侧有异常，呈串珠状分布。

本区断裂构造较发育，北东向、东西向、南北向及北西向均有分布。位于预测区以南的本溪-浑江断裂，控制了区域基性岩浆活动，为主要导岩构造。断裂在新农-头道沟为东西向，头道以东转向北东向。这一点在区域布格重力异常图上表现十分清晰，密集的梯度带呈东西向分布。金斗、赤柏松、新安等含矿基性岩体沿南北向梯度带分布，故南北向断裂具有控岩控矿作用。

区内推断断裂11条，其中北东向4条，南北向2条，东西向4条，北西向1条。

3）侵入岩

（1）基性—超基性岩。

第一期基性岩（太古宙）：分布于快大茂子以西，呈岩床及岩脉产出，侵入于四道砬子河岩组地层，经受混合岩化和区域变质作用。岩体类型为变质辉绿辉长岩，分异不佳，矿化不良。

第二期基性—超基性岩（元古宙早期）：分布于三棵榆树及快大茂子-金斗穹状背斜核部或近侧，呈岩墙（脉）状斜交侵入四道砬子河岩组地层。岩体走向近南北向或北东向，矿体产于该期岩体内，如赤柏松大型铜镍矿床、新安铜镍矿床、金斗镍矿床，矿体赋存于辉绿辉长岩-橄榄苏长辉长岩-斜长二辉橄榄岩、细粒苏长辉长岩、含矿辉长玢岩组成的复合岩体中。

第三期基性岩（元古宙晚期）：呈岩墙（脉）状产出，斜交侵入于杨家店岩组地层，走向北北西，岩体类型为辉绿岩型，无分异，岩性单一，矿化微弱（Ni含量0.02%）。本区已知基性—超基性岩与航磁异常均有较好的对应关系，除已知岩体外，在区内还推断10处隐伏岩体，分布在新安村-北沟村的四道砬子河岩组变质岩中。

（2）中酸性侵入岩。

中生代侵入岩位于测区西南部岗山岭—砬上屯一带，岩性为角闪碱长花岗岩，磁场强度200～300nT，磁场平稳，波动不大。

4)火山岩

本区火山岩分布于预测区北部杨春沟、华鲜村、杨宝沟村以北地区，为大面积侏罗纪果松组火山岩，主要是安山岩，磁性强且分布不均，异常呈带状、团块状分布，一般强度 400～600nT，最高强度可达1000nT 以上。预测区西部三棵榆树—增胜村一带及通天沟、王家村、小蜂蜜沟一带，磁场正负相向变化大。预测区南部赶马河村、新胜村、河西一带，磁场平稳，波动不大。

5)变质岩

区内基底为太古宙龙岗岩群变质岩，以古马岭-快大茂子为界，以西为四道砬子河岩组，以东为杨家店岩组地层。龙岗岩群变质岩具有较强的磁性，一般背景场 200～300nT。本区基性—超基性岩侵入龙岗岩群变质岩中。

6)航磁异常

(1)吉 C-75-94:位于赤柏松村西 2.4km。异常走向近南北，长 1.5km，宽 1km，强度 550nT。异常位于龙岗岩群四道砬子河岩组中，基性—超基性岩发育，异常由含铜镍矿的基性—超基性岩引起，为赤柏松大型铜镍矿床的一部分。

(2)吉 C-75-95:位于金斗乡西 2.5km。异常近南北向分布，长 1km，宽 0.5km。为正背景磁场中出现的局部异常，强度 300nT。异常区为第四系覆盖，北约 500m 出露有四道砬子河岩组，经查证，异常由基性岩体引起，即金斗岩体，有 Cu、Co、Ni 化探异常。

(3)吉 C-87-123:位于赤柏松西部 2km。异常范围近三角形，东西长 2km，南北宽 1.8km，异常值在 600nT 左右。异常处于龙岗岩群四道砬子河岩组中，异常区内基性—超基性岩脉发育，为赤柏松铜镍矿床的一部分。

(4)吉 C-87-124:位于小赤柏松西约 1km。异常走向近南北，长 1km，宽 0.5km，异常处高背景场中最高异常值 400nT。异常位于龙岗岩群四道砬子河岩组中，有辉长岩脉侵入，附近有铜、镍矿点及辰砂化探异常。

(5)吉 C-87-125:位于金斗乡南约 1.5km。异常走向南北，长 1km，宽 0.5km，异常值 500nT。异常处于龙岗岩群四道砬子河岩组中，异常范围内基性岩发育，异常两侧有镍矿床，推断异常由含矿基性岩引起。

(6)吉 C-87-126:异常位于新安村西约 800m 处。异常处在高背景区南部，走向近南北向，长约1000m，宽 700m，异常值 300～400nT。异常对应四道砬子河岩组，有基性岩脉侵入，并有镍化探异常，由已知的新安含镍基性岩体引起。

(7)吉 C-75-132:异常位于赤柏松北东 2km。异常近椭圆状，长 800m，宽 650m，异常最高值460nT。异常处于侏罗纪果松组出露区，附近有 Au 化探异常。推断异常由基性岩引起。

8.大肚川-露水河预测工作区

1)磁场特征

预测区位于中朝准地台北缘，辉发河-古洞河深断裂带南侧。北西向及近南北向断裂控制区内侵入岩体，岩体围岩为龙岗岩群变质岩。从 1∶5 万航磁化极图上可见，区内最明显的异常即老牛沟-夹皮沟异常带，异常位于夹皮沟、老牛沟、杨树沟、苇夏子一带，该带以新太古代三道沟岩组变质岩的平稳区域负磁场为背景，在此平稳背景场上展示若干条带状异常带，异常带呈北西向延伸，连续性较好，并且强度高，梯度陡，为老牛沟铁矿成矿带引起的异常。

在老牛沟铁矿带南侧，老金厂、会全栈村、三合屯、东北岔一带分布 1 条近南北向、长约 35km、宽约10km 的异常带，该带背景场 100～200nT，分布一系列近南北向或北西向的局部异常。异常与基性—超基性岩有关，反映老金场一带的基性—超基性岩群。

预测区东南部，四道砬子河—东胜村一带，是 1 条北西向的异常带，背景场 100～200nT，主要反映了太古宙变质英云闪长岩的磁场，其局部异常与后期中基性或基性脉岩有关。

在预测区中部及东北部以东，为五道溜河二长花岗岩体，岩体的边部航磁异常断续分布，岩体中心为 100nT 平静正磁场，四周是－100nT 大小的平静负异常，反映了花岗岩体内部相与外部相的磁性差异。

预测区东部，东兴村、宝石村、金银别、沿江乡及沿江村一带，是 1 条北西向宽大平静的负异常带，主要反映了上三叠统小河口组和下白垩统大拉子组沉积岩地层的磁场为特征。它东侧的 100～200nT 左右低缓异常带，反映了海西晚期小浦柴河花岗闪长岩体的磁场。因海西期花岗岩磁性变化较大，在部分岩体上反映为负磁场。

预测区南部和北部都有玄武岩覆盖，但磁场不同，北部主要是船底山组玄武岩，其分布有一定的规律性，南部玄武岩为军舰山组，异常显得杂乱，跳变剧烈。

2)推断断裂

(1)F_4 位于测区中部，北西向沿梯度带延伸，区内长 62.7km。断裂两侧磁场不同，断裂北段北东侧以正磁场为主，反映了不同时期的侵入岩体；南西侧负磁场主要反映了含铁矿的太古宙变质岩；南段北东侧负磁场反映了中生代沉积岩地层，而南西侧正负变化的磁场反映了太古宙侵入岩体。该断裂为区内深大断裂的一部分，控制了区内基性—超基性岩体的分布，断裂与区域布格重力异常图上北西向分布的重力梯度带一致。

(2)F_1 位于预测区北部，大东沟—色洛河村一线，北东向分布，两端沿出测区，区内长约 25.5km。断裂沿梯度带及磁场低值带层布，两侧磁场不同，断裂迹象明显。沿断裂有北东向的玄武岩分布。在区域布格重力异常图上与之对应的是 1 条北东向的梯度带。该断裂北是辉发河深大断裂的一部分。

(3)F_7 位于预测区西南部会全栈附近，近南北向分布，长约 23.3km。断裂沿梯度带及磁场低值带分布。断裂两侧有多处异常，经地面查证由基性岩体引起。该断裂为大断裂的次级断裂，是寻找基性—超基性岩型铜镍矿的有利地段。

(4)F_8 位于预测区东部，大挂牌沟—楞场村一线，北西向分布，长约 31.2km。断裂两侧磁场不同，北东侧带状正磁场为海西期花岗闪长岩引起，南西侧负磁场与中生代沉积岩即晚三叠世及早白垩世沉积岩有关。断裂两侧有多处玄武岩分布，该断裂为深断裂的次级断裂。

本区推断断裂 14 条，其中北西向 10 条，东西向 2 条，北东向、南北向各 1 条。

3)侵入岩

(1)基性—超基性岩。

区内基性—超基性岩含矿性较好的为印支期侵入岩体，一般具铜镍矿化。区内为老金场岩体群，在基性—超基性岩体上均有磁异常显示，如吉 C－76－29、吉 C－76－29－1、吉 C－76－61、吉 C－76－62 等异常都是经过查证的由基性—超基性岩引起的异常。区内圈定基性—超基性岩 29 处，其中编号异常 7 处，未编号异常 22 处，经检查证实由基性岩引起的为 6 处。

(2)中酸性岩。

新元古代片麻状花岗闪长岩：岩体呈带状，北西向分布于五道沟东南部，背景场在 100～200nT 之间，南部异常 400～500nT，区内圈定 1 处异常。

海西期花岗岩体：在预测区东部大面积出露。磁场平稳，在－100～100nT 之间变化。在区域布格重力异常图上对应 1 条北西向的重力低异常带。

燕山期五道溜河宝石村岩体：位于预测区东部宝石村以西，岩体呈椭圆状，岩体中部 50～100nT 的正磁场边部有负值。围绕岩体边界一系列异常呈环形分布，区内圈出 2 处异常。

燕山期花岗岩体：位于预测区北部清茶馆以南，呈面积性分布，磁场强度一般 100～200nT，但该岩体磁性很不均匀，部分地磁场 0～100nT。

4)火山岩

(1)火山岩。

区内火山岩主要分布于预测区南部和北部，为第四纪漫江组玄武岩，磁场以杂乱跳跃的负磁场为主要特征，正磁场分布凌乱。北部以古近纪军舰山组玄武岩为主，沿断裂带分布。

(2)火山机构。

火山机构位于预测区南端，磁场呈中间高、四周低的特征，区域布格重力异常图上与之相对应的重力低异常特点更明显，异常近圆形分布。在1∶25万地质图上为玄武岩覆盖，并有若干火山口分布。

5)变质岩

区内变质岩主要是新太古界夹皮沟岩群三道沟岩组和老牛沟岩组，分布于苇夏子、老牛沟、夹皮沟一带，岩性为斜长角闪岩、角闪片岩、绿泥片岩夹磁铁石英岩。太古宇龙岗岩群杨家店岩组分布于老金厂一带，岩性为斜长角闪岩、黑云片麻岩、磁铁石英岩等，以及大面积分布的英云闪长质片麻岩和变质二长花岗岩。

太古宙变质岩磁场一般较强，如老金厂及郎家店一带，磁场强度100～200nT，局部基性—超基性岩或铁矿化异常可达600～800nT。在苇沙河—兴隆村一带磁场消弱，一般在0～100nT之间。

6)航磁异常

(1)吉C-76-29：位于老金场乡苇河南1700m。异常呈北西向带状，长2km，宽600～800m，最高强度300nT，梯度陡，异常连贯，两侧均有负值。地磁最高强度3800nT，异常呈尖峰锯齿状，曲线梯度陡。异常分布在大沟生，主要部分被第四系覆盖，局部见杨家店岩组斜长角闪岩，并见角闪辉长岩沿北西向分布。异常由角闪辉长岩引起，区域化探在这里有Cu、Ni次生晕异常。

(2)吉C-76-29-1：位于会全栈村南北西侧。异常近南北向，长约11km，宽0.5～0.8km。呈带状或串珠状分布，一般强度200～300nT，最高760nT，南部强度较高、梯度陡，北部强度略低。异常位于会全栈南北向断裂带上，出露龙岗岩群四道砬子河岩组斜长角闪岩、斜长角闪片麻岩及角闪辉长岩脉。异常附近Ni、Cu次生晕较强，异常由角闪辉长岩引起。

(3)吉C-76-61：位于会全栈东三合屯附近。异常呈带状，近南北向分布，长5.5km，宽500～700m，磁场强度一般200～300nT，最高470nT。梯度比较陡，两端起伏明显，地磁曲线呈尖峰状，最高强度2300nT。异常区出露龙岗岩群四道砬子河岩组斜长角闪岩、黑云斜长片麻岩等变质岩及角闪辉长岩。异常处有次生晕Ni(含量0.01%～0.02%)异常。异常由基性岩引起，异常南端为玄武岩引起。

(4)吉C-77-103：位于桦甸县苏密沟乡五大道沟东南，1∶5万航磁在80～100nT的背景场上均出现孤立异常，最大值390nT，地磁曲线为尖峰锯齿状，近东西向分布，梯度陡，最大值为4400nT，北侧有负值。与强异常对应位置出现Ni的次生晕高异常。

异常区出露龙岗岩群四道砬子河岩组混合岩化斜长角闪片麻岩及角闪辉石岩，角闪辉石岩呈东西向分布，与磁异常对应。

9.荒沟山-南岔预测工作区

1)磁场特征

本区磁场特征是以负磁场为主，在大面积负磁场中有局部正异常带。预测区西部六道江、新安屯、石人镇、报马桥村一带，磁场平稳，局部略有波动，磁场强度-100～-30nT。主要反映了新元古代的白云质大理岩、砂岩、粉砂岩、页岩、石英岩及古生代碳酸盐岩的磁场特征。与东部的龙岗岩群变质岩地层呈断层接触，表现为大片平缓的负异常梯度带，梯度走向约北东50°。其南部四道阳岔—大桥沟一带磁场十分平稳，磁场强度-120～-100nT，略低于其北部，主要反映了新元古代砂岩、砾岩等岩性的磁场特征。

预测区西南部，七道沟镇—复兴村一带及杨树排子—大水滴台一带，在-100～-50nT的背景场上，磁场升高，七道沟附近的幸福山岩体和头道沟岩体在磁场中都有不同反映，如石英闪长岩体，磁场强度 100～200nT，最高 300～500nT，在负磁场中很明显。其东部的头道沟岩体磁场强度略低，一般 0～50nT。老营沟—六道岔一带侏罗纪林子头组和果松组火山岩覆盖区异常呈条带状分布，但异常强度不高，在－50～50nT 之间。

预测区中部横路岭—天桥村一带，是 1 条北东向的长约 30km、宽 10～14km 异常带，两侧伴有负值。梨树沟与板子庙之间等值线向里收缩，以 200nT 等值线圈出 2 个局部异常，分别与老秃顶子、梨树沟花岗岩体对应，两岩体侵入龙岗岩群变质岩中。位于北侧的老秃顶子岩体异常高于梨树沟岩体异常，异常最高值 700nT。异常带中的低缓异常主要反映了龙岗岩群变质岩磁场，与异常带东侧的负值梯度带“S”形构造带相对应，该带是区内 1 条重要的成矿构造带。

预测区东部大面积出露老岭（岩）群花山岩组、珍珠门岩组、大栗子（岩）组及临江岩组地层。朝阳屯-四道小沟出露长白组碎屑岩，东部磁场是在负背景上分布北东向的低缓异常带，背景场强度－100～－50nT。天桥沟—小西沟一带出露的草山岩体、茅山岩体与老秃顶子岩体同属燕山期花岗岩，但草山岩体磁场表现为变化平缓的负场值，与老秃顶子岩体差异较大。

2）推断断裂

（1）F_2 位于预测区西部窑沟、七道江、仓库沟、小板石沟一线，北东向延伸，长约 25.5km。断裂处于负磁场梯度带上，两侧磁场不同，南东侧磁场强度－120～－80nT，主要反映了古生代及新元古代地层磁场特征，北西侧磁场强度－100～50nT，主要反映了新元古代地层磁场特征。断裂处于北东向的重力梯度带上，是本溪-浑江断裂的一部分。

（2）F_3 位于预测区西部大青沟、报马桥村、石人镇一线，北东向，沿负磁场梯度带延伸，长 27.5km。断裂南东侧梯度带密集，为逐步升高的磁场，对应中生代地层、中元古代—太古宙变质岩及中生代中酸性侵入岩体的磁场。北西侧是相对平稳的负磁场，对应古生代地层。在区域布格重力异常图上，该断裂位于北东向的梯度带上，其南东侧是重力低异常断裂，反映了中生代断陷带。

（3）F_4 位于预测区中部，岔河村、错草村、杉松岗、珍珠门、五道小沟、大北岔一线，北东向呈弧形分布，长约 46km。断裂沿负磁场梯度带延伸，该负值梯度带与荒沟山“S”形构造带对应，负值梯度带处于老岭（岩）群珍珠门岩组大理岩中，是区内重要的贵金属、有色金属成矿构造带。

（4）F_{11} 位于预测区南部，二道沟村—三道湖一线北西向延伸，长 11.8km。两侧磁场明显不同，北侧平稳负磁场，主要反映新元古代细河群钓鱼台组地层，南侧波动磁场主要是侏罗纪果松组火山岩地层的反映。

本区共推测断裂 12 条，其中北东向 6 条，北西向 4 条，南北向 2 条。

3）侵入岩

本区花岗岩在大片负背景场上显得十分突出，如北部的老秃顶子岩体和梨树沟岩体，岩性以似斑状黑云母花岗岩为主，异常呈椭圆状。梨树沟岩体磁场强度 200～300nT，最高在 400nT 以上，老秃顶子岩体磁场强度 200～400nT，最高 700nT 以上，因为有中性脉岩侵入岩，老秃顶子岩体磁场强度高于梨树沟岩体。但老秃顶子岩体以东的草山岩体，虽岩性相同，但磁场很弱，其磁场强度－50～50nT，只在与地层接触带上才有异常显示。

在预测区南部杨树排子-头道沟的早白垩世碱长花岗岩体，磁场强度－50～50nT，岩体北侧磁场较弱，与其相邻的是早白垩世石英闪长岩体，磁场强度 100～200nT。

本区铜钴矿赋存于老岭（岩）群花山岩组地层下段，岩性为千枚状变质岩、千枚状片岩及薄层状大理岩。矿床受北东向“S”形构造带控制，并与区内岩浆活动关系密切。在航磁图上，钴矿处于北东向和近南北向的负磁场梯度带上；在布格重力异常图上，钴矿床处于重力高异常的边部和重力梯度带上，反映矿床的分布与构造带具有密切关系。

第三节 化 探

一、技术流程

由于该区域仅有1∶20万化探资料，所以用该数据进行数据处理，编制地区化学异常图，再将图件放大到1∶5万。

二、资料应用情况

应用1∶5万或1∶20万化探资料。

三、化探资料应用分析、化探异常特征及化探地质构造特征

1.红旗岭预测工作区

该预测工作区属于丘陵、低山森林景观区。该区具有亲铁元素同生地球化学场和亲石、稀有、稀土元素同生地球化学场的双重性质。工作区主要出露以橄榄岩、辉长岩为主的数量众多、大小不等的晚三叠世基性—超基性岩体，大型红旗岭铜镍矿床即产于这些岩体中。

应用1∶20万化探数据在区内圈出5个Ni异常。其中，2号、5号异常分带清晰，浓集中心明显，面状分布，异常强度高，峰值为526×10^{-6}。2号异常面积$112km^2$，其浓集中心是铜镍矿分布区，为成矿异常。5号异常向南没有封闭，对典型矿床不支持。

Cu异常亦有5处，其中1号、2号异常具有清晰的三级分带和明显的浓集中心，异常强度达到195×10^{-6}。其中1号异常表现突出，面积$98km^2$，带状分布，其浓集中心亦有铜镍矿分布，亦是优良的成矿异常。

与Ni空间套合紧密的元素有1号组合异常场，由Ni、Cu、Cr、Co、Mn、Pb异常构成，组分复杂。其中，Cu、Cr、Co、Mn异常与Ni异常呈同心套合状态，Pb异常局部交合在Ni异常的外带，指示后期的岩浆热液叠加改造作用。

该异常地球化学场中，同源的向心元素Ni、Cu、Cr、Co、Mn显示较高的含量水平，反映出具有强烈成矿专属性的红旗岭Cu-Ni成矿系统。控制着1号、2号、3号、9号以及茶尖岭含矿基性—超基性岩体。而这些含矿的基性—超基性岩体即是矿致系统的成矿柱，高含量的Ni、Cu、Cr、Co、Mn沿能量核心环状迁移，形成复杂异常组分的同心结构。由1号组合异常构成的甲级综合异常是区内重要的找矿预测区。

1号组合异常场主要载体矿物镍黄铁矿、磁黄铁矿是集中分布的，其次是黄铜矿、紫硫镍矿和黄铁矿。而且随着含矿岩体基性程度的增高[体现在Cr的高质量分数和较大异常面积($88km^2$)中]，镍黄铁矿、磁黄铁矿含量增加，黄铜矿、黄铁矿相对减少，呈现标准矿物的分带特征。所以，红旗岭矿致系统是在岩体基性程度较高的地球化学环境中形成的。

7号岩体没有相关的元素异常响应，3号、4号、5号组合异常(Ni、Cr、Cu、Mn、Pb)围绕7号岩体分布，可作为外围的找矿预测区。

总结预测工作区铜镍矿地球化学找矿预测模式如下。

(1)工作区具有亲铁元素同生地球化学场和亲石、稀有、稀土元素同生地球化学场的双重性质。

(2)主成矿元素 Ni、Cu 具有规模大、分带清晰、浓集中心明显、异常强度高的基本特征。

(3)异常组分复杂,主成矿元素 Cu、Ni 受后期伴生元素强烈的叠加改造,形成较复杂组分含量叠生地球化学场,并在其中富集成矿。

(4)以 Ni、Cu 为主体的组合异常组分复杂,空间套合紧密,形成较复杂组分含量富集区,利于 Cu 的成矿。

(5)Ni 甲级综合异常规模较大,与分布的矿产积极响应,是优质的矿致异常,其异常范围可为扩大典型矿床的找矿规模提供依据。

(6)Ni 的丙级综合异常是类比找矿的重要靶区。

(7)找矿主要指示元素为 Ni、Cu、Cr、Co、Mn。其中,Ni、Cu 是成矿指示元素;Cr、Co 为近矿指示元素;Mn 是评价矿床的尾部指示元素。

(8)成矿经历了高-中-低温复杂阶段。

2. 双凤山预测工作区

该预测工作区处在红旗岭的西南区域,属于丘陵、低山森林景观区。区内主要出露印支期的辉长岩、橄榄辉长岩等基性岩体,海龙双泉乡钴矿产于该期基性岩体内。

应用 1∶20 万化探数据圈出 Ni 异常 3 处。其中 2 号异常具有清晰的三级分带和明显的浓集中心,异常强度 34×10^{-6},面积 $28km^2$,面状分布。

1 号异常具有较好的二级分带现象,由于工作区范围而被切割成向东的开放式状态。区内显示的面积约 $8km^2$,不规则形态,具有呈北东向延伸的趋势。

3 号异常以外带为主,向南没有封闭。

以 Ni 为主体的组合异常圈出 2 个。

1 号组合异常中,与 Ni 空间交合紧密的元素有 Co、Mn、Cu、Pb,形成较复杂元素组分富集的叠生地球化学场。该异常场落位在燕山期的花岗闪长岩体中,与呈捕虏体的辉长岩体响应,是重要的 Cu、Ni 找矿预区段。

2 号组合异常场由 Ni、Cr、Co、Cu、Pb 异常构成,具有较复杂元素组分富集特征。Ni、Cr、Co、Cu 异常形成同心套合结构,Pb 异常分布在 Ni 异常的外带,与后期的岩浆叠加作用有关。该组合异常地球化学场对分布的钴矿并不支撑,而是与印支期的辉长岩体积极响应。说明 2 号组合异常场反映的并不是双泉乡钴矿成矿系统,而是辉长岩体控制的 Ni、Cr、Co、Cu 富集异常区。地质背景显示,双泉乡钴矿形成于新元古代变质辉长岩-辉绿岩建造和燕山期的花岗闪长岩体的接触带,成矿时期较晚。

总结工作区镍矿地球化学找矿模式如下。

(1)该工作区属于丘陵、低山森林景观区。属于亲石、稀有、稀土元素同生地球化学场。

(2)Ni 异常具有分带清晰、浓集中心明显的基本特征,是找矿主要指示元素。

(3)Ni 组合异常显示较复杂元素组分富集特征,Ni、Cr、Co、Cu 异常交合紧密,是找矿预测的主要区段。

(4)Ni 的综合异常具备优良的成矿条件和找矿前景。

(5)主要的找矿指示元素有 Ni、Cr、Co、Cu。其中,Ni 为成矿指示元素,Cr、Co、Cu 为近矿指示元素和尾晕特征。

3. 川连沟-二道岭子预测工作区

该预测工作区属于台地、丘陵森林景观区。区内与山门镍矿关系密切的主要是印支期侵入的基性—超基性岩体,岩石成分主要为辉石角闪岩,北东向韧性剪切带是主要控岩控矿构造。

应用1∶5万化探数据圈出4个Ni异常。其中，2号异常具有清晰的三级分带和明显的浓集中心，异常强度80×10^{-6}，面积$25km^2$，近东西向展布。4号异常的浓集中心较小，主要以中带为主，因工作区切割问题，向南没有封闭。

1号异常具有较好的二级分带，异常强度44×10^{-6}，面积较小，为$0.55km^2$，等轴状分布。与山门镍矿积极响应，为成矿异常。

3号异常只有外带，向南没有封闭。

与Ni空间套合紧密的元素是Cr、Co、Mn、Pb、Cu。

1号组合异常中只有Ni、Cr、Mn异常空间存在交合现象，Ni异常的规模小，Cr异常相对最大，面积为$28km^2$，并东西向展布，成为2号组合异常的组成部分。该异常场具有简单元素组分富集特征，反映的是山门镍矿成矿系统，系统内的控矿岩体基性程度较高，但出露规模不大，应注意深部的找矿预测。

2号、3号组合异常位于山门镍矿的东侧，由Cr、Co、Mn、Pb、Cu异常构成，具有同心有序结构，其中Cr、Pb、Cu异常显示出较大的相对规模。Cr、Co、Mn异常的向心特征是Ni矿致系统的成矿专属性决定的，表明2号、3号组合异常场是山门镍矿外围重要的找矿靶区，而Pb、Cu异常较大规模的叠加是后期(印支期、燕山期)岩浆成矿作用的结果，这一点可在区域地质背景上分布较大面积的燕山期花岗岩类侵入体进行证明。因此，在预测镍矿的同时，亦要注意多金属矿的预测。

总结工作区的地球化学找矿模式如下。

(1)工作区分布有印支期的铁镁质岩体，构造发育，是Ni聚集成矿的主要因素。

(2)主要成矿元素Ni有理想的异常分布，对山门镍矿积极响应，是主要的找矿指标。

(3)以Ni为主体的组合异常场，构成组分空间套合紧密，具同心结构，反映具有成矿专属性的镍矿致系统。为深部以及外围找矿预测提供地球化学依据。

(4)后期的叠加改造作用为有益组分的进一步富集提供物源、热源。

4. 漂河川预测工作区

工作区属于丘陵、低山森林景观区。具有亲铁元素同生地球化学场和亲石、稀有、稀土元素同生地球化学场的双重性质。1∶5万建造构造图显示，工作区主要以印支期的辉长岩以及燕山期的花岗岩类为主，发育北东向断裂。区内的矿产有小型漂河川铜镍矿床及二道甸子金矿。

用1∶20万化探数据圈出Ni异常4处。其中，3号异常具有清晰的三级分带和明显浓集中心，异常强度较高，峰值达到79×10^{-6}，面积$620km^2$，呈北东向带状分布。

1号、2号、4号异常分带不好，异常规模小，呈不规则形状。

与Ni异常空间套合紧密的元素为Cr、Co、Mn、Cu、Pb。

1号、2号、3号组合异常场反映的是新生代基性火山岩建造，主要成分为深灰色玄武岩、橄榄玄武岩。Ni浓集中心处有Cr、Co、Mn的浓集中心套合，而且，Ni、Cr、Co、Mn的异常分布与基性玄武岩吻合，是玄武岩体引起的高背景异常富集区。Cu、Pb亦与Ni的浓集中心存在紧密套合，但是，Cu、Pb的异常规模相对较小，呈断续分布。说明Cu、Pb异常源于燕山期的岩浆活动，区域地质背景可以很好地表明这一点。

在漂河川铜镍矿分布区域Ni异常没有反应，控矿的海西晚期—印支期的辉长岩类侵入体出露亦较小，与漂河川铜镍矿不吻合，这与大面积的第四纪沉积盖层有关。在表生介质里对漂河川铜镍成矿岩浆系统明显支撑的是同源的Cu、Co、Mn异常，而且组合规模较大，显示简单元素组分富集特征。

根据综合异常特征在区内圈出4个找矿预测区。1号、2号、3号找矿预测区预测的是风化成因的镍矿，底质是新生代的基性火山岩(玄武岩)；4号预测区预测的是与海西晚期—印支期的辉长岩类侵入体有关的岩浆熔离-贯入型铜镍矿。

总结该工作区地球化学找矿模式如下。

(1)该工作区具有亲铁元素同生地球化学场和亲石、稀有、稀土元素同生地球化学场的双重性质。属于丘陵、低山森林景观区。

(2)主成矿元素 Ni、Cu 具有清晰的三级分带和浓集中心,异常规模较大,强度较高,是找矿的主要指示元素。

(3)Ni、Cu 组合异常显示的是简单元素组分富集的叠生地球化学场,是找矿预测的重要场所。

(4)Ni 综合异常以新生代的基性火山岩为背景,是区内寻找风化型镍矿的潜力区域。Cu、Co 综合异常是预测熔离-贯入型铜镍矿的重要异常区。

(5)主要的找矿指示元素有 Ni、Co、Cu、Cr、Mn。

5. 大山咀子预测工作区

工作区属于中低山森林沼泽景观。出露的主要是新生代的基性火山岩建造,岩性为玄武岩、橄榄玄武岩。变质岩为变粒岩和片麻岩。侵入岩体主要为燕山期的花岗岩类。北东向的敦密大断裂穿过火山岩分布区。

应用 1∶20 万化探数据圈出 5 处 Ni 异常。其中,4 号异常具有清晰的三级分带和明显的浓集中心。异常强度 131×10^{-6},面积 $429km^2$,面状分布。

1 号、2 号、3 号、5 号分带差,强度低,异常规模小,沿北东向断续分布。

与 Ni 空间套合紧密的元素有 Cr、Co、Mn、Cu、Pb。

4 号组合异常场反映的是新生代玄武岩分布区。Ni、Cr、Co、Mn 异常浓集中心套合完整,异常边界与玄武岩体吻合,呈现超高背景晕的异常组分富集区。该异常场是预测风化型镍矿的重要预测区。

Cu、Pb 异常虽然与 Ni 异常紧密叠加,但浓集中心与 Ni 异常偏离。其中,Cu 异常呈带状东西向展布,异常边界与玄武岩体不吻合,应是后期岩浆叠加改造造成的。

1 号、2 号、3 号、5 号组合异常具有简单元素组分富集特征,异常场与基性火山岩分布有关。

找矿预测区圈出 1 处,由 2 号、3 号丙级综合异常构成。预测区底质是新生代的基性火山岩,预测风化成因的镍矿。

6. 六棵松-长仁预测工作区

区内分布的是古元古代变质的基性—超基性火山岩建造;其次是侏罗系及白垩系;北西向韧性剪切带穿过工作区,次一级断裂纵横交错;侵入岩体主要是太古宙花岗质片麻岩。

区内的矿产有长仁铜镍矿及金城洞金矿、木兰屯金矿、穷棒子沟金矿。

应用 1∶20 万化探数据圈定 Ni 元素异常 5 处。其中,2 号、3 号、4 号异常具有清晰的三级分带和明显的浓集中心,异常强度高,峰值达 260×10^{-6}。面积分别为 $28km^2$、$502km^2$、$25km^2$。异常呈面状分布,具东西向延伸的趋势。

1 号、5 号异常只具有外带特征,异常规模相对较小,分布在工作区外围。其中,5 号异常向南没有封闭。

与 Ni 空间套合紧密的元素有 Au、Cu、Pb、Cr、Co、Mn、W、Mo。

1 号组合异常由 Au、Cu、Ni、Cr、Co 异常组成,具有同心结构,形成较复杂元素组分富集的叠生地球化学场。该异常场内分布穷棒子沟金矿、卧龙砂金矿,指示 1 号组合异常的矿致性。其中,Au、Cu 异常浓集中心即反映了穷棒子沟金矿岩浆系统;而 Ni、Cr、Co 异常中心与矿致系统偏离,反映的是矿致系统的成矿地球化学背景(变质的铁镁质体),为穷棒子沟金矿的尾晕。

3 号组合异常规模较大,组分有 Au、Cu、Pb、Ni、Cr、Co、Mn、W、Mo。其中,Au、Cu、Pb、Ni、Cr、Co、Mn 构成同心结构的异常地球化学场,Pb、W、Mo 异常零散分布,是后期叠加改造的结果。这些向心元素,反映了金城洞金矿、二道河子砂金矿以及官地铁矿的成矿岩浆系统,指示 Au、Cu、Pb、Ni、Cr、Co、Mn

优良的矿致性质。

Ni－Cr－Co－Mn 组合异常构成了六棵松-长仁预测工作区太古宙花岗绿岩的同生地球化学场。该地球化学场基底是一套深度变质的古老基性—超基性火山岩（与夹皮沟同），以 Ni、Cr、Co、Mn 呈超高背景晕为特征，其展示的异常界线就是古老变质建造的出露部位。作为 Au、Cu 初始层位的太古宇，经过多种成矿作用使 Au、Cu 得以反复富集。同时，处于高背景状态的 Ni、Cr、Co、Mn 等元素亦得到一定程度的聚集，呈现分带清晰的浓集中心，这为预测与岩浆热液活动有关的镍矿提供了必要条件。

4 号组合异常场主要由 Ni、Cr 异常构成，显示简单的元素富集特征。空间上 Ni、Cr 呈同心套合，反映的是长仁铜镍成矿系统。海西期的辉石-橄榄岩体含矿性最佳，主要载体矿物磁黄铁矿、镍黄铁矿、黄铜矿、黄铁矿在矿致系统内也有较好的分布，是找矿预测的主要异常区。

根据 Ni 的综合异常分布特征，圈定 1 个找矿预测区，包括 1 号、2 号、3 号综合异常。主要预测岩浆熔离-贯入型铜镍矿。

总结以上特征，建立该区的地球化学找矿预测模型。见表 5－3－1。

表 5－3－1 六棵松-长仁预测工作区镍矿地球化学找矿预测模型

名称	找矿预测要素
地质特征	已知分布的矿产有金城洞金矿、穷棒子沟金矿、长仁铜镍矿
	主要的预测矿种为铜镍矿，预测的主要成矿类型为岩浆熔离-贯入型
	区内主要分布太古宇龙岗岩群鸡南岩组（$Ar_3j.$）和官地岩组（$Ar_3g.$），构成变质岩建造
	区内断裂构造极其发育，北东向、北西向断裂构造交会处是主要的控矿空间
	区内阜平期、五台期、海西期的岩浆侵入活动频繁，产生强烈的区域变质作用
	区内围岩蚀变主要有黄铁矿化、黄铜矿化、滑石化、透闪石化、硅化等
地球化学特征	工作区属于亲铁元素同生地球化学场。属于中低山森林景观区
	主要的成矿元素为 Au、Cu、Ni，具有分带清晰，浓集中心明显的基本特征，强度高
	主要的伴生元素有 Cu、Ag、Ni、Co、Mn、W、Mo。在后期的岩浆侵入活动中，对 Au 进行了强烈的叠加改造作用，共同构成复杂组分富集的叠生地球化学场。利于金的迁移、富集
	主要的找矿指示元素为 Au、Cu、Ni、Co、Mn、W、Mo。其中，Au、Cu 评价金成矿系统；Ni(Cu)、Co、Mn 评价铜镍成矿系统
	综合异常具有较好分带现象，内带 Ni、Co、Mn，中带 Au、Cu、Ag，外带 W、Mo
	成矿元素主要经历了高、中温复杂的成矿过程

7. 赤柏松-金斗预测工作区

该工作区属于中低山森林景观区，具有亲石、稀有、稀土元素同生地球化学场和亲铁元素同生地球化学场的双重特征。区内与铜镍成矿关系密切的主要是以古元古代辉长岩、二辉橄榄岩体为代表的基性—超基性岩体。发育的断裂构造以北东向、北北东向为主，控制着区内的成岩、成矿系统。分布的矿产主要是赤柏松铜镍矿田。

应用 1∶20 万化探数据圈出 Ni 异常 3 处。其中，3 号 Ni 异常具有清晰的三级分带和明显的浓集中心，异常强度较高，峰值为 51×10^{-6}，面积 238km^2。呈面状分布，北西向延伸的趋势。

1 号、2 号 Ni 异常主要具有二级分带，面积分别为 25km^2、18km^2，异常形态不规则。

与 Ni 空间套合紧密的元素有 Co、Cr、Au、Cu、Ag、W、Sn、Mo、Ba、B、F。

1号、2号组合异常由Ni、Cr、Au异常构成，形成的地球化学场组分简单，没有矿产响应，是未知组合异常。

3号组合异常由Ni、Co、Cr、Au、Cu、Ag、W、Sn、Mo异常构成，形成复杂组分富集的叠生地球化学场。其中，Ni、Co、Cr、Cu异常呈同心套合，Au、Ag异常与Ni异常局部交合，构成Ni异常的中带，W、Sn、Mo、Ba、B、F异常主要分布在Ni异常的外带。

3号组合异常场反映的是赤柏松铜镍成矿岩浆系统，3号矿体、5号矿体以及新安矿体与Ni、Cu异常的浓集中心吻合，显示Ni、Co、Cr、Cu优良的矿致性。Au-Ag-W-Sn-Mo组合异常说明后期的岩浆活动对矿致系统强烈的叠加改造作用。

3号异常地球化学场的Ni-Co-Cr-Cu异常组合规模较大，证明赤柏松铜镍成矿岩浆系统的规模亦较大。这种较大的能量潜力可促使矿致系统内的主要物质发生定向迁移和强烈的分异，从而生成物质含量丰富的高级别的标准成矿客体(赤柏松铜镍矿田)。因此，3号异常地球化学场是区内主要的找矿预测区。

工作区的区域地球化学找矿模式如下。

(1)工作区具有亲石、稀有、稀土元素同生地球化学场和亲铁元素同生地球化学场的双重特征。

(2)主成矿元素Ni、Cu具有清晰的三级分带和明显的浓集中心，异常规模大，强度较高。

(3)Ni、Cu组合异常在亲铁元素同生地球化学场的基础上，由于后期的叠加改造作用，形成较复杂元素组分的叠生地球化学场，利于Ni、Cu的迁移富集。

(4)Ni、Cu综合异常具有良好的成矿条件和找矿前景，空间上与分布的矿产积极响应，是主要找矿异常区。

(5)主成矿元素Cu、Ni，主要伴生元素Co、Cr、Au、W、Sn、Mo、Ba、B、F。

(6)找矿的主要指示元素有Cu、Ni、Co、Cr、Au、W、Sn、Mo、Ba、B、F。前缘指示元素为W、Sn、Mo、Ba、B、F；近矿指示元素为Cr、Au；尾部指示元素为Cu、Ni、Co。

(7)成矿主要经历了高温过程。

8.大肚川-露水河预测工作区

该工作区属于中低山森林景观区。区内主要出露具有绿岩特点的太古宇龙岗岩群四道砬子河岩组、杨家店岩组，夹皮沟岩群老牛沟岩组、三道沟岩组以及古元古代的变质辉长岩-辉绿岩，色洛河(岩)群红旗沟组、达连沟组构成变质岩建造。其原岩为一套遭受了深度变质作用的基性—超基性火山岩。近东西向超岩石圈断裂横贯工作区，侵入岩体以阜平期、五台期的变质二长花岗岩以及燕山期的酸性花岗岩类为主。显示良好的成矿地质条件。

区内主要分布夹皮沟金矿田，镍矿产主要是桦甸苇厦河镍矿点。

应用1∶20万化探数据圈出8个Ni异常。除4号异常具有二级分带，其余异常均具有清晰的三级分带和明显的浓集中心。其中，2号异常呈北西向条带状连续分布，有12个浓集中心，面积530km^2。反映了太古宙绿岩地质体超高背景晕的铁族元素富集区。

1号、3号、4号、5号、6号、7号、8号异常分布在2号异常带的边缘，异常规模小，是成矿带的分支异常。

区内与Ni空间套合紧密的元素有Au、Ag、Cu、Cr、Co。1～8号组合异常均显示复杂元素组分富集特征。其中，Au-Cu-Ag异常组合代表了夹皮沟金、铜成矿系统，Au、Cu异常规模大，同心套合，Ag异常规模相对较小，在空间断续分布。Ni-Cr-Co组合异常属于夹皮沟金、铜成矿系统的尾晕，在表生介质中出现在锋部富集，说明以超基性—基性古老火山岩为主体的绿岩分布区经受了长期的区域变质和多次的岩浆叠加改造作用，使太古宙的区域同生地球化学场发生重大变化。从Ni、Cr、Co异常边界与太古宙表壳岩吻合方面上看，Ni、Cr、Co异常源于变质的超基性—基性古老火山岩体，指示了地球化学场的成矿专属性。目前，在工作区东北侧的桦甸苇厦河发现1处镍矿点。因此，在Ni、Cr、Co异常呈现超背景晕的变质超基性—基性岩体里预测镍矿是有一定希望的。

总结工作区地球化学找矿模式如下。

(1)工作区具有亲石、稀有、稀土元素同生地球化学场和亲石、碱土金属元素同生地球化学场的双重特征。前者是成矿的主要区域。

(2)主要成矿元素Au、Cu、Ni具有分带清晰、浓集中心明显的基本特征。

(3)Au、Ag、Cu、Ni、Cr、Co空间套合紧密，形成的是复杂元素组分富集的叠生地球化学场。

(4)以Ni为主体的综合异常具备优良的成矿地质条件，是找矿预测的重要区段。

(5)主要的找矿指示元素有Au、Ag、Cu、Ni、Cr、Co。其中，Au - Cu - Ag组合异常代表金铜成矿系统，Ni - Cr - Co组合异常代表铁镁质成分的岩浆系统，是预测镍矿的重要指示元素。

(6)元素的富集成矿经历了高-中温的地球化学环境。

9.荒沟山-南岔预测工作区

工作区属于中低山森林景观区。主要分布古元古界老岭变质(岩)群[珍珠门岩组、花山岩组、大栗子(岩)组]和新元古代青白口纪的变质砂岩，形成亲石、碱土金属元素同生地球化学场。而花山岩组的千枚状片岩夹薄层变质粉砂岩以及千枚状变质粉砂岩夹薄层大理岩，是钴铜矿体的主要含矿层位，亦是主要的含矿围岩。

工作区内近东西向的断裂构造以及燕山期的岩浆活动是Au、Ag、Cu、Co成矿的重要因素。相应矿产有杉松岗铜钴矿、大横路铜钴矿。

应用1∶5万补充1∶20万化探数据圈出8个Ni异常。其中，1号、2号、5号、6号、7号异常具有清晰三级分带和明显的浓集中心，异常强度较高，衬值为3.35。面积分别为$53km^2$、$55km^2$、$85km^2$、$59km^2$、$300km^2$，轴向延伸北东。

3号、4号、8号异常呈二级分带，规模较小，面积分别为$6km^2$、$10km^2$，分布在主异常带的边缘。

与Ni套合紧密的元素有Co、Au、Ag、Cu、Pb、Zn。

1号组合异常有Ni、Co、Cu、Ag。其中，Ni、Cu异常同心套合，Co、Ag异常与Ni异常局部交合，Co异常规模大，Ag异常较小。地质背景显示为寒武纪的沉积建造，没有矿产响应，为低级的未知组合异常场。

2号组合异常由Ni、Co、Ag、Cu、Pb、Zn异常构成。其中，Ni、Co、Cu异常的浓集中心吻合程度高，而Ag、Pb、Zn异常与Ni异常呈局部伴生，形成复杂组分富集的叠生地球化学场。

该异常场与分布的大阳岔金矿、天桥金矿以及砂金矿系统等同对应，Ni、Co异常反映元古宇老岭(岩)群的铁镁质基底，Ag、Cu、Pb、Zn异常在Ni、Co异常背景场上构成金矿岩浆系统无序异常结构的天然富集体，而该天然富集体的热能系统主要是燕山期的花岗斑岩体侵入。

6号组合异常由Au、Ag、Cu、Pb、Zn、Ni异常构成。Au、Ag、Cu、Pb、Zn异常空间上呈同心套合，而与Ni异常为局部交合，形成离心结构的地球化学场。说明Ni异常与Au、Ag、Cu、Pb、Zn异常是2种成因的组合异常，即Ni异常只反映了集安(岩)群变质的铁镁质体高背景晕异常；Au、Ag、Cu、Pb、Zn异常组合应与分布的大松树金矿点和双顶岭金矿化有关。此外，该异常场缺少Co、Cr组分，对大横路铜钴矿成矿系统并不支持，异常场的形成与大横路铜钴矿无关。

7号组合异常场是区内规模最大的异常地球化学场，异常组分有Au、Ag、Cu、Pb、Zn、Ni。其中，以Cu、Zn的异常规模最大，空间上Cu、Pb、Zn、Ni异常套合程度较高，Au、Ag异常主要构成组合异常的外带。矿产分布显示，7号组合异常场反映了多种成矿岩浆系统，包括荒沟山金矿、铅锌矿、青沟子锑矿、杉松岗铜钴矿以及多处金矿点。

典型矿床研究表明，杉松岗铜钴矿的1∶2000的土壤测量结果，Cu、Co、Ni均有较好的异常反应，套合好。因此,7 号组合异常场中的 Cu、Co、Ni 异常反映的是杉松岗铜钴矿的成矿专属性特征。

需要说明的是 Cu 异常对金矿、铅锌矿的成矿岩浆系统具有同等的反映效果,所以,Cu 异常应是多种矿致源形成的。

根据 Ni 的综合异常特征圈出 4 个找矿预测区。这 4 个预测区均以老岭(岩)群的变质铁镁质体为底质,在强烈的区域变质和多次岩浆作用下,专属元素组合具有进一步富集的可能,这对预测变质成矿作用的伴生镍矿是有利的。同时,分布的沉积-变质成因的铜钴矿为预测增加了佐证。

预测工作区地球化学找矿模式如下。

(1)分布古元古界老岭变质(岩)群,区域变质作用强烈。构造发育,岩浆活动频繁,为成矿提供重要条件。

(2)主要成矿元素 Cu(Co)、Ni 具有清晰的分带和明显的浓集中心,强度高,规模大。

(3)Cu(Co)、Ni 组合异常反映铜钴成矿系统,矿致性质明显。

(4)Cu(Co)、Ni 综合异常具有良好的成矿地质条件,是找矿预测的重要区段。

(5)工作区矿致系统发育,元素异常源于多个矿致源,构成的异常结构呈无序态势,叠加改造作用强烈,对成矿有利。

第四节　遥　感

一、技术流程

利用 MapGIS 将 *.Geotiff 图像转换为 *.msi 格式图像,再通过投影变换,将其转换为 1∶5 万比例尺的 *.msi 图像。

利用 1∶5 万比例尺的 *.msi 图像作为基础图层,添加工作区的地理信息及辅助信息,生成工作区 1∶5 万遥感影像图。

利用 Erdas imagine 遥感图像处理软件将处理后的吉林省东部 ETM 遥感影像镶嵌图输出为 *.Geotiff 格式图像,再通过 MapGIS 软件将其转换为 *.msi 格式图像。

在 MapGIS 支持下,调入吉林省东部 *.msi 格式图像,在 1∶25 万精度的遥感矿产地质特征解译基础上,对吉林省各矿产预测类型分布区进行空间精度为 1∶5 万的矿产地质特征与近矿找矿标志解译。

利用 B1、B4、B5、B7 四个波段对应的准归一化校正数据或无损失拉伸数据进行主成分分析,第四主成分存储于 14 通道中,对其分三级进行异常切割,一般情况一级异常 K_σ 取 3.0,二级异常 K_σ 取 2.5,三级异常 K_σ 取 2.0,个别情况 K_σ 值略有变动,经过分级处理的 3 个级别的铁染异常分别存储于 16、17、18 通道中。

利用 B1、B3、B4、B5 四个波段对应的准归一化校正数据或无损失拉伸数据进行主成分分析,第四主成分存储于 15 通道中,对其分三级进行异常切割,一般情况一级异常 K_σ 取 2.5,二级异常 K_σ 取 2.0,三级异常 K_σ 取 1.5,个别情况 K_σ 值略有变动,经过分级处理的 3 个级别的铁染异常分别存储于 19、20、21 通道中。

二、资料应用情况

利用收集到的吉林省境内 38 景 ETM 数据经计算机录入、融合、校正形成的遥感图像。利用全国项目组提供的吉林省 1∶25 万地理底图提取制图所需的地理部分。参考吉林省区域地质调查所编制的吉林省 1∶25 万地质图和吉林省区域地质志。

三、遥感地质特征

线要素：主要包括断裂构造、脆-韧性变形构造 2 种基本构造类型。

带要素：主要包括赋矿地层、赋矿岩层相关的遥感信息。

环要素：包括由岩浆侵入、火山喷发、构造旋扭、围岩蚀变及沉积岩层或环状褶皱等形成的环状构造。

块要素：由几组断裂相互切割、地质体相互拉裂以及旋扭和剪切等形成的菱形、眼球状、透镜状、四边形等块状地质体的遥感影像特征。

色要素：指有别于正常地质体的色带、色块、色斑、色晕等，并且在遥感图像上可以目视鉴别的色异常。

近矿找矿标志：指含矿岩层、脉岩类、断裂构造破碎带、各种围岩蚀变带或矿化蚀变带以及侵入岩体内外接触带等。

四、遥感异常提取

利用 PCI 软件采用"面向特征主分量选择法"分别对选取好的 ETM 数据进行遥感异常提取。

利用 B1、B4、B5、B7 四个波段对应的准归一化校正数据或无损失拉伸数据进行主成分分析，第四主成分存储于 14 通道中，对其分三级进行异常切割，一般情况一级异常 $K_σ$ 取 3.0，二级异常 $K_σ$ 取 2.5，三级异常 $K_σ$ 取 2.0，个别情况 $K_σ$ 值略有变动，经过分级处理的 3 个级别的羟基异常分别存储于 16、17、18 通道中。

利用 B1、B3、B4、B5 四个波段对应的准归一化校正数据或无损失拉伸数据进行主成分分析，第四主成分存储于 15 通道中，对其分三级进行异常切割，一般情况一级异常 $K_σ$ 取 2.5，二级异常 $K_σ$ 取 2.0，三级异常 $K_σ$ 取 1.5，个别情况 $K_σ$ 值略有变动，经过分级处理的 3 个级别的铁染异常分别存储于 19、20、21 通道中。

五、遥感地质构造及矿产特征的推断解译

（一）红旗岭预测工作区

1. 遥感地质特征解译

吉林省红旗岭地区红旗岭式基性—超基性岩浆熔离-贯入型镍矿预测工作区，共解译线要素 124 条（其中遥感断层要素 120 条，遥感脆韧性变形构造带要素 4 条），环要素 29 个，色要素 1 块。圈出最小预测区 4 处。

1）线要素解译

本预测工作区内解译出 1 条大型断裂带，为敦化-密山岩石圈断裂，该断裂带附近的次级断裂是吉林省重要矿产的容矿构造。

区内解译出 4 条中型断裂（带），分别为东辽-桦甸断裂带、桦甸-蛟河断裂带、双阳-长白断裂带、伊通-辉南断裂带。

本预测区内的小型断裂比较发育，并且以北东向为主，北北西向和北西向次之，局部见近南北向和近东西向小型断裂，其中的北西向及北北西向小型断裂多为正断层，形成时间较晚，多错断其他方向的断裂构造，其他方向的小型断裂多为逆断层，形成时间明显早于北西向断裂。

本预测区内的脆韧变形趋势带比较发育，共解译出 4 条，为区域性规模脆韧性变形构造。分布于敦化-密山岩石圈断裂带内。

2)环要素解译

本预测工作区内的环形构造比较发育，共圈出 29 个环形构造。它们主要集中于不同方向断裂交会部位。按其成因类型分为 3 类，其中由中生代花岗岩类引起的环形构造 11 个。与隐伏岩体有关的环形构造 17 个。成因不明的环形构造 1 个。

3)色要素解译

本预测区内共解译出色调异常 1 处，为绢云母化、硅化引起，在遥感图像上显示为浅色色调异常。从空间分布上看，区内的色调异常明显与断裂构造及环形构造有关，在北东向断裂带上及北东向断裂带与其他方向断裂交会部位以及环形构造集中区，色调异常呈不规则状分布。

磐石县红旗岭镍矿、磐石县茶尖岭镍矿均形成于敦化-密山岩石圈断裂北西侧，矿体受控于伊通-辉南断裂带两侧的北西向次级断裂。

2. 遥感羟基异常提取

1)遥感异常面积

吉林省红旗岭地区红旗岭式基性—超基性岩浆熔离-贯入型镍矿预测工作区共提取遥感羟基异常面积 1 648 098.232m^2，其中一级异常 278 100.000m^2，二级异常 295 200.000m^2，三级异常 1 074 798.232m^2。

2)遥感异常分布特征

预测区东北部，不同方向断裂交会部位，羟基异常集中分布，为矿化引起的羟基异常。

3. 遥感铁染异常提取

1)遥感异常面积

吉林省红旗岭地区红旗岭式基性—超基性岩浆熔离-贯入型镍矿预测工作区共提取遥感铁染异常面积 3 358 282.973m^2，其中一级异常 2 658 620.183m^2，二级异常 374 610.777m^2，三级异常 325 052.973m^2。

2)遥感异常分布特征

铁染异常在本预测区中及北部分布，在多方向断裂交会部位以及环形构造分布区，铁染异常相对集中。

4. 遥感矿产预测分析

本预测区内矿产预测方法类型为侵入岩体型，共圈出最小预测区 4 处。

HQLNi-Ⅰ：双阳-长白断裂带与伊通-辉南断裂带交会，磐石县红旗岭岩体分布此区，区内有铁染零星分布。

HQLNi-Ⅱ：桦甸-蛟河断裂带与桦甸-双河镇断裂带交会，有 3 个与隐伏岩体有关的环形构造沿北西向呈串珠状分布。铁染、羟基异常零星分布。

HQLNi-Ⅲ：双阳-长白断裂带穿过。区内有铁染零星分布。磐石红旗岭 2 号、7 号岩体在此分布。

HQLNi-Ⅳ：敦化-密山岩石圈断裂带上不同方向断裂交会，有 8 个与隐伏岩体有关的环形构造沿北东向呈串珠状分布。铁染异常零星分布。

（二）双凤山预测工作区

1. 遥感地质特征解译

吉林省双凤山地区红旗岭式基性—超基性岩浆熔离-贯入型镍矿预测工作区，共解译线要素 8 条，全部为遥感断层要素，环要素 9 个、色要素 12 个。圈出最小预测区 2 处。

1）线要素解译

本预测工作区内解译出 3 条中型断裂（带），为伊通-辉南断裂带、柳河-吉林断裂带、东辽-桦甸断裂带。小型断裂不发育，以北西向、东西向为主。

2）环要素解译

本预测工作区内的环形构造比较发育，共圈出 29 个环形构造。它们主要集中于不同方向断裂交会部位。按其成因类型分为 4 类，其中由基性岩类引起的环形构造 2 个，中生代花岗岩类引起的环形构造 7 个。

2. 遥感羟基异常提取

1）遥感异常面积

吉林省双凤山地区红旗岭式基性—超基性岩浆熔离-贯入型镍矿预测工作区共提取遥感羟基异常面积 27 897.855m^2，全部为三级异常。

2）遥感异常分布特征

预测区东部，柳河-吉林断裂带与伊通-辉南断裂带交会部位以及中生代花岗岩类引起的环形构造边部羟基异常零星分布，为矿化引起的羟基异常。

3. 遥感铁染异常提取

1）遥感异常面积

吉林省双凤山地区红旗岭式基性—超基性岩浆熔离-贯入型镍矿预测工作区遥感共提取遥感铁染异常面积 34 196.626m^2，一级异常 31 496.803m^2，二级异常 2 699.823m^2。

2）遥感异常分布特征

预测区异常分布极少，仅在北部铁染异常零星出现，分布在遥感浅色色调异常区。

（三）川连沟-二道岭子预测工作区

1. 遥感地质特征解译

吉林省川连沟-二道岭子地区红旗岭式基性—超基性岩浆熔离-贯入型镍矿预测工作区，共解译线要素 47 条，全部为遥感断层要素，环要素 17 个。圈出最小预测区 2 处。

1）线要素解译

本预测工作区内解译出 2 条大型断裂（带），为依兰-伊通断裂带、四平-德惠岩石圈断裂。依兰-伊通断裂带通过预测工作区东南角，四平-德惠岩石圈断裂通过预测工作区西北角。

预测工作区内的小型断裂比较发育，以北东向、北西向及近东西向为主，局部发育北西西向断裂，其中北西向断裂多表现为张性特点，其他方向断裂多表现为压性特征。区内的四平市山门镍矿分布于不同方向小型断裂的交会部位及环形构造集中区。

预测工作区内区域性规模脆韧性变形构造或构造带在东南处较发育。为韧性变形趋势带，分布于依兰-伊通断裂带附近，与依兰-伊通断裂带同期形成。

2)环要素解译

预测工作区内的环形构造比较发育,共圈出17个环形构造。它们主要集中于不同方向断裂交会部位。按其成因类型分为3类,其中由中生代花岗岩类引起的环形构造15个,火山机构或火山通道引起的环形构造1个,成因不明1个。

3)块要素解译

预测工作区内的块要素分布在依兰-舒兰断裂带内,是2组断裂围限的菱形块体。

4)色要素解译

预测区内共解译出色调异常3处,为绢云母化、硅化引起,在遥感图像上均显示为浅色色调异常。从空间分布上看,区内的色调异常明显与断裂构造及环形构造有关,在北东向断裂带上及北东向断裂带与其他方向断裂交会部位以及环形构造集中区,色调异常呈不规则状分布。

2. 遥感铁染异常提取

1)遥感异常面积

吉林省川连沟-二道岭子地区红旗岭式基性—超基性岩浆熔离-贯入型镍矿预测工作区遥感共提取遥感铁染异常面积8 076.545m^2。

2)遥感异常分布特征

铁染异常全部为遥感三级异常,在预测区南部零星分布,分布在由中生代花岗岩类引起的环形构造及遥感浅色色调异常区。

3. 遥感矿产预测分析

本预测区内矿产预测方法类型为侵入岩体型,共圈出最小预测区2处。

CLGNi-Ⅰ:有多个中生代花岗岩类引起的环形构造分布,有北东向、北北东向断裂通过,遥感浅色色调异常区,四平市山门镍矿在此。

CLGNi-Ⅱ:区内分布2条北西向断裂及北东向断裂不同方向断裂交会,依兰-伊通断裂带在此通过,并有区域性规模脆韧性变形构造或构造带及石岭子块状构造通过。有多个中生代花岗岩类引起的环形构造,分布在遥感浅色色调异常区中。

(四)漂河川预测工作区

1. 遥感地质特征解译

吉林省漂河川地区红旗岭式基性—超基性岩浆熔离-贯入型镍矿预测工作区遥感矿产地质特征与近矿找矿标志解译图,共解译线要素87条(其中遥感断层要素85条,遥感脆韧性变形构造带要素2条),环要素26个,色要素3块。圈出最小预测区3处。

1)线要素解译

本预测工作区内解译出1条大型断裂带,为敦化-密山岩石圈断裂,该带沿永胜屯—明川村一线斜穿预测工作区。

本幅内共解译出9条中型断裂(带):敦化-杜荒子断裂带分布于预测工作区东南角,呈近东西向展布;丰满-崇善断裂带沿暖木条子村—新兴村一线呈北西向斜穿预测工作区;抚松-咬河断裂带分布于预测工作区北部边缘,可能为敦化-密山岩石圈断裂的次级断裂;富江-景山断裂带分布于预测工作区南部边缘;红石-西城断裂带分布于预测工作区东部,呈北西向展布,北西端被敦化-密山岩石圈断裂斜截;桦甸-蛟河断裂带分布于预测工作区西北角,呈北北东向延伸;桦甸-双河镇断裂带在预测工作区西北角,呈北西向展布;江源-新合断裂在预测工作区中南部,呈北西西向展布;三源浦-样子哨断裂带分布于预测工作区中偏南部，呈北东走向。

预测工作区内的小型断裂比较发育，并且以北东向为主，北北西向和北西向次之，局部见近南北向和近东西向小型断裂，其中的北西向及北北西向小型断裂多为正断层，形成时间较晚，多错断其他方向的断裂构造，其他方向的小型断裂多为逆断层，形成时间明显早于北西向断裂。

预测区内脆韧变形有 2 条，为区域性规模脆韧性变形构造，与敦化-密山岩石圈断裂相伴生。

2)环要素解译

本预测工作区内的环形构造比较发育，共圈出 26 个环形构造。它们主要集中于不同方向断裂交会部位。按其成因类型分为 3 类，其中由古生代花岗岩类引起的环形构造 15 个，与隐伏岩体有关的环形构造 3 个，中生代花岗岩类引起的环形构造 5 个，成因不明环形构造 3 个。

3)色要素解译

本预测区内共解译出色调异常 8 处，1 处为绢云母化、硅化引起，在遥感图像上显示为浅色色调异常。2 处为侵入岩体内外接触带及残留顶盖。从空间分布上看，区内的色调异常明显与断裂构造及环形构造有关，色调异常呈不规则状分布。

2. 遥感羟基异常提取

1)遥感异常面积

吉林省漂河川地区红旗岭式基性—超基性岩浆熔离-贯入型镍矿预测工作区共提取遥感羟基异常面积 10 429 808.137m^2，其中一级异常 1 999 258.572m^2，二级异常 1 984 436.500m^2，三级异常 6 446 113.065m^2。

2)遥感异常分布特征

分布在预测工作区东部的羟基异常无明显规律，由地层岩性引起。预测工作区西部的异常，环断裂构造、环形构造与遥感色调异常区均有密切的关系，应为矿化蚀变引起。

3. 遥感铁染异常提取

1)遥感异常面积

吉林省漂河川地区红旗岭式基性—超基性岩浆熔离-贯入型镍矿预测工作区共提取遥感铁染异常面积 13 575 255.638m^2，其中一级异常 8 809 284.351m^2，二级异常 2 078 834.580m^2，三级异常 2 687 136.707m^2。

2)遥感异常分布特征

分布于预测工作区中西部的铁染异常，空间上与断裂构造有着极密切的关系，部分异常分布于环形构造内部或边部，桦甸漂河川铜镍矿床附近。铁染异常相对集中。

4. 遥感矿产预测分析

本预测区内矿产预测方法类型为侵入岩体型。共圈定最小预测区 3 处。

PHCNi-Ⅰ：区内有北西向、北东向及北北西向断裂。区内有遥感浅色色调异常，区内有 1 个由中生代花岗岩类引起的环形构造。

PHCNi-Ⅱ：区内有北西向、北东向断裂，区内有 1 个与隐伏岩体有关的环形构造。

PHCNi-Ⅲ：位于桦甸-蛟河断裂带的东南侧，区内发育北东向断裂，区内有 1 个由古生代花岗岩类引起的环形构造。

（五）大山咀子预测工作区

1.遥感地质特征解译

吉林省大山咀子地区红旗岭式基性—超基性岩浆熔离-贯入型镍矿预测工作区共解译线要素38条，环要素13个，色要素1块，带要素1块。圈出最小预测区2处。

1）线要素解译

本预测工作区内解译出1条大型断裂带，为敦化-密山岩石圈断裂，该带斜穿预测工作区。

预测工作区内解译出2条中型断裂(带)：长岭-罗子沟断裂带，在预测工作区中北部呈东西向横穿预测区；新安-龙井断裂带分布于预测工作区西南部，呈北西向通过预测工作区。

本预测工作区内的小型断裂不甚发育，仅在预测区北部及南部边缘有少量的北东向及北西向小型断裂。

2）环要素解译

本预测工作区内的环形构造比较发育，共圈出13个环形构造。其中由古生代花岗岩类引起的环形构造7个，成因不明的环形构造1个，与隐伏岩体有关的环形构造5个。它们主要集中于不同方向断裂交会部位，在敦化-密山岩石圈断裂北西侧，长岭-罗子沟断裂带与其他方向断裂交会处，形成秃顶子林场环形构造群；在敦化-密山岩石圈断裂东南侧，新安-龙井断裂带与北东向小型断裂交会处，形成沙河沿镇环形构造群。

3）色要素解译

本预测区内共解译出色调异常1处，为绢云母化、硅化引起。在遥感图像上均显示为浅色色调异常。分布在长岭-罗子沟断裂带边部，秃顶子林场环形构造群中。

4）带要素解译

本预测共解译出1处遥感带要素，由变质岩组成，分布在敦化隆起内。

2.遥感羟基异常提取

1）遥感异常面积

吉林省大山咀子地区红旗岭式基性—超基性岩浆熔离-贯入型镍矿预测工作区共提取遥感羟基异常面积4 532 249.976m²，其中一级异常937 292.397m²，二级异常971 569.453m²，三级异常2 623 388.126m²。

2）遥感异常分布特征

预测工作区北部羟基异常零散分布，多为地层岩性引起。东北角断裂构造密集分布区，秃顶子林场环形构造群内的羟基异常应为矿化蚀变引起。分布于预测工作区南部的羟基异常，明显与断裂构造及环形构造有极密切的关系，为矿化蚀变引起。

3.遥感铁染异常提取

1）遥感异常面积

吉林省大山咀子地区红旗岭式基性—超基性岩浆熔离-贯入型镍矿预测工作区共提取遥感铁染异常面积24 052 563.892m²，其中一级异常7 169 634.101m²，二级异常3 308 909.787m²，三级异常13 574 020.004m²。

2）遥感异常分布特征

铁染异常在本预测区分布广泛，预测区中部及北部的铁染异常零散分布，与矿化无关，仅有秃顶子林场环形构造群内的铁染异常可能为矿化蚀变引起；分布于预测工作区南部的铁染异常，空间上多与断裂构造及环形构造有关，认为与断裂构造及环形构造有关、有空间联系的铁染异常，应为矿化蚀变引起。

4. 遥感矿产预测分析

本预测区内矿产预测方法类型为侵入岩体型。共圈出最小预测区 2 处。

DSZZNi-Ⅰ：区内分布有不同方向断裂，与隐伏岩体有关的环形构造呈同心状分布，分布有带要素：新元古代塔东岩群。有遥感浅色色调异常区。区内有羟基异常分布。

DSZZNi-Ⅱ：区内有古生代花岗岩类引起的环形构造 3 个，北西向新安-龙井断裂带与北东向断裂交会。区内有羟基异常分布。

(六)六棵松-长仁预测工作区

1. 遥感地质特征解译

吉林省六棵松-长仁地区红旗岭式基性—超基性岩浆熔离-贯入型镍矿预测工作区，共解译线要素 141 条(其中遥感断层要素 133 条，遥感脆韧性变形构造带要素 8 条)，环要素 57 个，色要素 8 块，带要素 1 块。圈出最小预测区 5 处。

1)线要素解译

本预测工作区内解译出 1 条巨型断裂带——华北地台北缘断裂带，该带沿庙岭林场—福洞镇一线，呈北西向—南东向斜穿预测工作区，同时伴有大型脆韧性变形构造。该带两侧，不同方向断裂密集分布，并且在不同方向断裂交会部位，环形构造成群分布，构成一系列环形构造群，它们在空间分布上与遥感浅色色调异常区有密切关系。该带应为本区镍矿成矿的导矿构造。

本预测工作区内解译出 1 条大型断裂带——集安-松江岩石圈断裂带，该带分布于预测工作区西北角，呈北东走向通过预测工作区。

本幅内共解译出 5 条中型断裂(带)，分别为丰满-崇善断裂带，分布于预测工作区西南角，呈北西走向通过预测工作区；和龙-春化断裂带，分布于预测工作区东南角，呈北东东走向通过预测工作区；红石-西城断裂带，分布于长仁村—青龙村一线，呈北西向展布；那尔轰-松江断裂带，分布于预测工作区西南角，呈北西西向展布；望天鹅-春阳断裂带，分布于预测工作区东北部，呈北东向展布。

区内的小型断裂十分发育，共解译出 118 条，并以北东走向和北西走向为主，近东西向次之，局部见近南北向小型断裂。它们主要集中于华北地台北缘断裂带两侧。与华北地台北缘断裂带相联通的北东向小断裂与其他方向小断裂相交部位，是寻找镍矿的最有利部位。

2)环要素解译

本预测工作区内的环形构造比较发育，共圈出 57 个环形构造。它们主要集中于不同方向断裂交会部位，形成福洞镇北、和龙市、和龙镇、金场洞村、金城村、柳树沟、闹子沟、三道乡 8 个环形构造群。按其成因类型分为 3 类，其中由古生代花岗岩类引起的环形构造 5 个。与隐伏岩体有关的环形构造 51 个。由中生代花岗岩类引起的环形构造 1 个。

3)色要素解译

本预测区内共解译出色调异常 8 处，7 处为绢云母化、硅化引起，在遥感图像上显示为浅色色调异常。1 处为侵入岩体内外接触带及残留顶盖。从空间分布上看，区内的色调异常明显与断裂构造及环形构造有关，色调异常呈不规则状分布。

4)带要素解译

本预测区内共解译出带要素 1 处，为太古宙变质表壳岩，由黑云绿泥片岩、斜长角闪片岩、角闪磁铁石英岩组成。分布于华北地台北缘和龙断块内。

2. 遥感羟基异常提取

1)遥感异常面积

吉林省六棵松-长仁地区红旗岭式基性—超基性岩浆熔离-贯入型镍矿预测工作区共提取遥感羟基异常面积 24 848 603.258m^2,其中一级异常 6 326 493.222m^2,二级异常 3 730 206.753m^2,三级异常 14 791 903.283m^2。

2)遥感异常分布特征

预测工作区内的羟基异常,主要分布于东部华北地台北缘断裂带两侧,并在不同方向断裂交会部位以及环形构造集中区,羟基异常相对集中,属矿化引起的蚀变异常。

3. 遥感铁染异常提取

1)遥感异常面积

吉林省六棵松-长仁地区红旗岭式基性—超基性岩浆熔离-贯入型镍矿预测工作区共提取遥感铁染异常面积 22 775 757.789m^2,其中一级异常 4 858 084.259m^2,二级异常 3 796 874.384m^2,三级异常 14 120 799.146m^2。

2)遥感异常分布特征

铁染异常主要分布于预测工作区西南部和东部,西南部的铁染异常与遥感解译五要素无空间关系,属非矿化异常;东部的铁染异常主要分布于环形构造群边部以及北东向小断裂附近,并且在和龙市长仁 11 号岩体附近有异常分布,认为此区的铁染异常可能与矿化有关。

4. 遥感矿产预测分析

本预测区内矿产预测方法类型为侵入岩体型。共圈出最小预测区 5 处。

LKSNi-Ⅰ:那尔轰-松江断裂带与丰满-崇善断裂带交会,有 3 个与隐伏岩体有关的环形构造,铁染异常零星分布。

LKSNi-Ⅱ:有 8 个与隐伏岩体有关的环形构造沿北东向呈串珠状分布。铁染异常零星分布。北西向红石-西城断裂带与北东向断裂交会。有遥感浅色色调异常区。区内有羟基异常分布。区内有 2 个矿点。

LKSNi-Ⅲ:华北地台北缘断裂带东部,区域性脆韧性变形构造或构造带上,北东向与北西向断裂交会,分布有中生代花岗岩类引起的环形构造。区内有羟基异常分布,有 2 个矿点。

LKSNi-Ⅳ:有 6 个与隐伏岩体有关的环形构造沿北东向呈串珠状分布。铁染、羟基异常高度集中,分布遥感浅色色调异常区、区域性规模脆韧性变形构造或构造带上。

LKSNi-Ⅴ:分布在新太古代变质表壳岩中,有 3 个与隐伏岩体有关的环形构造分布,铁染、羟基异常高度集中。区内有 1 个矿点。

(七)赤柏松-金斗预测工作区

1. 遥感地质特征解译

吉林省赤柏松-金斗地区赤柏松式基性—超基性岩浆熔离-贯入型镍矿预测工作区,共解译线要素 29 条,全部为遥感断层要素,环要素 29 个。圈出最小预测区 3 处。

1)线要素解译

本预测工作区内解译出 6 条中型断裂(带),为大川-江源断裂带,沿预测工作区东南部呈北东向展布,断裂带较宽,通化县赤柏松铜镍矿、新安铜镍矿均形成于该带内;富江-景山断裂带,分布于预测工作区西北部，由 2 条较大型断裂组成，展布方向为北东向；三源浦-样子哨断裂带分布于预测工作区东北角，呈北东向较大弧形展布；四棚-青石断裂切割太古宙、中—古元古代地层、侏罗纪火山岩，晚侏罗世闪长岩珠及岩脉沿断裂侵入，该带沿赤柏松村—四棚乡一线呈北西向穿过预测工作区，通化县赤柏松铜镍矿、通化县金斗Ⅶ-5 号镍矿均分布在该带内，该带为大川-江源断裂带交会部位，是重要的镍矿成矿地段；头道-长白山断裂带通过预测工作区西南角；兴华-白头山断裂带通过预测工作区东北角。

本预测工作区内的小型断裂比较发育，并且以北东向、北东东向及近东西向为主，北西向和南北向次之。

2)环要素解译

本预测工作区内的环形构造比较发育，共圈出 29 个环形构造。它们主要集中于不同方向断裂交会部位，形成大川乡、林子头、通化县、通化县南、通化县西等环形构造群，通化县赤柏松铜镍矿、新安铜镍矿、通化县金斗Ⅶ-5 号镍矿均分布在通化县西环形构造群内。按其成因类型分为 4 类，其中与隐伏岩体有关的环形构造 14 个、中生代花岗岩类引起的环形构造 8 个。火山机构或火山通道引起的环形构造 2 个，成因不明 5 个。

2. 遥感羟基异常提取

1)遥感异常面积

吉林省赤柏松-金斗地区赤柏松式基性—超基性岩浆熔离-贯入型镍矿预测工作区共提取遥感羟基异常面积 4 429 021.505m^2，其中一级异常 705 342.900m^2，二级异常 481 412.455m^2，三级异常 3 242 266.150m^2。

2)遥感异常分布特征

预测区东部，不同方向断裂交会部位以及环形构造集中区，羟基异常集中分布，通化县赤柏松铜镍矿、新安铜镍矿、通化县金斗Ⅶ-5 号镍矿均分布于遥感羟基异常集中区，为矿化引起的羟基异常。

3. 遥感铁染异常提取

1)遥感异常面积

吉林省赤柏松-金斗地区赤柏松式基性—超基性岩浆熔离-贯入型镍矿预测工作区遥感共提取遥感铁染异常面积 11 664 777.50m^2，其中一级异常 1 130 725.00m^2，二级异常 1 261 227.50m^2，三级异常 9 272 825.00m^2。

2)遥感异常分布特征

预测区西南部，砬上屯环形构造与北东向断裂交会处，铁染异常集中分布，与中生代花岗岩类引起的环形构造有关。

小赤柏松有与隐伏岩体有关的环形构造，与北西向断裂交会处，铁染异常集中分布，与矿化有关。预测区东北部，富江-景山断裂带与四棚-青石断裂交会，铁染异常集中分布。

4. 遥感矿产预测分析

本预测区内矿产预测方法类型为侵入岩体型。共圈出最小预测区 3 处。

CBJDNi-Ⅰ：大川-江源断裂带通过，有北东向、北北东向及东西向断裂通过，区内有 2 个与隐伏岩体有关的、相离的环形构造。为遥感浅色色调异常区，区内有铁染、羟基异常零星分布。

CBJDNi-Ⅱ：区内分布 2 条北西向断裂及北东向断裂，有 2 个与隐伏岩体有关的环形构造，呈串珠状分布。区内有高度集中的羟基、铁染异常分布，有 1 个中型铜镍矿床，和 1 个小型铜镍矿床。

CBJDNi-Ⅲ：区内分布 2 条北东向断裂及北西向断裂，有 1 个与隐伏岩体有关的环形构造，有高度集中的羟基、铁染异常分布，通化县金斗Ⅶ-5 号镍矿在此分布。

（八）大肚川-露水河预测工作区

1. 遥感地质特征解译

吉林省大肚川-露水河地区赤柏松式基性—超基性岩浆熔离-贯入型镍矿预测工作区，共解译线要素354条（其中遥感断层要素337条，遥感脆韧性变形构造带要素17条），环要素92个，色要素6块。圈出最小预测区6处。

1）线要素解译

本预测工作区内解译出1条巨型断裂带，为华北地台北缘断裂带，该带沿大砬子—板庙子林场—松江河村一线，呈北西向—南东向较大弧形斜穿预测工作区，同时伴有大型脆韧性变形构造。该带两侧，不同方向断裂密集分布，并且在不同方向断裂交会部位，环形构造成群分布，构成一系列环形构造群，它们在空间分布上与遥感浅色色调异常区有密切关系。该带应为本区镍矿成矿的导矿构造。

预测工作区内解译出1条大型断裂（带），为敦化-密山岩石圈断裂，该带分布于预测工作区西北角，呈北东向—南西向展布，错断了华北地台北缘断裂带。

预测工作区内解译出6条中型断裂（带），东辽-桦甸断裂带在预测工作区西部有小段出露；敦化-杜荒子断裂带在预测工作区东部有小段出露；丰满-崇善断裂带在预测工作区东北角出露一小段；抚松-蛟河断裂带分布在预测工作区中部，由数条近南北向断裂构造组成，断裂带较宽，该带与华北地台北缘断裂带相联通地段，可能为镍矿成矿的重要地段；富江-景山断裂带分布于预测工作区中偏西部，呈北东向展布，错断了华北地台北缘断裂带；三源浦-样子哨断裂带在预测工作区西部，呈北东向展布。

本预测工作区内的小型断裂比较发育，共解译出311条，以北东向和北西向为主，北北东向、东西向和南北向次之，其中北西向断裂多表现为张性特点，其他方向断裂多表现为压性特征。分布在华北地台北缘断裂带附近的小型断裂为镍矿的形成提供了储存空间，不同小型断裂交会部位，是寻找镍矿的有利地段。

本预测区内的脆韧变形趋势带比较发育，共解译出17条，为区域性规模脆韧性变形构造。区域性规模脆韧性变形构造组成1条较大规模的脆韧性变形构造带，分布于华北地台北缘断裂带附近，部分形成于太古宙绿岩地体内。

2）环要素解译

本预测工作区内的环形构造比较发育，共圈出92个环形构造。它们主要集中于不同方向断裂交会部位，形成板庙子林场、东北岔东、东北岔、红石砬子镇、夹皮沟镇南、金龙村、锦山村、浪柴河林场、老金场镇、老岭村、老牛沟村南、黎明林场、三和屯、双阳村、滩头村、头道岔东、苇沙河村、沿江乡东北、杨树村、云峰村、云峰村西南、振兴屯等环形构造群，其中分布在华北地台北缘断裂带附近的环形构造群是镍矿成矿的有利部位。按其成因类型分为3类，其中古生代花岗岩类引起的环形构造12个。火山机构或火山通道引起的环形构造1个，与隐伏岩体有关的环形构造77个。

3）色要素解译

本预测区内共解译出色调异常6处，4处为绢云母化、硅化引起，2处为侵入岩体内外接触带及残留顶盖引起。在遥感图像上均显示为浅色色调异常。从空间分布上看，区内的色调异常明显与断裂构造及环形构造有关，多分布于不同方向断裂带交会部位及环形构造集中区中。

2. 遥感羟基异常提取

1）遥感异常面积

吉林省大肚川-露水河地区赤柏松式基性—超基性岩浆熔离-贯入型镍矿预测工作区共提取遥感羟基异常面积4 532 249.976m²，其中一级异常937 292.397m²，二级异常971 569.453m²，三级异常 2 623 388.126m^2。

2)遥感异常分布特征

异常主要在本预测区北部零星分布,主要在敦化-密山岩石圈断裂上及一些小型北西向断裂带附近,在华北地台北缘断裂带附近的环形构造群内以及遥感浅色色调异常区内有零星分布,应与矿化蚀变有关。

3.遥感铁染异常提取

1)遥感异常面积

吉林省大肚川-露水河地区赤柏松式基性—超基性岩浆熔离-贯入型镍矿预测工作区共提取遥感铁染异常面积 12 077 791.587m^2,其中一级异常 5 830 933.202m^2,二级异常 1 693 415.733m^2,三级异常 4 553 442.652m^2。

2)遥感异常分布特征

铁染异常主要在本预测区南部、中部分布,分布在华北地台北缘断裂带南侧。预测区中部的铁染异常与断裂构造、环形构造及遥感色调异常区均有密切联系,可能为矿化蚀变引起。

4.遥感矿产预测分析

本预测区内矿产预测方法类型为侵入岩体型。共圈出最小预测区 6 处。

DDCNi-Ⅰ:华北地台北缘断裂带南部,区域性规模脆韧性变形构造或构造带南部,有小型不同断裂交会,有 3 个与隐伏岩体有关的环形构造。铁染异常零星分布,有遥感浅色色调异常区,桦甸县红石乡高兴屯矿点。

DDCNi-Ⅱ:由与隐伏岩体有关的环形构造沿北东向呈串珠状分布,北东向富江-景山断裂带与华北地台北缘断裂带交会。有区域性规模脆韧性变形构造或构造带穿过。有遥感浅色色调异常区。

DDCNi-Ⅲ:区内分布有不同方向断裂,并有北东向、北西向区域性规模脆韧性变形构造或构造带交会。区内有 6 个与隐伏岩体有关的环形构造,呈串珠状北东向分布。分布有遥感浅色色调异常区。

DDCNi-Ⅳ:区内分布有不同方向断裂,并有北东向、北西向区域性规模脆韧性变形构造或构造带交会。区内与隐伏岩体有关的环形构造分布有遥感浅色色调异常区。

DDCNi-Ⅴ:区内分布有不同方向断裂,并有北东向、北西向区域性规模脆韧性变形构造或构造带交会。区内 5 个与隐伏岩体有关的环形构造分布。有遥感浅色色调异常区。有 1 个镍矿点。

DDCNi-Ⅵ:敦化-密山岩石圈断裂北部,由古生代花岗岩类引起的环形构造沿北东向呈串珠状分布。北东向断裂在此过,区内有铁染零星分布。蛟河县漂河川镍矿分布在此。

(九)荒沟山-南岔预测工作区

1.遥感地质特征解译

吉林省荒沟山-南岔地区杉松岗式沉积变质型镍矿预测工作区,共解译线要素 447 条(其中遥感断层要素 428 条,遥感脆韧性变形构造带要素 19 条),环要素 132 个,色要素 6 块。圈出最小预测区 7 处。

1)线要素解译

本预测工作区内解译出 1 条大型断裂带,为集安-松江岩石圈断裂,该断裂呈北东向通过预测工作区东南角。

本预测工作区内解译出 5 条中型断裂(带),大川-江源断裂带由近 70 条北东向断裂构成一宽度达 30 余千米的北东向断裂构造带,通过预测工作区西北部;大路-仙人桥断裂带沿七道沟铁矿—大青沟—二道阳岔一线呈北东向穿过预测工作区,并伴有大型脆韧性变形构造,该带附近小型断裂密集分布,环形构造在该断裂带内高度集中，中元古界老岭(岩)群形成的带要素沿该断裂带分布，该带上分布多处遥感浅色色调异常区，遥感铁染异常在该带内相对集中，该带是区内寻找镍矿的重要区带；果松-华山断裂带沿小西南岔—大青沟—花山镇一线呈北东向穿过预测工作区，中部与大路-仙人桥断裂带相交，并使大路-仙人桥断裂带西南段向西南方向位移10余千米，两带构成"S"形构造的中南段，两带相交部位遥感线、带、环、块、色要素俱全，遥感铁染异常集中分布区。白山市大横路铜钴矿、临江市杉松岗钴矿床均分布在此区，认为此2条断裂带交会部位是寻找伴生镍矿的最佳地段；头道-长白断裂带沿预测工作区南部边缘呈近东西向通过预测工作区；兴华-白头山断裂带沿预测工作区北部边缘呈近东西向通过预测工作区，东段与大路-仙人桥断裂构成"S"形构造北段。

本预测工作区内的小型断裂比较发育，并以北西向为主，北东向次之，局部见近东西向及近南北向小型断裂，其中北西向断裂多表现为张性特点，其他方向断裂多表现为压性特征。

本预测区内的脆韧变形趋势带比较发育，共解译出19条，为区域性规模脆韧性变形构造。主要集中于大青沟—杉松岗—报马川一线，构成一规模较大的"S"形构造带。

2)环要素解译

本预测工作区内的环形构造比较发育，共圈出132个环形构造。它们主要集中于不同方向断裂交会部位，构成八道沟煤矿、板石沟、报马川、报马川西、冰沟、错草砬子、大镜沟乡、大栗子镇北、果松镇、河口乡、红土崖镇、老三队村、临江市、六道江镇、七道沟镇、三道沟镇、三道阳岔、杉松岗、苇沙河镇、五道沟镇、小通沟、周家窝林场等环形构造群，其中分布在"S"形构造带内的环形构造群是寻找镍矿的有利地段。白山市大横路铜钴矿分布于三道沟镇北环形构造的边部，临江市杉松岗钴矿床形成于杉松岗环形构造群内。按其成因类型分为4类，其中中生代花岗岩类引起的环形构造8个。火山机构或火山通道引起的环形构造3个，与隐伏岩体有关的环形构造118个。褶皱引起的环形构造3个。

3)色要素解译

本预测区内共解译出色调异常17处，6处为绢云母化、硅化引起，11处为侵入岩体内外接触带及残留顶盖引起。在遥感图像上均显示为浅色色调异常。从空间分布上看，区内的色调异常明显与断裂构造及环形构造有关，在北东向断裂带上及北东向断裂带与其他方向断裂交会部位以及环形构造集中区，色调异常呈不规则状分布。

4)带要素解译

预测区共解译出7处遥感带要素，均由变质岩组成，其中5处为青白口系钓鱼台组、南芬组；一处为中元古界老岭(岩)群珍珠门岩组与花山岩组接触带附近，由白云质大理岩、透闪石化硅化白云质大理岩、二云片岩夹大理岩组成，该带与Au、Cu、Pb、Zn矿产关系密切，白山市大横路铜钴矿、临江市杉松岗钴矿床均形成于该带内；另一处为太古宙英云闪长片麻岩。

5)块要素解译

本预测内共解译出12处遥感块要素，其中2处为区域压扭应力形成的构造透镜体，形成于老岭造山带中。10处为小规模块体所受应力形成的菱形块体，它们全呈北东向展布。

2. 遥感羟基异常提取

1)遥感异常面积

吉林省荒沟山-南岔地区杉松岗式沉积变质型镍矿预测工作区共提取遥感羟基异常面积16 434 961.155m^2，其中一级异常775 426.197m^2，二级异常819 326.268m^2，三级异常14 840 208.690m^2。

2)遥感异常分布特征

预测区西北部、东北部不同方向断裂交会部位，羟基异常集中分布，为矿化引起的羟基异常。分布遥感浅色色调异常，侵入岩体内外接触带及残留顶盖。

3.遥感铁染异常提取

1)遥感异常面积

吉林省荒沟山-南岔地区杉松岗式沉积变质型镍矿预测工作区共提取遥感铁染异常面积17 194 065.00m^2,其中一级异常8 516 707.5m^2,二级异常2 590 780.00m^2,三级异常6 086 577.50m^2。

2)遥感异常分布特征

在本预测区东北部不同方向断裂交会部位,铁染异常集中分布,为矿化引起的铁染异常。分布有遥感浅色色调异常,侵入岩体内外接触带及残留顶盖。

4.遥感矿产预测分析

本预测区内矿产预测方法类型为变质型。共圈出最小预测区7处。

HGNCNi-Ⅰ:北东向、北西向、东西向断裂交会处,老秃顶块状构造内,区域性规模脆韧性变形构造或构造带通过,分布在白云质大理岩形成的带要素内,区内为遥感浅色色调异常区,有铁染异常分布。有1个与隐伏岩体有关的环形构造。

HGNCNi-Ⅱ:北东向、北西向、东西向断裂交会处,老秃顶块状构造内,区域性规模脆韧性变形构造或构造带通过,分布在白云质大理岩形成的带要素内,区内为遥感浅色色调异常区,有铁染异常分布。有2个与隐伏岩体有关的环形构造。白山市大横路铜钴矿在此区。

HGNCNi-Ⅲ:北东向、东西向断裂多处,老秃顶块状构造内,区域性规模脆韧性变形构造或构造带通过,分布在白云质大理岩形成的带要素内,区内为遥感浅色色调异常区,有铁染异常分布。有与隐伏岩体有关的环形构造集中分布。临江市杉松岗钴矿床在此区。

HGNCNi-Ⅳ:2条北东向断裂穿过,1条东西向断裂通过,区域性规模脆韧性变形构造或构造带通过,分布在白云质大理岩形成的带要素内,区内为遥感浅色色调异常区,有铁染、羟基异常分布。有多个与隐伏岩体有关的环形构造串状分布。

HGNCNi-Ⅴ:3条北东向断裂穿过,节理劈理断裂密集带构造通过,区内为遥感浅色色调异常区,有铁染、羟基异常分布。有4个与隐伏岩体有关的环形构造串状分布。

HGNCNi-Ⅵ:1条北东向断裂穿过,节理劈理断裂密集带构造通过,区内为遥感浅色色调异常区,有铁染、羟基异常分布。有1个与隐伏岩体有关的环形构造。

HGNCNi-Ⅶ:2条北东向断裂穿过,6条北西向断裂通过,老秃顶块状构造内,区域性规模脆韧性变形构造或构造带通过,分布在白云质大理岩形成的带要素内,区内为遥感浅色色调异常区,有铁染、羟基异常分布。有多个与隐伏岩体有关的环形构造串状分布。

第五节　自然重砂

一、技术流程

按照自然重砂基本工作流程,在矿物选取和重砂数据准备完善的前提下,根据《重砂资料应用技术要求》,应用本省1∶20万重砂数据制作吉林省自然重砂工作程度图,自然重砂采样点位图,以选定的20种自然重砂矿物为对象,相应制作重砂矿物分级图、有无图、等量线图、八卦图,并在这些基础图件的基础上,结合汇水盆地圈定自然重砂异常图,自然重砂组合异常图,并进行异常信息的处理。

预测工作区重砂异常图的制作仍然以吉林省1∶20万重砂数据为基础数据源,以预测工作区为单位制作图框，截取 1∶20 万重砂数据制作单矿物含量分级图，在单矿物含量分级图的基础上，依据单矿物的异常下限绘制预测工作区重砂异常图。

预测工作区矿物组合异常图是在预测工作区单矿物异常图的基础上，以预测工作区内存在的典型矿床或矿点所涉及的重砂矿物选择矿物组合，将工作区单矿物异常空间套合较好的部分，以人工方法进行圈定，制作预测工作区矿物组合异常图。

二、资料应用情况

预测工作区自然重砂基础数据，主要源于全国 1∶20 万的自然重砂数据库。本次工作对吉林省 1∶20 万自然重砂数据库的重砂矿物数据进行了核实、检查、修正、补充和完善，重点针对参与重砂异常计算的字段值，包括重砂总质量、缩分后质量、磁性部分质量、电磁性部分质量、重部分质量、轻部分质量、矿物鉴定结果进行核实检查。并根据实际资料进行修整和补充完善。数据评定结果质量优良，数据可靠。

三、自然重砂异常及特征分析

吉林省 20 种重砂矿物分布特征，与不同时代地层的岩性组合、侵入岩的不同岩石类型具有一定的内在联系。它们在重砂矿物种类、含量及分级程度上存在明显的差异。预测工作区的重砂矿物组合主要是依据预测的矿种、典型矿床中出现的重砂矿物以及 1∶5 万单矿物重砂异常在预测工作区空间上的套合程度进行选择，同时结合矿物含量分级，将重点预测工作区的重砂组合异常进行划分。其自然重砂异常及特征分析如下。

1. 红旗岭预测工作区

该区位于敦密断裂之上偏西北，是 2 种不同大地构造单元的接触部位，总体位于吉黑褶皱系（亚Ⅰ级）吉林优地槽（Ⅱ级）吉林复向斜（Ⅲ级）。属于辽源-吉林丘陵、低山森林景观区。区内主要出露呼兰（岩）群片岩及大理岩变质建造（原岩为志留纪—泥盆纪海相砂页岩和泥灰岩）。这套地层中分布着海西期侵入的以橄榄岩、辉岩、辉长岩为主要成分的大小不等的基性—超基性岩体，铜镍矿即产于这些岩体中。其次分布着中基性的安山岩、安山质凝灰岩建造。岩浆活动强烈。区内次级的北东向、北西向共轭断裂构造发育。

主要矿物组合有磁黄铁矿、镍黄铁矿、黄铜矿、紫硫镍矿和黄铁矿，其次是砷镍矿、红砷镍矿、磁铁矿、方铅矿、墨铜矿、辉钼矿和钛铁矿等。分布的矿产有红旗岭大型铜镍矿床，金矿点、铜矿点、镍矿点多处。

该区主要预测的矿种为铜镍矿。由于具备直接指示作用的镍黄铁矿没有重砂异常反映，因此，选择以下重要的伴生矿物异常进行评价。

铜族矿物有 1 处异常，面积 1.08km^2，分布在典型矿床的北侧汇水区域，没有矿致源直接响应，对红旗岭铜镍矿不支持。由其地质背景可知，异常可能与其落位处的燕山期花岗岩类侵入体有关，与之相邻的北侧水域分布有火龙岭钼矿。因此，该铜族矿物异常对预测斑岩型钼（铜）矿有一定意义。

以往的研究成果表明，在典型矿床控制的汇水区域，黄铁矿、磁铁矿均有重砂异常存在，而且矿物含量分级较高，与分布的铁镁质-超铁镁质岩体也有一定程度的响应，应是区内铜镍找矿的重要指示异常。

白钨矿、辰砂异常的出现指示铜镍经历了高-中-低温的成矿环境。

由磁铁矿-橄榄石-辉石构成的组合异常有 2 个，和红旗岭铜镍矿分布在同一汇水区域中，而追索其源头是海西晚期的基性—超基性岩体。因此，该组合异常可以指示与成矿关系密切的基性—超基性的地质背景，利于找矿预测。

2. 川连沟-二道岭子预测工作区

该区地处大黑山条垒的南段，东侧为伊舒地堑，西侧为松辽坳陷，属吉林优地槽褶皱带（Ⅱ级）构造单元。预测工作区的自然景观属于台地森林草原带。

区内地层出露复杂，主要有寒武纪—奥陶纪西保安（岩）组角闪质岩石，黄莺屯（岩）组酸性火山-沉积岩。此外还分布有志留纪石缝组海相中酸性火山岩、碎屑岩和灰岩；志留纪桃山组海相性火山岩和细碎屑岩，构成综合成矿建造系列。岩浆活动频繁，以加里东晚期、海西晚期和燕山早期最强烈，其次为印支期。其中，印支期—燕山期的花岗岩类侵入体为银矿的形成提供物源和热源；海西晚期的基性—超基性岩体为山门镍矿提供了控矿空间，该岩体以辉石-角闪岩相为主。区内北东的韧性剪切带和北西向的次一级断裂构造发育。分布有大型热液成因的 Ag－Au 矿床和小型山门镍矿。

主要金属矿物有黄铁矿、闪锌矿、方铅矿、黄铜矿、辉锑矿。含银矿物有银黝铜矿、辉银矿、深红银矿、脆银矿、银金矿、自然银和自然金等。

具有直接指示作用的镍黄铁矿没有重砂异常反应。主要伴生矿物铜族圈出一个Ⅰ级异常，面积 $2.33km^2$，空间上与山门镍矿积极响应，是矿致异常。作为主要伴生矿物，对评价镍矿具有直接指示意义。

异常形态显示山门镍矿处于剥蚀初期，矿物剥蚀量不大，搬运沉积也不是很强。

磁铁矿、黄铁矿没有重砂异常反应。

物探资料显示，在工作区的西侧分布有 2 个推断的基性—超基性岩体，有橄榄石、辉石重砂异常响应，是外围找矿预测的重要地段。

3. 漂河川预测工作区

工作区处于优地槽褶皱带（Ⅰ级）敦化隆起（Ⅱ级）构造单元。属于丘陵、低山森林沼泽景观区。主要出露寒武纪的黑云斜长变粒岩和角闪斜长变粒岩以及奥陶纪的大理岩，二叠纪黑云石英片岩、绿泥阳起片岩、斜长角闪片岩及长英质岩等，构成变质岩建造。其次为白垩纪安山岩、上新世橄榄玄武岩建造。侵入岩以印支期的辉长岩以及燕山期的花岗岩类为主。发育北东向断裂。出现的金属矿物有磁黄铁矿、镍黄铁矿、黄铜矿、紫硫镍矿、黄铁矿、黝铜矿等。分布的矿产主要为漂河川铜镍矿。

铜族矿物异常圈出 2 处，面积分别为 $1.32km^2$、$0.48km^2$，对漂河川镍矿没有支持作用。其形成可能与中酸性岩浆活动有关。

与镍矿关系密切的黄铁矿、磁铁矿，在区内的矿物含量分级较低，异常较弱，指示效果不明显。反映基性—超基性岩体的橄榄石、辉石，在漂河川镍矿控制的汇水区域亦没有明显的重砂异常显示。

总之，该工作区主要重砂矿物分布稀少，异常呈弱势，对预测镍矿难以提供必要的重砂信息。

4. 大山咀子预测工作区

工作区位于东北叠加造山-裂谷系（Ⅰ）小兴安岭-张广才岭叠加岩浆弧（Ⅱ）太平岭-英额岭火山-盆地群（Ⅲ）敦化-密山走滑-伸展复合地垒（Ⅳ）大地构造单元内。属于敦化-珲春中低山森林、沼泽景观区。

区内出露大面积的新生代基性玄武岩体，受北东向的敦密断裂控制，岩体沿现代地形呈覆盖层状分布，主要的预测矿产有风化成因的镍矿、铁矿等。

具备直接指示效果的镍黄铁矿没有异常反映，共生矿物磁铁矿含量分级低，分布少且零散，间接指示作用有限。

反映控矿岩体（基性—超基性）的橄榄石、辉石呈有无图出现，只圈出 2 个低级的组合异常，难以对规模性的成矿地质背景提供有效的重砂依据。

总之，工作区有用重砂矿物稀少，异常反应差，释放的重砂信息无法满足成矿预测的要求。

5. 六棵松-长仁预测工作区

该区处在辉发河-古洞河近东西向深大断裂上，横跨本省台区和槽区两大构造单元。总体落位于槽区的延边优地槽褶皱带（Ⅱ级）延边复向斜（Ⅲ级）构造单元内。

区内主要分布有新太古代变质表壳岩，即黑云绿泥片岩，斜长角闪片岩；新元古界青龙村（岩）群，即黑云斜长片麻岩、角闪斜长岩、片麻岩。少量白垩纪下统大拉子组火山碎屑岩。出露的侵入岩主要是海西期的橄榄辉石岩、辉长岩以及二叠纪的闪长岩、二长花岗岩。北西向的韧性剪切带极其发育，是工作区主要的控矿构造。岩浆熔离型长仁铜镍矿床即分布在区内，并伴有多处镍矿点、铜矿点、铁矿点。

区内主要的代表性矿物铜族只有1个异常，镍黄铁矿没有异常显示。异常反映较好的共伴生矿物有磁铁矿、黄铁矿、白钨矿、铅族矿物。

铜族异常分布在长仁铜镍矿的南侧水域，面积0.83km^2。控制水域虽没有矿致源响应，却分布1处面积为0.21km^2的基性—超基性岩体（根据物探资料）。而且该岩体与铜族异常空间叠加，表明铜族异常和该岩体有关。据此该铜族异常对预测相同类型的Cu、Ni矿有重要的指示效果。

以往研究结果显示，磁铁矿圈出3处Ⅲ级异常（1号、2号、3号），面积分别为2km^2、8km^2、40km^2，近椭圆状或带状分布。其中1号异常与长仁铜镍矿积极响应，具矿致性质。

黄铁矿圈出5处异常，其中Ⅱ级2处（1号、4号），面积分别为12km^2、3km^2；Ⅲ级3处（2号、3号、5号），面积分别为3km^2、11km^2、3km^2，长条状或不规则状。其中1号异常与长仁铜镍矿积极响应，亦具矿致性质。

由磁铁矿-橄榄石-辉石组成的重砂组合圈出2个异常。组合异常对铜镍矿以及基性—超基性岩体不支持，对预测熔离型Cu、Ni矿目标不明确。

结论：铜族、磁铁矿、黄铁矿在具备成矿地质条件的汇水区，对预测熔离型Cu、Ni矿有直接或间接的指示作用，结合化探异常综合研究效果会更突出。

6. 赤柏松预测工作区

该区处于辽东台隆（Ⅱ级）铁岭-靖宇台拱（Ⅲ级）龙岗断块（Ⅳ级）构造单元内。属通化中低山森林景观区。

区内地层出露复杂，变质岩建造主要由新太古代的黑云变粒岩和变二长花岗岩构成。火山岩建造由侏罗纪果松组、林子头组的安山岩、安山质火山碎屑岩、安山质集块岩等构成。沉积岩建造主要为侏罗纪的小东沟组和鹰嘴砬子组的砾岩、砂岩构成。侵入岩有辉长岩、二长橄榄岩和碱长花岗岩、花岗斑岩。其中，林子头组的安山岩以及构成侵入岩建造的辉长岩、二长橄榄岩为含Cu地层。发育的断裂构造以北东向为主。

主要矿物组合磁黄铁矿、镍黄铁矿、黄铜矿为主，其次为黄铁矿、紫硫镍矿、辉镍矿、针镍矿等。

分布的矿产有赤柏松岩浆熔离型铜镍矿床及Ni矿点、Cu矿点。预测矿种Ni(Cu)。

区内预测的矿种主要为熔离型铜镍矿，代表矿物铜族圈出5个重砂异常，评定为Ⅰ级和Ⅲ级，面积分别为3.55km^2、1.55km^2、1.55km^2、1.88km^2、0.31km^2。其中Ⅰ级异常所处的地质背景为含Cu的林子头组安山岩以及构成侵入岩建造的辉长岩、二长橄榄岩，且与赤柏松铜镍矿床积极响应，矿致异常明显，是直接找矿标志。Ⅲ级异常围绕赤柏松铜镍矿床分布，有辉长岩、二长橄榄岩体响应，对赤柏松铜镍矿床外围找矿有重要的指示作用。

另一代表性矿物镍黄铁矿没有重砂异常反映。

应用以往的研究成果，主要伴生矿物磁铁矿、黄铁矿在赤柏松铜镍矿控制的汇水区域里均有重砂异常分布，对赤柏松铜镍矿积极支持，间接指示作用明显。

辰砂、重晶石在空间上与铜镍矿亦存在一定的响应关系。研究表明，辰砂中的 Hg 具有较强的亲硫性，主要来源于深部岩浆，而且在碱性介质中利于铁族矿石及金属硫化物的沉淀。重晶石主要为热液成因，多与硫化物共生。据此认为辰砂和重晶石异常对解译此处的 Cu、Ni 成矿地质环境有重要指示意义。

由铜族-磁铁矿-辉石构成的组合异常有 3 处，面积分别为 $1.33km^2$、$2.22km^2$、$1.05km^2$。空间上不仅与 2 号、3 号、4 号铜族异常叠合，与 Ni 的化探异常亦有紧密的套合，而且具备优良的成矿地质条件，是找矿预测的主要地段。

结论：区内主要重砂异常发育，释放的指示信息比较强烈，可为在该预测工作区寻找与岩浆热液有关的 Cu、Ni 矿提供重砂依据。

7. 大肚川-露水河预测区

该区是吉林省铁族元素集中区，落位于地台区北缘，近东西向超岩石圈断裂带南侧，北东向敦密岩石圈断裂带东南侧的二者交会处。

区内主要出露太古宇龙岗岩群四道砬子河岩组($Ar_2sd.$)、杨家店岩组($Ar_2y.$)、英云闪长质片麻岩(Ar_2gnt)；夹皮沟岩群老牛沟岩组($Ar_3ln.$)、三道沟岩组($Ar_3sd.$)以及元古宇色洛河(岩)群红旗沟组(Pt_3h)、达连沟组(Pt_3d)，构成变质岩建造。其中，英云闪长质片麻岩(Ar_2gnt)、老牛沟岩组($Ar_3ln.$)、三道沟岩组($Ar_3sd.$)含有 Au。侵入岩体以阜平期、五台期的变质二长花岗岩以及燕山期的酸性花岗岩类为主。

金属矿物有黄铁矿、黄铜矿、方铅矿、磁黄铁矿、闪锌矿、磁铁矿、白铁矿、白钨矿、黑钨矿、辉铋矿、辉银矿等。

主要矿产为夹皮沟金矿田，分布 1 处镍矿点(苇厦河)。

代表性矿物铜族有 3 个异常(1 号、2 号、3 号)，面积分别为 $1.77km^2$、$1.98km^2$、$1.50km^2$。汇水盆地中矿致源(金矿)分布在异常的水系上游，表明铜族异常与金成矿有关。根据物探资料，推测的 3 处基性—超基性岩体与铜族异常没有明显的响应关系，因此，铜族重砂信息对预测熔离型 Cu、Ni 矿缺少必要的指示意义。

由磁铁矿分级图可知，分布在工作区东侧，靠近两江区域有 1 处分级较好的异常(28 号)。该异常空间上与推测的基性—超基性岩体完全吻合，对指示 Ni(Cu)矿存在间接指示作用。20 号异常空间上与水系上游的 Au 矿点、Fe 矿点、Ni 矿点均存在紧密联系，具有多源特征。可依据 20 号异常的局部信息，结合镍矿点控制的汇水区域追索上游镍矿化痕迹。

由磁铁矿、橄榄石、辉石、铜族构成的组合异常 5 处。这些组合异常与推测的基性—超基性岩体以及苇厦河镍矿点缺乏响应关系，对预测熔离型 Cu、Ni 矿不具备指示效应。

结论：该工作区是金矿、铁矿的主要找矿远景区。预测 Ni(Cu)矿时应根据重砂异常、化探异常释放的找矿信息，结合物探资料表征的基性—超基性岩体综合评定。

8. 荒沟山-南岔预测工作区

工作区位于中朝准地台北缘辽东台隆太子河-浑江陷褶断束老岭断块即老岭复向斜中段南东翼。

出露的地层主要为老岭(岩)群珍珠门岩组、花山岩组和大栗子(岩)组，以花山岩组分布最广泛。前者岩性主要是白云质大理岩，控制区内金矿、铅锌矿的形成。后者岩性主要是千枚状片岩夹薄层变质粉砂岩以及千枚状变质粉砂岩夹薄层大理岩，其原岩为碎屑岩-碳酸盐岩建造，是 Co、Cu 矿体的主要含矿层位，亦是主要的含矿围岩。

区域褶皱构造主要是老岭复背斜，发生于复背斜内的北东向断裂构造是控制老岭成矿带的主要控矿构造，成矿带中有 Au 矿，Pb、Zn 矿，Cu、Co 矿等矿产分布。

矿区构造是区域构造的延续。矿区内褶皱规模较小，主要发育的是断裂构造。其中南北向断裂形成于成矿前，产于珍珠门岩组和花山岩组地层的接触部位，贯穿全区，具有多期活动性。北西向断裂具张扭性，主要形成于成矿期，后期复活的断裂对矿体存在破坏作用。北东向断裂属成矿后构造，破坏了矿体的延续性。

侵入岩体主要是燕山早期的黑云母花岗岩及晚期的中基性脉岩。早期的花岗岩侵入为成矿元素的活化、迁移、富集起到重要作用。晚期的闪长岩脉与矿化关系最为密切，即在矿化强烈部位闪长岩脉极其发育，在地表有的闪长岩脉就是矿体。

金属矿物主要有硫钴矿、辉钴矿、辉砷钴矿、黄铜矿、蓝铜矿、辉铜矿、孔雀石等。典型矿床为杉松岗沉积变质型 Cu、Co 矿，预测的矿种为伴生 Ni。

代表重砂矿物铜族圈出 4 个异常，面积分别为 $1.49km^2$、$2.86km^2$、$2.98km^2$、$2.04km^2$，分布在典型矿床的南北汇水区域，对典型矿床不支持。地质背景显示，铜族异常所在的汇水区分布多处 Au 矿产，推测铜族异常应与 Au 矿化有关。

具有间接指示作用的磁铁矿、黄铁矿亦没有异常反映。

总之，工作区内有益重砂矿物分布稀少，重砂异常较弱，对指示伴生镍矿没有效果。

第六章　矿产预测

第一节　矿产预测方法类型及预测模型区选择

一、矿产预测方法类型选择

根据预测镍矿的成因类型选择预测方法类型如下。

变质型：白山杉松岗铜钴矿。

侵入岩体型：磐石红旗岭铜镍矿、蛟河漂河川铜镍矿、通化赤柏松铜镍矿、和龙长仁铜镍矿。

二、预测模型区的选择

模型区选择根据典型矿床所在的最小预测区为模型区，无典型矿床的预测工作区选择成矿时代相同或相近、控矿建造相同或相近、成因类型相同、大地构造位置相同的其他预测工作区的模型区。

第二节　矿产预测模型与预测要素图编制

一、典型矿床预测模型

根据吉林省镍矿产预测方法类型确定5个典型矿床，全面开展镍矿特征研究。

（一）白山杉松岗铜钴矿

根据典型矿床成矿要素和地球物理、地球化学、遥感特征、重砂特征，确立典型矿床预测要素，见表6-2-1。

表 6-2-1　白山市杉松岗铜钴矿床预测要素表

预测要素		内容描述	类别
地质条件	岩石类型	富含碳质的千枚岩	必要
	成矿时代	古元古代	必要
	成矿环境	前南华纪华北东部陆块(Ⅱ)胶辽吉元古代裂谷带(Ⅲ)老岭坳陷盆地内	必要
	构造背景	褶皱构造:矿区位于老岭背斜的中段南东翼,地层岩石中小的挠曲、揉皱现象十分发育。 断裂构造:区内以近南北向断裂与成矿关系最为密切,属横路岭-荒沟山-四平街“S”形断裂带的组成部分,为压-压扭性断裂,矿体产于该断裂上盘花山岩组地层中	重要
矿床特征	控矿条件	地层控矿:矿体严格受老岭(岩)群花山岩组富含碳质的千枚岩层位的控制。 断裂控矿:区内以近南北向断裂与成矿关系最为密切,为压-压扭性断裂,断层两侧岩层发生强烈破碎和片理化、糜棱岩化,并伴随有强烈的矿化作用,沿断裂有花岗岩岩枝及闪长岩脉的侵位,显示多期活动特点,矿体产于该断裂上盘花山岩组地层中	必要
	蚀变特征	矿区内围岩蚀变属中-低温热液蚀变,总体上蚀变较弱,蚀变与围岩没有明显的界线,呈渐变过渡关系。主要蚀变类型有硅化、绢云母化、绿泥石化、碳酸盐化,硅化、绢云母化与成矿关系比较密切,在蚀变发育部位,钴铜矿化较强	重要
	矿化特征	矿体主要赋存在花山岩组第二岩性段含碳绢云千枚岩中。矿体主要受三道阳岔-三岔河复式背斜北西翼次一级褶皱构造控制,该褶皱由5个紧密相连褶曲组成,3个向形、2个背形,每个褶曲宽约200m。褶曲轴呈北东向—南西向,枢纽产状215°∠30°,轴面近直立,顶端歪斜,矿体形态受复式褶皱控制,矿体与地层同步褶皱,褶皱向北东翘起,向南西倾伏,倾伏角17°~22°,沿走向呈舒缓波状。矿区共圈出三层矿体,矿体均呈层状、似层状、分枝状或分枝复合状,矿体均赋存在同一含矿层内,与围岩呈渐变关系,并同步褶皱,矿体连续性好	重要
综合信息	地球化学	矿床所在区域Ni、Co化探异常没有响应。圈出的Cu异常具有清晰的三级分带及明显的浓集中心,异常强度较高,峰值为744×10^{-6},中带加内带的面积为$24km^2$,NAP值143。呈带状分布,南北向延伸的趋势。Au、Ag、Pb、Zn异常沿北东向呈带状分布,规模较大,分带较明显,与矿床存在较密切的响应关系。与Cu异常空间套合紧密,与分布在矿床外围的Co、Ni异常亦有较好的套合,整体形成较复杂元素组分富集的叠生地球化学场。1∶2000的土壤测量结果显示,Cu、Co、Ni均有较好的异常反映,套合好,呈正消长关系,Co、Cu矿体即落位异常内。经槽探验证,Cu质量分数$>1200\times10^{-6}$,为Cu矿化引起(李东见,1995),推测Co、Ni异常亦应是矿致异常。岩石异常显示,Cu、Co原生晕北西向分布,浓度分带明显,推测伴生Ni在矿体深部亦应有明显的原生晕展布	重要
	地球物理	在1∶25万布格重力异常图上,白山市杉松岗铜镍钴矿床位于草山花岗岩体产生的近椭圆状重力低异常西南边部弧形梯度带上,该异常东西走向,东西两端各有1个重力低中心,最低值$-55\times10^{-5}m/s^2$。椭圆状重力低异常西北侧有1个规模相对略小的等轴状重力低异常毗邻分布,最低值$-54\times10^{-5}m/s^2$,位于燕山期老秃顶子花岗岩体东北部,推断与此岩体有关。杉松岗铜镍钴矿床分布在两岩体中间的狭长地带花山岩组地层中,该处南北向断裂构造发育,断裂带宽2~10m,刚好从近椭圆状和等轴状重力低异常中间穿过,属区域上横路岭-荒沟山-四平街“S”形构造的组成部分。在剩余重力异常图上,上述椭圆状、等轴状2个重力低异常共同组成1个形态规整的椭圆状负重力局部异常,整个负异常呈东西走向,长14.7km,宽8.4km,剩余重力异常最低值$-10\times10^{-5}m/s^2$,异常东陡西缓,铜镍钴矿床位于椭圆状负异常的西南部内侧。 在1∶5万航磁异常等值线平面图上,铜镍钴矿床位于老秃顶子岩体产生的等轴状正磁异常向东部低缓负磁场区过渡位置,该处异常强度约-10nT,等值线南北走向,梯度西侧明显陡于东侧。东部负磁场分布区与珍珠门岩组、花山岩组、临江岩组及草山岩体出露位置大体一致。南部有1个航磁吉C1-1987-47蚀变带异常,异常低缓,长1.9km,宽1.6km,最大强度27nT。草山岩体东侧边部沿接触带上出现规模较大、强度较高的带状正异常,最大强度160nT	重要

续表 6-2-1

预测要素		内容描述	类别
综合信息	重砂	具有直接指示作用的镍黄铁矿没有异常响应。异常较好的重砂矿物为白钨矿，其次为自然金、方铅矿。因此，应用重砂异常在该区预测伴生镍矿作用不大	重要
	遥感	矿床分布于北东向与北北东向断裂交会部位。隐伏岩体形成的环形构造内部或边部附近，矿区附近有东西向脆韧性变形构造带通过，铁染异常零星分布于矿区外围。中元古代带要素，石灰沟块状构造分布于此	次要
找矿标志		老岭（岩）群花山岩组地层中含碳质千枚岩、千枚状变质粉砂岩、千枚状片岩或夹少量薄层状大理岩为赋矿层位。1∶20万水系沉积物地球化学测量中，面积比较大的Co、Cu、Ni区域异常，异常结构复杂，元素种类较多，并且异常中亲Fe元素族和亲S元素族的异常套合好。地层岩石中有孔雀石、蓝铜矿、褐铁矿、黄铜矿等矿化显示	重要

（二）磐石红旗岭铜镍矿

根据典型矿床成矿要素和地球物理、地球化学、遥感特征、重砂特征，确立典型矿床预测要素，见表6-2-2。

表 6-2-2　磐石县红旗岭铜镍矿床预测要素表

预测要素		内容描述	类别
地质条件	岩石类型	辉长岩-辉石岩-橄榄岩型与斜方辉石岩-苏长岩型；角闪辉石岩-角闪岩型	必要
	成矿时代	225Ma前后的印支中期	必要
	成矿环境	矿床位于天山-兴蒙-吉黑造山带（Ⅰ）包尔汉图-温都尔庙弧盆系（Ⅱ）下二台-呼兰-伊泉陆缘岩浆弧（Ⅲ）盘桦上叠裂陷盆地（Ⅳ）内	必要
	构造背景	辉发河超岩石圈断裂不仅是两构造单元的分界线，也是含镍基性—超基性侵入岩体的导岩（矿）构造，与之有成因联系的北西向次一级断裂为储岩（矿）构造	重要
矿床特征	控矿条件	区域上受槽台两大构造单元接触带辉发河-古洞河超岩石圈断裂控制，是区域导岩构造。与辉发河-古洞河超岩石圈断裂有成因联系的次一级北西向断裂是控岩控矿构造。为辉长岩-辉石岩-橄榄岩型与斜方辉石岩-苏长岩型为主要的含矿岩体	必要
	蚀变特征	滑石化、次闪石化、黑云母化、皂石化、蛇纹石化、绢云母化等蚀变与矿化关系密切	重要
	矿化特征	似层状矿体赋存在岩体底部橄榄辉岩相中，通常与其上部的橄榄岩相界线清楚，其形态、产状与赋存岩相基本吻合，呈似层状；上悬透镜状矿体主要赋存于橄榄岩相的中、上部，形态不规则，呈透镜状或薄层状；脉状矿体蚀变辉石岩脉发育于岩体西侧边部；纯硫化物矿脉多见于似层状矿体的原生节理中，或者为受变动的原生节理控制，呈脉状或扁豆状，一般宽为数厘米到十几厘米，最宽可达二十余厘米、断续出现，由致密块状矿石组成；似板状矿体形态、产状与岩体基本吻合。含矿岩石主要是顽火辉岩或蚀变辉岩，少量为苏长岩；脉状矿体主要产于辉橄岩脉中。矿体呈脉状，其形态、产状基本与所赋存的岩脉一致	重要
综合信息	地球化学	1∶20万化探数据圈出矿床所在区域的Ni元素异常1处。异常具有清晰的三级分带和明显的浓集中心，异常强度达到897×10^{-6}，异常规模较大，轴向具呈北东向延伸的趋势，NAP值624.53，矿致性质明显。与Ni异常空间套合紧密的元素有Cu、Co、Bi、Au、Ag、As、Hg、Mo。其中Cu、Co、Bi异常与Ni异常呈同心套合状。土壤化探异常和原生晕化探异常显示的特征元素组合为Cu-Ni-Co。在B_2层土壤中异常表现最好；Cu、Ni、Co在橄榄岩相中处于较强的富集状态，说明橄榄岩是主要的赋矿岩体	重要

续表 6-2-2

预测要素		内容描述	类别
综合信息	地球物理	红旗岭矿田赋有大型硫化铜镍矿床1个(7号岩体),中型矿床1个(1号岩体),小型矿床4个(2号、3号、新3号、9号岩体),呈北西向带状展布在红旗岭重力高异常区的南西侧,红旗岭-三道岗重力高异常带分布基本上与呼兰倾伏背斜吻合,海龙-黑石北东向重力低异常带为敦密区域性深大断裂带组成部分,是深源岩浆上侵的通道,而其北西向次级断裂为储岩、储矿构造。 在1∶5万航磁异常图上,各矿床均处于负磁场区上的强度较弱的局部相对高异常的边部	重要
	重砂	具备直接指示作用的镍黄铁矿、铜族没有重砂异常反映,对矿床不支持。主要伴生矿物黄铁矿、磁铁矿均有重砂异常存在,而且矿物含量分级较高,与分布的铁镁质-超铁镁质岩体也有一定程度的响应,应是区内Cu、Ni找矿的重要指示异常。由磁铁矿-橄榄石-辉石构成的组合异常可指示成矿地质环境	重要
	遥感	位于伊通-辉南断裂带与双阳-长白断裂带交会处,矿区南侧脆韧性变形构造带分布密集,环形构造在矿区两侧较发育,矿区内及周围遥感铁染异常零星分布	次要
找矿标志	与辉发河-古洞河超岩石圈断裂有成因联系的次一级北西向断裂;辉长岩-辉石岩-橄榄岩型与斜方辉石岩-苏长岩型岩体;地球物理场重力线状梯度带,或异常存在或中等强度磁异常;地球化学场,Cu、Ni、Co高异常区		重要

(三)蛟河漂河川铜镍矿

根据典型矿床成矿要素和地球物理、地球化学、遥感特征、重砂特征,确立典型矿床预测要素,见表6-2-3。

表6-2-3　蛟河县漂河川铜镍矿床预测要素表

预测要素		内容描述	预测要素类别
地质条件	岩石类型	斜长角闪橄辉岩、含长角闪橄辉岩、斜长角闪辉岩、含长橄辉岩等	必要
	成矿时代	铜镍硫化物矿床的形成时间晚于含矿岩体,为225Ma前后的印支中期	必要
	成矿环境	矿床位于天山-兴蒙-吉黑造山带(Ⅰ)包尔汉图-温都尔庙弧盆系(Ⅱ)下二台-呼兰-伊泉陆缘岩浆弧(Ⅲ)盘桦上叠裂陷盆地(Ⅳ)内	必要
	构造背景	二道甸子-暖木条子轴向近东西背斜北翼,大河深组与范家屯组接触带附近	重要
矿床特征	控矿条件	矿体主要受控于二道甸子-暖木条子轴向近东西背斜北翼,大体沿大河深组与范家屯组接触带展布。辉长岩类、斜长辉岩类、闪辉岩类基性岩体控矿	必要
	蚀变特征	基性岩体的各岩相普遍遭受强弱不同的蚀变,蚀变类型主要有次闪石化、绿泥石化、蛇纹石化及绢云母化等。往往在矿体附近和矿化地段蚀变强烈	重要

续表 6-2-3

预测要素		内容描述	预测要素类别
矿床特征	矿化特征	4 号岩体,走向北西,两侧相向倾斜,长 630m,宽 40～250m,面积约 0.07km^2。平面上呈不规则透镜状,空间上呈漏槽状,向北西侧伏,侧伏角 20°。主要岩石类型有角闪辉长岩、斜长橄辉岩等,可分为上部角闪辉长岩相、下部斜长角闪橄辉岩相。矿体赋存于下部斜长角闪橄辉岩相底部,为单一矿体。矿体呈扁豆状,长 430m,宽 40～165m,厚 4.24～32.88m,平均 12.71m,厚度变化系数为 64。矿石主要金属矿物为磁黄铁矿、镍黄铁矿、黄铜矿等。主要构造为浸染状、斑点状及块状构造。矿石有益组分:主元素 Ni 平均品位 0.83%;伴生有益元素 Cu(0.31%)、Co(0.038%)、Se、Fe、S 等。 5 号岩体,走向北西,长 500m,平均宽 50m,面积约 0.03km^2,为一线型岩体。倾向南西,倾角 65°,向北西侧伏,侧伏角 25°。该岩体与 4 号岩体类同,但未见橄辉岩类,其基性程度略低于 4 号岩体。且该岩体伴生有益组分中 Pt、Pd、Au、Ag 含量较高。5 号岩体矿体亦为单一矿体,长 400m,宽 80m,厚 4.75～10.57m,平均 7.27m,呈似板状赋存于子岩体底部。Ni 平均品位 0.65%、Cu 平均品位 0.32%、Co 平均品位 0.035%	重要
综合信息	地球化学	主要指示元素 Ni 主要分布在矿床外围,对典型矿床不支持。铜异常亦具有清晰三级分带和明显浓集中心,异常强度 44×10^{-6},呈东西向带状分布,与典型矿床存在相应关系。与 Cu、Ni 异常空间存在组合关系的元素有 Au、Zn、Pb、Co、Cr、Mn、As、Sb、W、Mo,叠合关系较复杂。其中,Zn、Pb、Co、Cr、Mn、As 异常套合紧密,构成漂河川成矿岩浆系统的异常地球化学场。1∶1 万土壤测量显示,Ni 背景值为 50×10^{-6},Ni 最高含量 400×10^{-6},异常呈东西向分布。其峰值指示矿体存在的位置。Cu 与 Ni 呈正消长关系。岩石地球化学研究表明,Cu 含量变化趋势与 Ni 基本相同,且对矿体厚度的依存关系更明显,厚度越大,Cu 含量相对较高	重要
	地球物理	矿床处于二道甸子北部重力高异常向东伸出的次一级异常的尖端部位,南、北两侧梯度带较陡,分别以北东和北西走向相交于矿床的东部外侧。处于东西向展布的航磁负磁场区中局部向北凸起部位上,该处异常强度-200nT,矿床以北梯度略陡,南侧略缓。整体上由北向南场值逐渐降低。 在硫化铜镍矿体上大比例尺(1∶1 万)综合异常特点为地磁、激电高异常,视电阻率为低值。 物性参数测定结果,硫化铜镍矿石磁化率 7540×10^{-5}SI,剩余磁化强度 13 000×10^{-3}A/m,极化率 26.6%,辉长岩磁化率 327×10^{-5}SI,剩余磁化强度 700×10^{-3}A/m,极化率 0.7%,闪长岩磁化率 314×10^{-5}SI,剩余磁化强度 60×10^{-3}A/m,极化率 0.8%	重要
	重砂	具有指示作用的镍黄铁矿、铜族矿物、磁铁矿、黄铁矿在矿床所在区域重砂异常呈弱势,找矿指示效应不强	重要
	遥感	位于敦化-密山岩石圈断裂北西侧,多方向构造密集区,古生代花岗岩类引起的环形构造密集区,矿区内及周围遥感铁染异常和羟基异常密集分布	次要
找矿标志		二道甸子-暖木条子轴向近东西背斜北翼,大河深组与范家屯组接触带附近。次闪石化、绿泥石化、蛇纹石化及绢云母化等蚀变强烈地段。Cu 的甲、乙综合异常具有良好的成矿地质条件和找矿前景,与分布的铜矿、镍矿积极响应,是扩大找矿规模提的重要靶区	重要

(四)通化赤柏松铜镍矿

根据典型矿床成矿要素和地球物理、地球化学、遥感特征、重砂特征,确立典型矿床预测要素,见表 6-2-4。

表 6-2-4　通化县赤柏松铜镍矿床预测要素表

预测要素		内容描述	预测要素类别
地质条件	岩石类型	辉绿辉长岩-橄榄苏长辉长岩-二辉橄榄岩-细粒苏长岩，含矿辉长玢岩	必要
	成矿时代	元古宙早期，1960～2240Ma	必要
	成矿环境	前南华纪华北东部陆块（Ⅱ）龙岗-陈台沟-沂水前新太古代陆核（Ⅲ）板石新太古代地块（Ⅳ）内的二密-英额布中生代火山-岩浆盆地的南侧	必要
	构造背景	本溪-二道江断裂为控制区域上基性岩浆活动的超岩石圈断裂。分布在穹状背形核部的北东向或北北东向断裂构造是本区控岩、控矿构造	重要
矿床特征	控矿条件	岩浆控矿：新元古代基性—超基性复式岩体是构造多次活动、岩浆多次侵入的产物，多形成大而富的矿床，单式岩体分异完善，基性程度越高，形成熔离型矿床越有利。 构造控矿：本溪-浑江超岩石圈断裂为控制区域基性—超基性岩浆活动的导矿构造，区域基性岩体沿断裂古隆起一侧，分段（群）集中分布。基底穹隆核部断裂构造控制基性—超基性岩产状、形态等特征	必要
	蚀变特征	Ⅰ号岩体从不含矿岩相到含矿岩相，黑云母的含量由 1.5%增长至 5%，在贯入型矿石中金属硫化物周围分布有黑云母等含钾矿物，这是一种钾化的表现。还有次闪石化，在含矿的岩体边部较为发育	重要
	矿化特征	似层状矿体位于侵入体底部斜长二辉橄榄岩中，矿体特征与主侵入体斜长二辉橄榄岩基本一致，随其岩体北端翘起，向南东方向侧伏，侧伏角 45°，矿体长大于 1000m，厚 24.72～42.95m，主要由浸染状及斑点状矿石组成。 细粒苏长辉长岩矿体，整个岩体都是矿体，因此形态产状与细粒苏长辉长岩一致，主要由浸染状矿石及细脉浸染状矿石组成。 含矿辉长玢岩矿体，几乎全岩体都为矿体，由云雾状、细脉浸染状及胶结角砾矿石组成，规模大，品位高，为主矿体。 硫化物脉状矿体，沿裂隙贯入于含矿辉长玢岩接触处，局部贯入近侧围岩中，长数十米，厚几十厘米至几米。由致密块状矿石组成，规模小，品位高	重要
综合信息	地球化学	用 1∶20 万化探数据可圈出具有清晰的三级分带和明显的浓集中心 Ni、Cu 异常，异常强度较高，内带值分别达到 505×10^{-6}、61×10^{-6}。与 Ni、Cu 空间组合关系密切的元素为 Co、Mn、Au、W、Sn、Mo，其中 Co、Mn、Au 异常主要构成 Ni、Cu 异常的内带、中带，W、Sn、Mo 异常则主要伴生在 Cu 异常的外带。显示为在以 Co、Mn 为主要组分的同生地球化学场中，主成矿元素 Cu、Ni 在 Co、Mn、Au、W、Sn、Mo 等元素的叠加作用下，形成较复杂元素组分富集的叠生地球化学场并富集成矿。1∶1 万土壤测量显示，Ni 背景值为 50×10^{-6}，Ni 最高含量 400×10^{-6}，异常呈东西向分布，其峰值指示铜镍矿体存在的位置。Ni/S、M/F 和 Ni、S 丰度是基性程度和含矿性的重要标志	重要
	地球物理	在 1∶25 万布格重力异常图上，矿床处于近等轴状局部重力高异常边部“S”形梯度带转折处。在 1∶5 万航磁异常图上，吉 C-1987-123 强磁异常向北东低缓异常过渡部位上，该处异常突然变窄，推断北西向和北东向断裂构造在此交会。在矿体出露部位，联剖出现低阻带，得到清晰的正交点，交点两侧视电阻率曲线不对称，交点向矿体倾斜一侧偏移；对应低视电阻率和高视极化率特征，视极化率曲线在矿体倾斜一侧梯度较缓	重要
	重砂	矿床所在区域可圈出具有直接指示作用的铜族异常，矿致性质显著，面积 $3.55km^2$。主要伴生矿物磁铁矿、黄铁矿在赤柏松铜镍矿控制的汇水区域里均有重砂异常分布，对赤柏松铜镍矿积极支持，间接指示作用明显。辰砂、重晶石在空间上与铜镍矿亦存在一定的响应关系，可指示成矿地质环境	重要
	遥感	位于大川-江源断裂带与四棚-青石断裂交会处，与隐伏岩体有关的复合环形构造边部，矿区西侧遥感浅色色调异常密集区，矿区内及周围遥感铁染异常和羟基异常密集分布	次要
找矿标志		新元古代基性—超基性岩分布区。重力场线状梯度带或变异带存在，磁场 500～100nT。地球化学场，Ni 0.01%～0.05%，高者 0.1%～0.3%，Cu、Ni、Co 异常系数>2.2>3.3>2。磁异常与化探（Cu、Ni、Ag）异常重叠区	重要

(五)和龙长仁铜镍矿

根据典型矿床成矿要素和地球物理、地球化学、遥感特征、重砂特征,确立典型矿床预测要素,见表 6-2-5。

表 6-2-5　和龙市长仁铜镍矿床预测要素表

预测要素		内容描述	类别
地质条件	岩石类型	含长辉石岩、橄榄二辉岩、含长辉石橄榄岩、橄榄辉石岩、辉橄岩、斜长辉石岩、辉石岩、辉石橄榄岩、角闪辉石岩、辉长岩	必要
	成矿时代	海西期	必要
	成矿环境	矿床位于天山-兴蒙-吉黑造山带(Ⅰ)包尔汉图-温都尔庙弧盆系(Ⅱ)清河-西保安-江域岩浆弧(Ⅲ)内	必要
	构造背景	古洞河断裂北东侧北北东向(或近南北向)及北西向 2 组扭裂	重要
矿床特征	控矿条件	赋矿岩体主要为辉石橄榄岩型、辉石岩型、辉石-橄榄岩型、橄榄岩-辉石岩-辉长岩-闪长岩杂岩型。所以区域超基性岩体控制了矿体的分布。古洞河断裂是区内的导岩构造;沿古洞河断裂及茬田-东丰深断裂两侧,北北东向或近南北向压扭-扭张性断裂控制辉长岩体;北北东向(或近南北向)及北西向 2 组扭裂,控制矿区基性—超基性岩体。该期构造控制的岩体与成矿关系密切	必要
	蚀变特征	蚀变主要有蛇纹石化、次闪石化、滑石化、金云母化。多分布在岩体底部,中部辉石橄榄岩相中。与 Cu、Ni 矿化关系密切	重要
	矿化特征	根据矿体与围岩的关系,矿体赋存岩相特征,区内矿体可分为:①底部矿体,矿体赋存于岩体底部、边部次闪石岩及闪长质混染岩、二辉橄榄岩、含长二辉橄榄岩中。平面呈似层状、扁豆状。剖面矿体受岩体底板形态控制,岩体底部常见 1~3 条矿体,长一般 120~350m,最长达 600m,一般厚 1~5m,最厚达 25m。②顶部矿体,这类矿体仅见于$\Sigma 5$和$\Sigma 6$号岩体,赋存于岩体顶部边缘闪长质混染岩及次闪石岩中或含长二辉橄榄岩、橄榄二辉岩中。矿体不连续,多呈扁豆状、透镜状,长 90~300m,厚 1.7~4.6m,最厚达 12.1m。③中部矿体,仅见于$\Sigma 5$和$\Sigma 25$号岩体,赋存于次闪石岩或二辉橄榄岩中,矿体呈似层状,长 170~200m,厚 2~3.7m,最厚可达 8.9m	重要
综合信息	地球化学	1∶20 万化探数据圈出的 Cu 异常只有一处具有清晰的三级分带和明显的浓集中心,内带异常强度 46×10^{-6}。而与 Cu 异常空间套合密切的元素为 Au、Pb、Zn、Ni、Mo。其中 Zn、Mo 异常同心套合在 Cu 异常的内带,Au、Pb、Ni 异常主要伴生在 Cu 异常的中带、外带,构成较复杂元素组分富集的叠生地球化学场。Cu 甲级综合异常优良的成矿条件和找矿前景,可为扩大找矿规模提供化探依据。 原生晕特征元素组合为 Ni-Cu-Co,其中 Ni 为主要成矿元素,Cu、Co 为主要的伴生指示元素。Ni-Cu-Co 达到矿床级综合利用指标	重要
	地球物理	在 1∶25 万布格重力异常图上,矿床处于北西向巨大重力异常梯度带与北东向、东西向次一级梯度带的交会部位,也就是古洞河区域性深大断裂与次一级的北东向、东西向大断裂交会部位。 在 1∶5 万航磁异常图上,矿床处于北西西走向长条状正磁异常的西侧端部一微小局部异常之上,异常强度 100nT,南北两侧边部梯度陡,相交于矿床处,为含矿超基性岩体引起	重要
	重砂	铜族异常分布在长仁铜镍矿的南侧,面积 0.83km^2。控制水域虽没有矿致源响应,却分布 1 处面积为 0.21km^2 的基性—超基性岩体(根据物探资料)。而且该岩体与铜族异常空间叠加,表明铜族异常和该岩体有关。据此该铜族异常对预测相同类型的 Cu、Ni 矿有重要的指示效果。以往研究结果显示,磁铁矿圈出 3 处Ⅲ级异常(1 号、2 号、3 号),面积为 2km^2、8km^2、40km^2,近椭圆状或带状分布。其中 1 号异常与长仁铜镍矿积极响应,具矿致性质。黄铁矿圈出 5 处异常,其中Ⅱ级 2 处(1 号、4 号),面积分别为 12km^2、3km^2;Ⅲ级 3 处(2 号、3 号、5 号)。面积分别为 3km^2、11km^2、3km^2,长条状或不规则状。其中 1 号异常与长仁铜镍矿积极响应,亦具矿致性质	重要
	遥感	位于华北地台北缘断裂带北侧,红石-西城断裂带边部,与隐伏岩体有关的环形构造比较发育,遥感浅色色调异常区,矿区内及周围遥感铁染异常和羟基异常密集分布	次要
找矿标志		古洞河断裂北东侧北北东向(或近南北向)及北西向 2 组扭裂内,超基性岩体出露区	重要

二、模型区深部及外围资源潜力预测

(一)典型矿床资源储量估算参数

1.磐石市红旗岭铜镍矿

查明资源储量:红旗岭矿田所在区,以往工程控制实际查明的并且已经在储量登记表中上表的全部资源储量,包括红旗岭矿区1号岩体、7号岩体、2号岩体、3号岩体、新3号岩体、9号岩体;富太矿区(二道岗镍矿);茶尖岭矿区1号岩体、6号岩体、10号岩体、新6号岩体、9号岩体。

面积:典型矿床所在区域含矿岩体的面积为3 309 626m^2。含矿岩体的平均倾角75°~80°(表6-2-6)。

表6-2-6　红旗岭预测工作区典型矿床资源储量估算参数表

编号	名称	面积/m^2	垂深/m	品位/%	体重	体含矿率
A2207201001001	红旗岭铜镍矿	3 309 626	700	0.53	3.63	0.000 021 8

延深:矿床勘探控制矿体的最大延深为725m。

品位、体重:矿区矿石平均品位0.53%,体重3.63。

体含矿率:体含矿率=查明资源储量/(面积×sinα×延深),其中α为含矿岩体的平均倾角,计算得出红旗岭铜镍矿床体含矿率为0.000 021 8。

2.蛟河市漂河川铜镍矿

查明资源储量:漂河川铜镍矿床以往工程控制实际查明的并且已经在储量登记表中上表的全部资源储量,包括4号岩体、5号岩体、115号岩体。

面积:典型矿床所在区域含矿岩体的面积为1 100 311m^2。含矿侵入岩的平均倾角45°~55°(表6-2-7)。

表6-2-7　漂河川预测工作区典型矿床资源储量估算参数表

编号	名称	面积/m^2	垂深/m	品位/%	体重	体含矿率
A2207201008008	漂河川铜镍矿	1 100 311	300	0.76	3.29	0.000 052 4

延深:矿床勘探控制矿体的最大延深为390m。

品位、体重:矿区矿石平均品位0.76%,体重3.29。

体含矿率:体含矿率=查明资源储量/(面积×sinα×延深),其中α为含矿层位的平均倾角,计算得出漂河川铜镍矿床体含矿率为0.000 052 4。

3.通化县赤柏松铜镍矿

查明资源储量:赤柏松铜镍矿床以往工程控制实际查明的并且已经在储量登记表中上表的全部资

源储量，包括赤柏松1号岩体、金斗Ⅶ-5号、新安矿区。

面积：典型矿床所在区域含矿岩体的面积为1 562 063m²。含矿侵入岩的平均倾角80°（表6-2-8）。

表6-2-8　赤柏松-金斗预测工作区典型矿床资源储量估算参数表

编号	名称	面积/m²	垂深/m	品位/%	体重	体含矿率
A2207202011011	赤柏松铜镍矿	1 562 063	750	0.50	3.02	0.000 121 3

延深：矿床勘探控制矿体的最大延深为760m。

品位、体重：矿区矿石平均品位0.50%，体重3.02。

体含矿率：体含矿率=查明资源储量/（面积×sinα×延深），其中α为含矿层位的平均倾角，计算得出赤柏松铜镍矿床体含矿率为0.000 121 3。

4. 和龙市长仁铜镍矿

查明资源储量：长仁铜镍矿床以往工程控制实际查明的并且已经在储量登记表中上表的全部资源储量（11号岩体）。

面积：典型矿床所在区域含矿岩体的面积为22 922m²。含矿侵入岩的平均倾角30°（表6-2-9）。

表6-2-9　六棵松-长仁预测工作区典型矿床资源储量估算参数表

编号	名称	面积/m²	垂深/m	品位/%	体重	体含矿率
A2207201012012	长仁铜镍矿	22 922	200	0.65	2.90	0.006 770 6

延深：矿床勘探控制矿体的最大延深为400m。

品位、体重：矿区矿石平均品位0.65%，体重2.90。

体含矿率：体含矿率=查明资源储量/（面积×sinα×延深），其中α为含矿层位的平均倾角，计算得出长仁铜镍矿床体含矿率为0.006 770 6。

5. 白山市杉松岗铜钴矿

查明资源储量：杉松岗铜钴矿床以往工程控制实际查明的并且已经在储量登记表中上表的全部资源储量。

面积：典型矿床所在区域经1∶1万地质填图确定的勘探评价区，并经山地工程验证的矿体、矿带聚集区段边界范围为3 276 600m²。含矿层位的平均倾角55°（表6-2-10）。

表6-2-10　荒沟山-南岔预测工作区典型矿床资源储量估算参数表

编号	名称	面积/m²	垂深/m	品位/%	体重	体含矿率
A2207301018018	杉松岗铜钴矿	3 276 600	200	0.095	2.85	0.000 001 9

延深：矿床勘探控制矿体的最大延深为250m。

品位、体重：矿区矿石平均品位0.095%，体重2.85。

体含矿率：体含矿率＝查明资源储量/(面积×sinα×延深)，其中α为含矿层位的平均倾角，计算得出杉松岗铜钴矿床体含矿率为0.000 001 9。

(二)典型矿床深部、外围预测资源量及其估算参数

1. 红旗岭铜镍矿

红旗岭铜镍矿床深部资源量预测：依据典型矿床勘探的实际钻探资料，该矿床实际垂深700m。结合含矿地质体、控矿构造、矿化蚀变、地球化学分带、物探信息推断该套含矿地质体在1500m深度仍然存在，所以本次对该矿床的深部预测垂深选择1500m。矿床深部预测资源实际深度为800m，面积采用典型矿床所在区域含矿岩体的面积。预测资源量＝面积×垂深×体积含矿率。计算结果见表6-2-11。

表6-2-11　磐石市红旗岭铜镍矿深部及外围预测资源量表

序号	名称	预测资源量/t	面积/m^2	垂深/m	体积含矿率
A2207201001001	红旗岭铜镍矿	57 720	3 309 626	800	0.000 021 8

2. 漂河川铜镍矿

漂河川铜镍矿床深部资源量预测：依据典型矿床勘探的实际钻探资料，该矿实际垂深300m。结合含矿地质体、控矿构造、矿化蚀变、地球化学分带、物探信息推断该套含矿地质体在800m深度仍然存在，所以本次对该矿床的深部预测垂深选择800m。矿床深部预测资源实际深度为500m，面积采用典型矿床所在区域含矿岩体的面积。预测资源量＝面积×垂深×体积含矿率。计算结果见表6-2-12。

表6-2-12　蛟河市漂河川铜镍矿深部及外围预测资源量表

序号	名称	预测资源量/t	面积/m^2	垂深/m	体积含矿率
A2207201008008	漂河川铜镍矿	28 828	1 100 311	500	0.000 052 4

3. 赤柏松铜镍矿

赤柏松铜镍矿床深部资源量预测：依据典型矿床勘探的实际钻探资料，该矿实际垂深750m。结合含矿地质体、控矿构造、矿化蚀变、地球化学分带、物探信息推断该套含矿地质体在1500m深度仍然存在，所以本次对该矿床的深部预测垂深选择1500m。矿床深部预测资源实际深度为750m，面积采用典型矿床所在区域含矿岩体的面积。预测资源量＝面积×垂深×体积含矿率。计算结果见表6-2-13。

表6-2-13　通化县赤柏松铜镍矿深部及外围预测资源量表

序号	名称	预测资源量/t	面积/m^2	垂深/m	体积含矿率
A2207202011011	赤柏松铜镍矿	142 108	1 562 063	750	0.000 121 3

4. 长仁铜镍矿

长仁铜镍矿床深部资源量预测：依据典型矿床勘探的实际钻探资料，该矿实际垂深200m。结合含矿地质体、控矿构造、矿化蚀变、地球化学分带、物探信息推断该套含矿地质体在500m深度仍然存在，所以本次对该矿床的深部预测垂深选择500m。矿床深部预测资源实际深度为300m，面积采用典型矿床所在区域含矿岩体的面积。预测资源量=面积×垂深×体积含矿率。计算结果见表6-2-14。

表6-2-14　和龙市长仁铜镍矿深部及外围预测资源量表

序号	名称	预测资源量/t	面积/m^2	垂深/m	体积含矿率
A2207201012012	长仁铜镍矿	46 559	22 922	300	0.006 770 6

5. 杉松岗铜钴矿

杉松岗铜钴矿床深部资源量预测：依据典型矿床勘探的实际钻探资料，该矿实际垂深200m。结合含矿地质体、控矿构造、矿化蚀变、地球化学分带、物探信息推断该套含矿层位在800m深度仍然存在，所以本次对该矿床的深部预测垂深选择800m。矿床深部预测资源实际深度为600m，面积采用典型矿床所在区域含矿层位的面积。典型矿床所在区域经预测资源量=面积×垂深×体积含矿率。计算结果见表6-2-15。

表6-2-15　白山市杉松岗铜钴矿深部及外围预测资源量表

序号	名称	预测资源量/t	面积/m^2	垂深/m	体积含矿率
A2207301018018	杉松岗钴矿	3735	3 276 600	600	0.000 001 9

（三）模型区预测资源量及估算参数确定

模型区是指典型矿床所在的最小预测区，其所预测资源量为该典型矿床已探明资源量和预测资源量之和；面积指典型矿床及其周边矿点、矿化点，考虑含矿岩体（或含矿层位）及化探异常加以人工修正后的最小预测区面积。延深为模型区内典型矿床的总延深，即最大预测深度。模型区建立在1∶5万的预测工作区内，其预测资源量及估算参数如下。

1. 基性—超基性岩浆熔离-贯入型

1）红旗岭预测工作区

预测资源量及估算参数见表6-2-16。

表6-2-16　模型区预测资源量及其估算参数

编号	名称	模型区预测资源量/t	模型区面积/m^2	延深/m	含矿岩体面积/m^2	含矿岩体面积参数
A2207201001	红旗岭预测区	109 695.78	160 127 500	1500	3 309 626	0.030 6

2)漂河川预测工作区

预测资源量及估算参数见表 6-2-17。

表 6-2-17 模型区预测资源量及其估算参数

编号	名称	模型区预测资源量/t	模型区面积/m^2	延深/m	含矿岩体面积/m^2	含矿岩体面积参数
A2207201008	二道沟-漂河川预测区	109 695.78	114 120 000	800	1 100 311	0.024 3

3)赤柏松-金斗预测工作区

预测资源量及估算参数见表 6-2-18。

表 6-2-18 模型区预测资源量及其估算参数

编号	名称	模型区预测资源量/t	模型区面积/m^2	延深/m	含矿岩体面积/m^2	含矿岩体面积参数
A2207202011	赤柏松预测区	276 219.10	120 388 375	1500	1 562 063	0.019 1

4)六棵松-长仁预测工作区

预测资源量及估算参数见表 6-2-19。

表 6-2-19 模型区预测资源量及其估算参数

编号	名称	模型区预测资源量/t	模型区面积/m^2	延深/m	含矿岩体面积/m^2	含矿岩体面积参数
A2207201012	长仁预测区	64 842.85	70 807 500	500	22 922	0.000 4

2. 沉积变质型

该类型分布在荒沟山-南岔预测工作区。

预测资源量及估算参数见表 6-2-20。

表 6-2-20 模型区预测资源量及其估算参数

编号	名称	模型区预测资源量/t	模型区面积/m^2	延深/m	含矿层位面积/m^2	含矿层位面积参数
A2207301018	杉松岗预测区	11 914.51	27 557 500	800	3 276 600	0.313 4

三、预测工作区预测模型

根据典型矿床预测模型、预测工作区成矿要素及成矿模式、地球物理、地球化学、遥感特征、重砂特征,确立预测工作区预测模型。

(一)侵入岩体型

1. 红旗岭预测工作区

1)预测要素

根据红旗岭预测工作区区域成矿要素和地球化学、地球物理、遥感特征、重砂特征,确立了区域预测要素,见表 6-2-21。

表 6-2-21　红旗岭地区红旗岭式基性—超基性岩浆熔离-贯入型铜镍矿预测要素表

预测要素		内容描述	预测要素类别
地质条件	岩石类型	辉长岩-辉石岩-橄榄岩型与斜方辉石岩-苏长岩型;角闪辉石岩-角闪岩型	必要
	成矿时代	225Ma 前后的印支中期	必要
	成矿环境	矿床位于天山-兴蒙-吉黑造山带(Ⅰ)包尔汉图-温都尔庙弧盆系(Ⅱ)下二台-呼兰-伊泉陆缘岩浆弧(Ⅲ)盘桦上叠裂陷盆地(Ⅳ)内	必要
	构造背景	区域上受槽台两大构造单元接触带辉发河-古洞河超岩石圈断裂控制,是区域导岩构造。该断裂不仅是两构造单元的分界线,也是含镍基性—超基性侵入岩体的导岩(矿)构造,与之有成因联系的北西向次一级断裂为储岩(矿)构造	重要
矿床特征	控矿条件	区域上受辉发河-古洞河超岩石圈断裂控制,是区域导岩构造;与其有成因联系的次一级北西向断裂是控岩控矿构造。含矿岩体为辉长岩-辉石岩-橄榄岩型与斜方辉石岩-苏长岩型、角闪辉石岩-角闪岩型的基性—超基性岩体	必要
	矿化蚀变特征	滑石化、次闪石化、黑云母化、蛇纹石化、绢云母化等蚀变与矿化关系密切	重要
综合信息	地球化学	工作区具有亲铁元素同生地球化学场和亲石、稀有、稀土元素同生地球化学场的双重性质。主成矿元素 Cu 具有规模大、分带清晰、浓集中心、异常强度高的基本特征。异常组分复杂,主成矿元素 Cu、Ni 受后期伴生元素强烈的叠加改造,形成较复杂组分含量叠生地球化学场,并在其中富集成矿。以 Cu 为主体的组合异常组分复杂,空间套合紧密,形成较复杂组分含量富集区,利于 Cu 的成矿。找矿主要指示元素为 Cu、Mo、Bi、Au、Ni、Co、Cr、As、Sb、Hg、Ag。其中 Cu、Ni、Co、Cr、Au 是近矿指示元素;Mo、Bi 是评价矿床的尾部指示元素;As、Sb、Hg、Ag 为找矿远程指示元素。Cu 甲级综合异常规模较大,与分布的矿产积极响应,是优质的矿致异常,其异常范围可为扩大典型矿床的找矿规模提供依据	重要
	地球物理	重力:区内重力场表现为东部低、西部高。在区内西部红旗岭一带为重力高,呈北西向分布,与寒武系黄莺屯(岩)组、奥陶系小三个顶子(岩)组吻合。区内中型铜镍矿床及小型铜镍矿床集中分布在重力高梯度带上。在预测区西部主要是 1 条北东向的重力低,该重力低反映了辉发河中生代断陷盆地。在西半截河—小呼兰一带重力低,反映了燕山期二长花岗岩体。区内断裂构造发育,在布格重力异常图上,有北东向、北西向及东西向断裂,北东向断裂为辉发河大断裂的一部分,为区内控矿构造,在测区西部北西向断裂与岩体分布方向一致,为控岩断裂。在测区南部黑石镇附近,有 1 条东西向断裂,断裂以南为大片重力高,推测与太古宙变质岩有关,其北侧为重力低,推测与侵入岩有关,区内红旗岭大型铜、镍矿床分布于该断裂带上。 磁测:预测区位于辉发河深断裂北侧,槽区南缘。沿辉发河断裂带沉积的中生代地层,航磁以负磁场为主要特征。燕山期花岗岩及二长花岗岩遍布全区,航磁主要为低缓异常或负异常。在西部异常方向呈北西向分布,主要与北西向的断裂构造有关。在东部,异常多呈北东向,与辉发河断裂的方向一致。区内构造线方向为北西向及北东向,北西向断裂为北东断裂的次级构造,控制基性—超基性岩体分布,也是区内铜镍矿的控矿构造。基性—超基性岩体分布在负磁场中规模较小、强度不大的局部异常中	重要

续表 6-2-21

预测要素		内容描述	预测要素类别
综合信息	重砂	预测区内圈定 2 个金、白钨矿、辰砂、磁铁矿、黄铁矿矿物组合异常，均为Ⅰ级	次要
	遥感	敦化-密山岩石圈断裂附近的次级断裂是重要的 Cu 矿产的容矿构造，有与隐伏岩体有关的复合环形构造，有浅色色调异常分布，脆韧变形趋势带分布，矿区内及周围有铁染异常及羟基异常分布	次要
找矿标志		与辉发河-古洞河超岩石圈断裂有成因联系的次一级北西向断裂；辉长岩-辉石岩-橄榄岩型与斜方辉石岩-苏长岩型岩体及角闪辉石岩-角闪岩型。地球物理场重力线状梯度带，或异常存在或中等强度磁异常；地球化学场，Cu、Ni、Co 高异常，Cu 甲级综合异常规模较大，与分布的矿产积极响应，是优质的矿致异常，其异常范围可为扩大典型矿床的找矿规模提供依据；重力高梯度带上；负磁场中规模较小强度不大的局部异常中	重要

2）预测模型

预测模型见图 6-2-1。

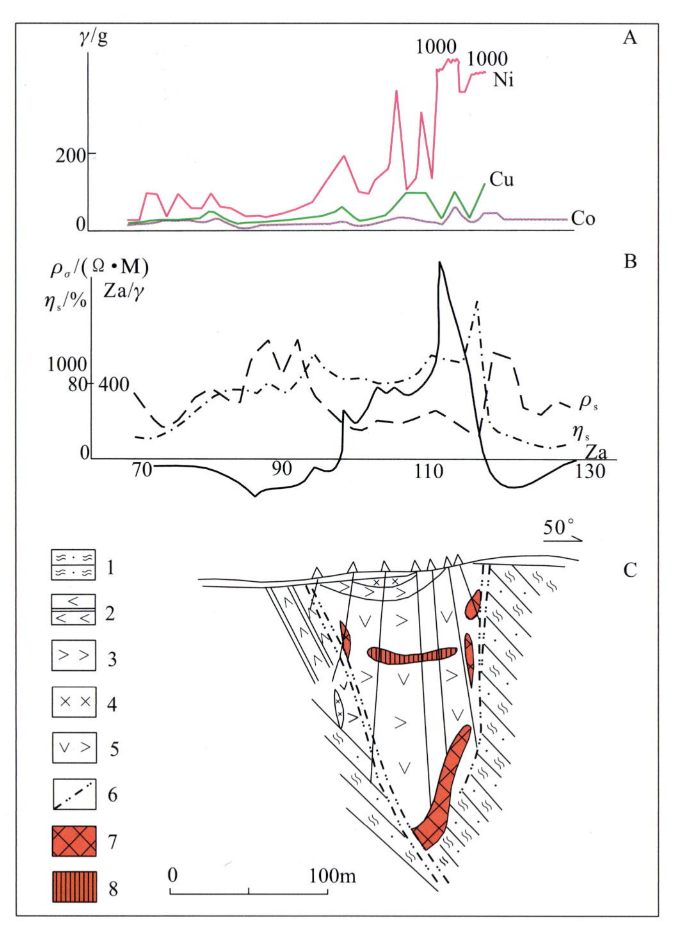

图 6-2-1　红旗岭式基性—超基性岩浆熔离-贯入型铜镍矿预测模型图

A. 化探铜镍钴异常曲线；B. 激电中梯视极化率、视电阻率及地磁异常曲线；C. 地质剖面图

1. 黑云母片麻岩；2. 角闪片岩；3. 辉石岩；4. 辉长岩；5. 辉橄岩；6. 破碎带；7. 工业矿体；8. 上悬矿体

2. 双凤山预测工作区

1）预测要素

根据双凤山预测工作区区域成矿要素和地球化学、地球物理、遥感特征、重砂特征，确立了区域预测要素，见表 6－2－22。

2）预测模型

预测模型见图 6－2－1。

表 6－2－22　双凤山地区红旗岭式基性—超基性岩浆熔离-贯入型铜镍矿预测要素表

预测要素		内容描述	预测要素类别
地质条件	岩石类型	辉长岩-辉石岩-橄榄辉石岩	必要
	成矿时代	推测成矿时代为印支期	必要
	成矿环境	矿床位于天山-兴蒙-吉黑造山带（Ⅰ）包尔汉图-温都尔庙弧盆系（Ⅱ）下二台-呼兰-伊泉陆缘岩浆弧（Ⅲ）盘桦上叠裂陷盆地（Ⅳ）内	必要
	构造背景	区域上辉发河-古洞河超岩石圈断裂控制，是区域导岩构造。该断裂不仅是两构造单元的分界线，也是含镍基性—超基性侵入岩体的导岩（矿）构造，与之有成因联系的近东西向—北西向次一级断裂为储岩（矿）构造	重要
矿床特征	控矿条件	区域上受槽台两大构造单元接触带辉发河-古洞河超岩石圈断裂控制，与辉发河-古洞河超岩石圈断裂有成因联系的次一级近东西向—北西向断裂是控岩控矿构造。含矿岩体为辉长岩-辉石岩-橄榄辉石岩型的基性—超基性岩体	必要
	矿化蚀变特征	滑石化、次闪石化、黑云母化、蛇纹石化、绢云母化等蚀变与矿化关系密切	重要
综合信息	地球化学	应用 1∶20 万化探数据圈出 Ni 异常 3 处。其中 2 号异常具有清晰的三级分带和明显的浓集中心异常，由 Ni、Cr、Co、Cu、Pb 异常构成，同心套合结构，具有较复杂元素组分富集特征；1 号组合异常中与 Ni 异常空间套合紧密的元素有 Co、Mn、Cu、Pb，与燕山期的花岗闪长岩体中辉长岩的捕虏体相吻合，是重要的 Cu、Ni 找矿预区段；3 号异常以外带为主，异常没有封闭	重要
	地球物理	重力：在区域布格重力异常图上，区内重力场特征是两重力高夹一重力低。预测区北部重力高异常面积较小，总体方向为北西向，梯度带较为密集，在剩余重力异常图上，北西向梯度带更密集，并出现 2 个局部重力高异常；南部重力高是区域上较大面积重力高异常的边部，梯度带不够密集，从区域剩余重力异常图上，梯度带曲线密度增加，并出现北西向的局部重力高异常，反映了浅部的地质信息；区内北西向的重力低异常带，断裂迹象明显，与从区内通过的辉南-伊通断裂吻合，应是该断裂的一部分，其两侧场有基性—超基性岩分布，是本区重要控岩构造之一。 磁测：预测区内磁异常东西向分布，是中性及基性岩体的综合反映，基性岩异常很清晰、强度较高。而一些异常，经地面查证定性为古老变质基性岩，磁场都很强，可能原岩磁性较强，其后期作用进一步增强了岩体的磁性	重要
	重砂	无重砂异常反映	次要
	遥感	辉发河-古洞河岩石圈断裂附近的次级断裂是重要的容矿构造，有与中生代花岗岩及隐伏岩体有关的复合环形构造，有浅色色调异常分布，矿区内及周围有铁染异常及羟基异常分布	次要
找矿标志		找矿标志为与辉发河-古洞河超岩石圈断裂有成因联系的次一级近东西向—北西向断裂；辉长岩-辉石岩-橄榄辉石岩型岩体；地球物理场重力线状梯度带，或异常存在或中等强度磁异常；地球化学场，Cu、Ni、Co 高异常	重要

3. 川连沟-二道岭子预测工作区

1）预测要素

根据双凤山预测工作区区域成矿要素和地球化学、地球物理、遥感特征、重砂特征，确立了区域预测要素，见表 6－2－23。

2）预测模型

预测模型见图 6－2－1。

表 6－2－23　川连沟-二道岭子红旗岭式基性—超基性岩浆熔离-贯入型铜镍矿预测要素表

预测要素		内容描述	预测要素类别
地质条件	岩石类型	辉长岩-辉石角闪岩	必要
	成矿时代	推测成矿时代为海西期	必要
	成矿环境	矿床位于天山-兴蒙-吉黑造山带（Ⅰ）大兴安岭弧形盆地（Ⅱ）锡林浩特岩浆弧（Ⅲ）白城上叠裂陷盆地（Ⅳ）内	必要
	构造背景	区域上位于华北陆块（地台）北缘活动陆缘带，依舒地堑的东南部，大黑山条垒的构造叠合部位。北东向依舒断裂带是 1 条地体拼接带，为性质不同的 2 个大地构造单元的分界线，也是含镍基性—超基性侵入岩体的导岩构造。与之有成因联系的近东西向—北西向次一级断裂为储岩（矿）构造	重要
矿床特征	控矿条件	区域上北东向依舒断裂带是 1 条地体拼接带，为性质不同的 2 个大地构造单元的分界线，也是含镍基性—超基性侵入岩体的导岩构造。区内断裂构造展布方向主要有北东向、北西向、近东西向，中基性—超基性侵入岩受近东西向—北西向构造控制，呈近东西向—北西向展布特征。含矿岩体为辉长岩-辉石角闪岩	必要
	矿化蚀变特征	滑石化、次闪石化、黑云母化、蛇纹石化、绢云母化等蚀变与矿化关系密切	重要
综合信息	地球化学	应用 1∶5 万化探数据圈出 4 个 Ni 异常。1 号组合异常中只有 Ni、Cr、Mn，Ni 的异常规模小，Cr 异常相对最大，反映的是山门镍矿成矿系统，控矿岩体基性程度较高，但出露规模不大；2 号、3 号组合异常位于山门镍矿的东侧，由 Cr、Co、Mn、Pb、Cu 异常构成，其中 2 号具有清晰的三级分带和明显的浓集中心，与山门镍矿积极响应，为成矿异常；4 号异常的浓集中心较小，主要以中带为主，向南没有封闭	重要
	地球物理	重力：1∶50 万区域布格重力异常曲线走向总体呈北东向，但从局部看，曲线走向较凌乱。在剩余重力异常图上，走向形态和布格异常图基本一致，但细节更清晰，主要反映了浅部的地质信息。在南部叶赫—山门一带表现一北东向的重力高，重力值高于北部，主要反映了古生界基地隆起，山门镍矿产于该带中。 磁测：预测区磁场较复杂，表现为多个岩体磁场的叠加。形成了强弱不等的几个北东向异常带。在南部侵入岩以中侏罗世闪长岩为主，磁场的强异常带，一般强度 300～400nT，最高 700nT 以上；北部异常带内 3 处异常最高值达 700nT，异常主要反映了侏罗纪的闪长岩体。矿区 1∶5000 地磁显示为近东西向或北东向的异常带，异常与构造线方向一致，含矿岩体呈现 1000nT 左右的磁场，片麻岩呈现 200nT 左右磁场，侏罗纪凝灰岩及砂页岩地层呈现几十到 200nT 的磁场，侏罗纪火山岩呈现 1000～2000nT 的尖峰状磁场	重要
	重砂	具有直接指示作用的镍黄铁矿没有重砂异常反映。主要伴生矿物铜族圈出 1 个Ⅰ级异常，空间上与山门镍矿积极响应，是矿致异常，对评价镍矿具有直接指示意义	次要
	遥感	依兰-伊通断裂带附近的次级断裂是重要的容矿构造，有与中生代花岗岩及隐伏岩体有关的环形构造，有浅色色调异常分布，矿区内及周围有铁染异常及羟基异常分布	次要
找矿标志		找矿标志为与依舒断裂带有成因联系的次一级近东西向—北西向断裂，基性—超基性岩体总体呈近东西向—北西向展布特征；辉长岩-辉石角闪岩岩体；地球物理场重力线状梯度带，或异常存在或中等强度磁异常；地球化学场，Cu、Ni、Co 高异常	重要

4.漂河川预测工作区

1)预测要素

根据漂河川预测工作区区域成矿要素和地球化学、地球物理、遥感特征、重砂特征,确立了区域预测要素,见表6-2-24。

2)预测模型

预测模型见图6-2-2。

表6-2-24　漂河川地区红旗岭式基性—超基性岩浆熔离-贯入型铜镍矿预测要素表

预测要素		内容描述	预测要素类别
地质条件	岩石类型	斜长角闪橄辉岩、含长角闪橄辉岩、斜长角闪辉岩及含长橄辉岩等	必要
	成矿时代	推测成矿时代为印支中期	必要
	成矿环境	矿床位于天山-兴蒙-吉黑造山带(Ⅰ)包尔汉图-温都尔庙弧盆系(Ⅱ)下二台-呼兰-伊泉陆缘岩浆弧(Ⅲ)盘桦上叠裂陷盆地(Ⅳ)内	必要
	构造背景	区内构造主要以断裂构造为主,其展布方向以北东向为主,北西向次之,矿体主要受控于二道甸子-暖木条子轴向近东西背斜北翼,大体沿大河深组与范家屯组接触带展布	重要
矿床特征	控矿条件	矿体主要受控于二道甸子-暖木条子轴向近东西背斜北翼,大体沿大河深组与范家屯组接触带展布。控矿岩体为斜长角闪橄辉岩、含长角闪橄辉岩、斜长角闪辉岩,及含长橄辉岩基性—超基性岩体	必要
	矿化蚀变特征	含矿石英脉主要表现为黄铜矿化、黄铁矿化、云英岩化、褐铁矿化、辉锑矿化等,而围岩中则发育黄铁矿化、硅化、碳酸盐化、绢云母化、绿泥石化等蚀变	重要
综合信息	地球化学	该工作区具有亲铁元素同生地球化学场和亲石、稀有、稀土元素同生地球化学场的双重性质。异常组分复杂,形成较复杂组分含量富集的叠生地球化学场,是成矿的主要异常区。主成矿元素Cu具有异常规模较大,分带清晰,浓集中心明显的基本特征。Cu组合异常中,空间上组分异常套合紧密,显示出高、中、低温复杂的矿化过程。Cu甲级综合异常与分布的矿产积极响应,具有优良的成矿背景和找矿条件,是进一步找矿的重要依据。Cu综合异常具有明显的水平分带现象,内带Au、Mo,中带Pb、Zn、Cr、W、Ni、Co,外带As、Sb。主要的找矿指示元素为Cu、Au、Pb、Zn、Ni、Co、Cr、As、Sb、W、Mo。其中Cu、Au、Pb、Zn、Ni、Co、Cr为近矿指示元素,As、Sb为远程指示元素,W、Mo主要用于评价矿化的剥蚀程度	重要
	地球物理	重力:在布格重力异常图上,出现2处重力低,主要反映了中生代断陷盆地。重力高也有2处,1处在区内西部,呈近东西向分布,为寒武纪变质岩的反映,在重力高的边部有二道甸子大型金矿分布,在重力高向重力低过渡的梯度带上有小型铜镍矿床分布。另一重力高在区内东北部近东西向分布,反映了寒武系黄莺屯(岩)组,两重力高之间的重力低是燕山期侵入岩的分布区。 磁测:在1∶5万航磁化极图上,大面积负异常构成区内背景场,对应岩性是侏罗纪花岗闪长岩侵入体和古生代变质岩地层,和老地层比,花岗岩体上磁场更低。测区东部寒葱沟村—新立屯一带,有1条东西向的异常带,最高强度在200nT以上,与中基性侵入岩有关。测区中西部,西南岔—蛇岭沟一带,有1条北东向的异常带,异常连续性差,强度100～200nT。异常与玄武岩分布区吻合,推测异常由玄武岩引起。测区东南部,八道河子以南,异常呈带状或团块状,梯度较陡,强度200～400nT,异常与玄武岩有关	重要
	重砂	预测区内圈定1个白钨矿、独居石、黄铁矿矿物组合异常	次要
	遥感	敦化-密山岩石圈断裂附近的次级断裂是重要的铜矿产的容矿构造,有与隐伏岩体有关的复合环形构造,有浅色色调异常分布,脆韧变形趋势带分布,矿区内及周围有铁染异常及羟基异常分布	次要
找矿标志	矿体主要受控于二道甸子-暖木条子轴向近东西背斜北翼,大体沿大河深组与范家屯组接触带展布;辉长岩类、斜长辉岩类、闪辉岩类基性岩体控矿;石英脉及围岩中的矿化蚀变特征是很好的找矿标志;Cu甲级综合异常与分布的矿产积极响应,具有优良的成矿背景和找矿条件,是进一步找矿的重要依据;负磁场中规模较小强度不大的局部异常中		重要

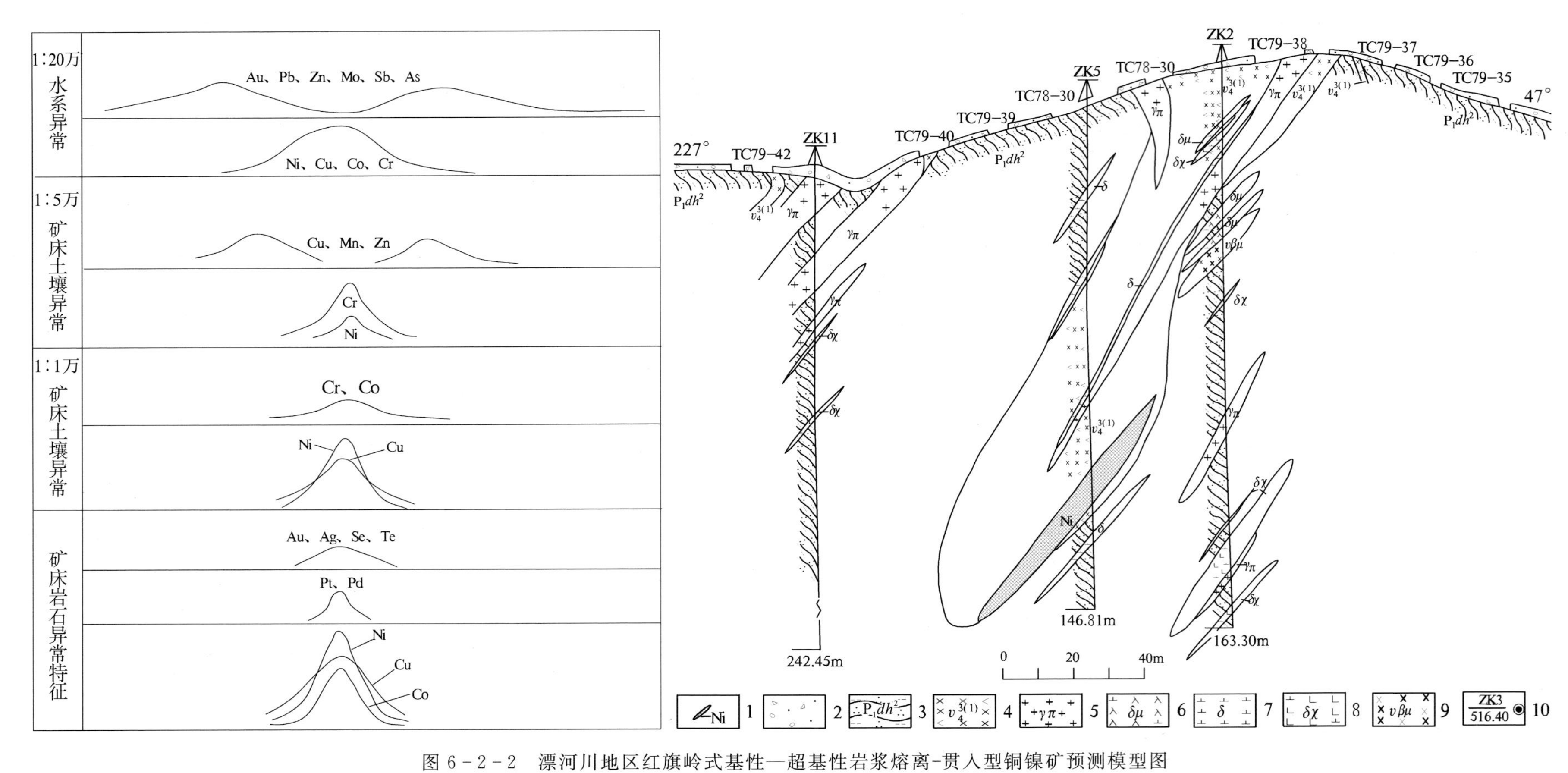

图 6-2-2　漂河川地区红旗岭式基性—超基性岩浆熔离-贯入型铜镍矿预测模型图

1.镍矿体;2.残坡积层;3.黑云母石英片岩;4.角闪辉长岩;5.花岗斑岩;6.闪长玢岩;7.闪长岩;8.闪斜煌斑岩;9.辉长辉绿岩;10.钻孔及编号

5. 大山咀子预测工作区

1）预测要素

根据漂河川预测工作区区域成矿要素和地球化学、地球物理、遥感特征、重砂特征，确立了区域预测要素，见表 6-2-25。

2）预测模型

预测模型见图 6-2-2。

表 6-2-25　大山咀子地区红旗岭式基性—超基性岩浆熔离-贯入型铜镍矿预测要素表

预测要素		内容描述	预测要素类别
地质条件	岩石类型	主要为斜长角闪橄辉岩、含长角闪橄辉岩、斜长角闪辉岩及含长橄辉岩等	必要
	成矿时代	推测成矿时代为印支中期	必要
	成矿环境	区域上位于天山-兴蒙-吉黑造山带（Ⅰ）小兴安岭-张广才岭弧盆系（Ⅱ）小顶山-张广才岭-黄松裂陷槽（Ⅲ）双阳-永吉-蛟河上叠裂陷盆地（Ⅳ）内	必要
	构造背景	预测区位于区域敦密断裂带的北东侧，敦密断裂带控制了基性—超基性岩浆活动，区内断裂构造展布方向主要为北东向，北西向次之，基性岩体就位于北东向、北东东向的断裂系统中，辉长岩类、斜长辉岩类基性岩体控矿	重要
矿床特征	控矿条件	敦密断裂带是含镍基性—超基性侵入岩体的导岩构造，基性岩体就位其次一级的北东向、北东东向的断裂系统中，辉长岩类、斜长辉岩类基性岩体控矿	必要
	矿化蚀变特征	含矿围岩发育黄铁矿化、硅化、碳酸盐化、绢云母化、绿泥石化等蚀变	重要
综合信息	地球化学	应用 1∶20 万化探数据圈出 5 处 Ni 异常。其中，4 号异常具有清晰的三级分带和明显的浓集中心，异常强度 131×10^{-6}，Ni、Cr、Co、Mn 异常浓集中心套合完整，Cu、Pb 异常虽然与 Ni 异常紧密叠加，但浓集中心与 Ni 异常偏离，是预测镍矿的重要地区；其他异常分带差，强度低，异常规模小，沿北东向断续分布	重要
	地球物理	重力：1∶50 万区域布格重力异常呈现两侧偏高，中间低等特点，即在大山咀子一带为 1 条北东向的重力低，异常带两侧重力值升高。在 1∶50 万的剩余重力异常图上，该特点更明显。重力低反映了敦密断裂形成的断陷盆地。重力高反映了老地层，隆起北侧的重力高反映了中元古代变质岩及二叠纪地层，而南侧的重力高反映了晚古生代变质岩地层隆起。 磁测：区内玄武岩大面积覆盖，磁场特征主要是正负跳跃的杂乱磁场，局部异常方向变化大，规律性较差，并且负值大于正值，负异常强度一般 −300～−400nT，最低值 −600～−700nT，而正异常一般 100～300nT，最大值 300～500nT。预测区南部磁场变化平稳，主要以负磁场为主，反映了花岗闪长岩的磁场特征；预测区东北部磁场升高，异常走向呈北东向，异常出现在花岗闪长岩中或花岗岩与老地层接触带上与隐伏的强磁性地质体有关	重要
	重砂	无重砂异常	次要
	遥感	敦化-密山岩石圈断裂附近的次级断裂是重要的容矿构造，断裂带与北东向小型断裂交会处有与隐伏岩体有关的复合环形构造，形成环形构造群。矿区内及周围有铁染异常及羟基异常分布	次要
找矿标志		找矿标志为与区域敦密断裂带有成因联系的次级北东向、北东东向的断裂控制的基性—超基性岩浆活动；辉长岩类、斜长辉岩类基性岩体；地球物理场重力线状梯度带，或异常存在或负磁场中规模较小强度不大的局部异常中；地球化学场，Cu、Ni、Co 高异常；黄铁矿化、硅化、碳酸盐化等蚀变强烈地段	重要

6. 六棵松-长仁预测工作区

1)预测要素

根据六棵松-长仁预测工作区区域成矿要素和地球化学、地球物理、遥感特征、重砂特征，确立了区域预测要素，见表 6-2-26。

2)预测模型

预测模型见图 6-2-3。

表 6-2-26　六棵松-长仁地区红旗岭式基性—超基性岩浆熔离-贯入型铜镍矿预测要素表

预测要素		内容描述	预测要素类别
地质条件	岩石类型	辉石岩、含长辉石岩、橄榄二辉岩；辉石橄榄岩、含长辉石橄榄岩、橄榄辉石岩、辉橄岩、斜长辉石岩、角闪辉石岩、辉长岩	必要
	成矿时代	推测成矿时代为海西期	必要
	成矿环境	矿床位于天山-兴蒙-吉黑造山带(Ⅰ)包尔汉图-温都尔庙弧盆系(Ⅱ)清河-西保安-江域岩浆弧(Ⅲ)内	必要
	构造背景	褶皱构造：区内只发育有1个褶皱构造——长仁向斜构造。 断裂构造：区内的断裂比较发育，其中主要有东西向断裂，北西向断裂和北东向断裂，其中北西向断裂为著名的古洞河大断裂的一部分。古洞河断裂是区内唯一活动时间长、期次多、规模大、切割深度深的导岩构造；沿古洞河断裂以及北东向断裂附近发育的北西向及北东向2组扭裂，以控制闪长岩体为主。沿古洞河断裂及茬田-东丰深断裂两侧，以北北东向或近南北向压扭-扭张性断裂为主，控制辉长岩体；北北东向(或近南北向)及北西向2组扭裂，规模小，分布较密集，控制矿区基性—超基性岩体	重要
矿床特征	控矿条件	区域赋矿岩体主要为辉石岩、含长辉石岩、橄榄二辉岩、辉石橄榄岩，含长辉石橄榄岩、橄榄辉石岩、辉橄岩；斜长辉石岩、角闪辉石岩、辉长岩基性—超基性岩体。本区控矿构造为沿古洞河断裂及茬田-东丰深断裂两侧，以北北东向或近南北向压扭-扭张性断裂，北北东向(或近南北向)及北西向2组扭裂控制矿区基性—超基性岩体。该期构造控制的岩体与成矿关系密切	必要
	矿化蚀变特征	基性—超基性岩体的蚀变以自蚀变为主，主要有蛇纹石化、次闪石化、绿泥石化、滑石化、金云母化。多分布在岩体底部，中部辉石橄榄岩相中。与Cu、Ni矿化关系密切	重要
综合信息	地球化学	工作区属于亲铁元素同生地球化学场和亲石、碱土金属元素同生地球化学场。主成矿元素Cu具有分带清晰、浓集中心明显、异常强度较高的基本特征。以Cu为主体的组合异常，空间套合紧密，形成较复杂元素组分的叠生地球化学场，并显示Cu主要在中-高温的地球化学环境中富集成矿。Cu甲级综合异常具备优良的成矿地质背景和成矿条件，空间上与分布的矿产积极响应，是元素富集成矿的具体表象，其异常范围为进一步扩大找矿规模提供化探依据。找矿的主要指示元素为Cu、Au、Pb、Zn、Ni、Mo、Bi。近矿指示元素为Cu、Au、Pb、Zn；尾部元素为Ni、Mo、Bi	重要
	地球物理	重力：在区域布格重力异常图上，预测区处于重力低中，尤其是区内中部，为1条明显的北西向重力低，主要反映了北西向的断陷带。预测区南部是东西向的梯度带，但在西端向北较弯，近南北向分布。区内北部和东部，梯度带走向为北西向和北北西向。从梯度带的走向看，区内断裂构造较发育，主要为北西向、北北西向，以及局部的东西向、南北向。北西向断裂为区内主要断裂，为左洞河深大断裂的一部分，是区内主要控岩控矿构造，长仁-獐项附近的北北西向断裂是区内控矿断裂。 磁测：预测区处于富尔河-古铜河深大断裂带上，沿带岩浆活动频繁，形成不同期次岩体。如新太古代甲山岩体，寒武纪孟山北沟岩体，晚二叠世—早三叠世小蒲岩体，早侏罗世榆树川岩体及基性—超基性岩体等，均在区内有出露。对应区内磁场，异常方向北西向，磁场由平缓负异常-低缓正异常，岩体之间磁性差异不大。基性—超基性岩异常成北西向或北东向分布，受深大断裂的次级断裂控制	重要

续表 6-2-26

预测要素		内容描述	预测要素类别
综合信息	重砂	预测区内圈定 1 个磁铁矿、黄铁矿、白钨矿、方铅矿矿物组合异常，为Ⅱ级	次要
	遥感	华北地台北缘断裂带附近的次级断裂是重要的 Cu 矿产的成矿构造。有与隐伏岩体有关的复合环形构造，有浅色色调异常分布，矿区内及周围有铁染异常及羟基异常分布	次要
找矿标志		区域基性—超基性岩体分布区；基性—超基性岩体的蚀变以自蚀变为主，主要有蛇纹石化、次闪石化、绿泥石化、滑石化、金云母化，多分布在岩体底部、中部辉石橄榄岩相中，与 Cu，Ni 矿化关系密切，可作为找矿标志	重要

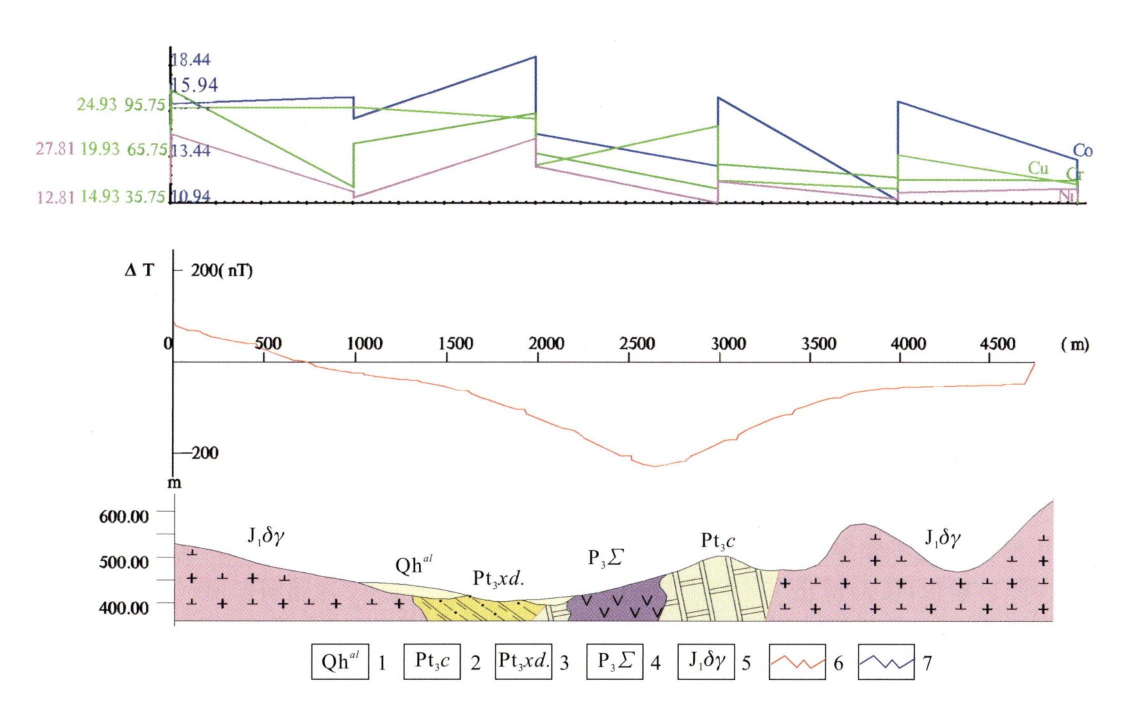

图 6-2-3　六棵松-长仁地区红旗岭式基性—超基性岩浆熔离-贯入型铜镍矿预测模型图

1. 第四系河流冲积物；2. 新元古代长仁大理岩；3. 新元古界新东村岩组；4. 晚二叠世辉长岩；5. 早侏罗世花岗闪长岩；6. 磁异常曲线；7. 化探异常曲线

7. 赤柏松-金斗预测工作区

1）预测要素

根据赤柏松-金斗预测工作区区域成矿要素和地球化学、地球物理、遥感特征、重砂特征，确立了区域预测要素，见表 6-2-27。

2）预测模型

预测模型见图 6-2-4。

表 6-2-27　赤柏松-金斗地区赤柏松式基性—超基性岩浆熔离-贯入型铜镍矿预测要素表

预测要素		内容描述	预测要素类别
地质条件	岩石类型	变质辉长岩、橄榄苏长辉长岩、二辉橄榄岩、变质辉绿岩、正长斑岩等	必要
	成矿时代	元古宙早期，1960～2240Ma	必要
	成矿环境	前南华纪华北东部陆块(Ⅱ)龙岗-陈台沟-沂水前新太古代陆核(Ⅲ)板石新太古代地块(Ⅳ)内的二密-英额布中生代火山-岩浆盆地的南侧	必要
	构造背景	分布在穹状背形的核部的北东向或北北东向断裂构造是本区控岩、控矿构造。本溪-浑江超岩石圈断裂为控制区域基性—超基性岩浆活动的导矿构造，区域基性岩体沿断裂古隆起一侧，分段(群)集中分布。基底穹隆核部断裂构造控制基性—超基性岩产状、形态等特征	重要
矿床特征	控矿条件	岩浆控矿：分布本区古元古代基性—超基性岩，为有利成矿期。复式岩体是构造多次活动、岩浆多次侵入产物，多形成大而富矿床，单式岩体分异完善，基性程度越高，形成熔离型矿床越有利。就地熔离矿体，一般位于岩体底部或下部，深源液态分离贯入型矿体多位于先期侵入岩体底部、边部或近侧围岩中。 构造控矿：分布在穹状背形核部的北东向或北北东向断裂构造是本区控岩、控矿构造；本溪-浑江超岩石圈断裂为控制区域基性—超基性岩浆活动的导矿构造	必要
	矿化蚀变特征	Ⅰ号岩体从不含矿岩相到含矿岩相，黑云母的含量由 1.5%增长至 5%，在贯入型矿石中金属硫化物周围分布有黑云母等含钾矿物，这是一种钾化的表现。还有次闪石化，在含矿的岩体边部较为发育	重要
综合信息	地球化学	工作区具有亲石、稀有、稀土元素同生地球化学场和亲铁元素同生地球化学场的双重特征。主成矿元素 Cu 具有清晰的三级分带和明显的浓集中心，异常强度较高，内带值达到 39×10^{-6}。Cu 组合异常在亲铁元素同生地球化学场的基础上，由于叠加改造作用，形成较复杂元素组分的叠生地球化学场，利于 Cu 的迁移富集和成矿。Cu 的综合异常具有良好的成矿条件和找矿前景，空间上与分布的矿产积极响应，是成矿的具体体现。找矿的主要指示元素有 Cu、Ni、Co、Mn、Au、W、Sn、Mo。近矿指示元素为 Cu、Ni、Au；尾部指示元素为 Co、Mn、W、Sn、Mo。成矿主要经历了高温过程	重要
	地球物理	重力：赤柏松大型硫化铜镍矿床处在弧形重力高异常带东段中部南侧南北向椭圆状剩余局部重力高异常中心。在剩余重力异常图上，异常特征更为明显，矿床处于以 $2\times10^{-5}m/s^2$ 异常值圈定的椭圆状剩余重力高异常中心，异常长 4.4km，宽 2.5km，椭圆状剩余重力高异常最大值略大于 $3\times10^{-5}m/s^2$。赤柏松铜镍矿床处于北西向、北北东向重力梯度带交会部位，推断有断裂构造在此交会。新安小型铜镍矿床位于赤柏松铜镍矿床西南 5.7km，处于南部重力低异常北部边缘梯度带内侧。赤柏松基性—超基性岩群沿北西方向雁形排列和平行排列，是引起重力高异常带上的局部重力高的主要因素。 磁测：预测区处于龙岗断块南部，出露岩层主要是龙岗岩群深变质岩系。对应航磁是 1 条高值异常带。在徐家大沟，广信村、金斗、暴家沟一带，局部异常多为南北向分布，一般值 400～500nT，最高值大于 800nT。异常带对应太古宙片麻岩，高值部分与基性岩吻合。小赤松附近含 Cu、Ni 矿的超基性岩体，磁场强度 500～600nT。异常带南部虎马岭村附近，局部异常近东西向条状及团快状分布，最高异常值 850nT。经查证，为玄武岩引起	重要
	重砂	预测区内圈定 1 个金、黄铜矿、辰砂、重晶石矿物组合异常，为Ⅱ级	次要
	遥感	大川-江源断裂带通过本区，有与隐伏岩体有关的复合环形构造，有浅色色调异常分布，矿区内及周围有铁染异常及羟基异常分布	次要
找矿标志		古元古代基性—超基性岩分布区，本溪-浑江超岩石圈断裂分布区；Cu 的综合异常特别是甲级综合异常分布区具有良好的成矿条件和找矿前景；重力高地区；局部磁异常中的高值区	重要

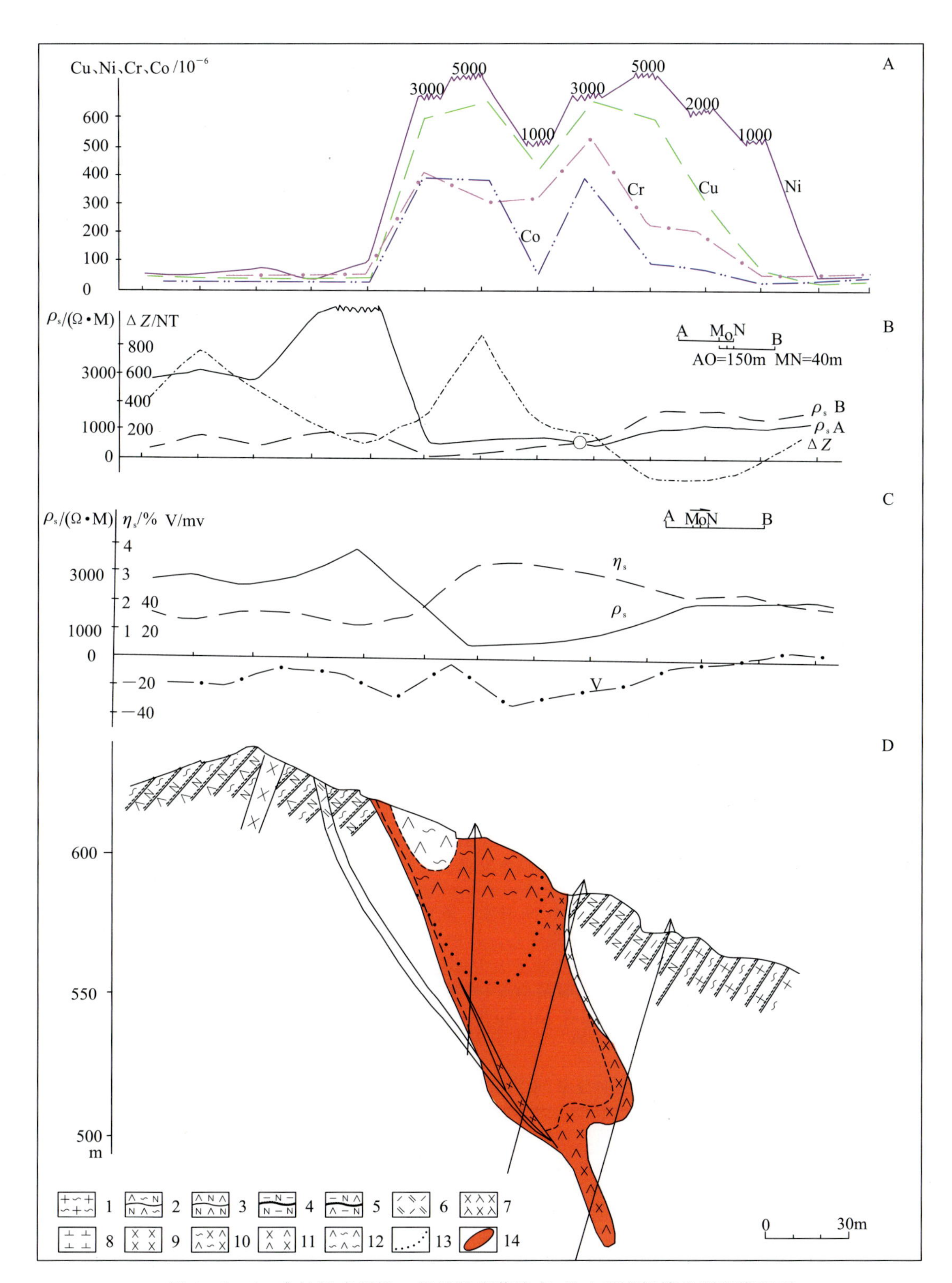

图 6-2-4 赤柏松式基性—超基性岩浆熔离-贯入型型铜镍矿预测模型图

A.化探异常曲线图;B、C.物探异常曲线图;D.地质剖面图;1.均质混合岩;2.斜长角闪岩质混合岩;3.斜长角闪岩;4.黑云斜长片麻岩;5.黑云斜长角闪片麻岩;6.钠长斑岩;7.辉长玢岩;8.闪长岩;9.辉绿辉长岩;10.苏长岩;11.橄榄苏长岩;12.含长斜辉橄榄岩;13.岩相界线;14.铜镍矿体

8. 大肚川-露水河预测工作区

1)预测要素

根据大肚川-露水河预测工作区区域成矿要素和地球化学、地球物理、遥感特征、重砂特征，确立了区域预测要素，见表6-2-28。

2)预测模型

预测模型见图6-2-4。

表6-2-28 大肚川-露水河地区赤柏松式基性—超基性岩浆熔离-贯入型铜镍矿预测要素表

预测要素		内容描述	预测要素类别
地质条件	岩石类型	变质辉长岩、橄榄苏长辉长岩、二辉橄榄岩、变质辉绿岩、正长斑岩等	必要
	成矿时代	推测成矿时代为元古宙早期	必要
	成矿环境	前南华纪华北东部陆块(Ⅱ)龙岗-陈台沟-沂水前新太古代陆核(Ⅲ)夹皮沟新太古代地块(Ⅳ)内	必要
	构造背景	预测区处于辉发河-古洞河深大断裂向北突出弧形顶部。区内构造复杂，主要以阜平期的褶皱构造和韧性剪切带为基础构造，其褶皱轴及韧性剪切带展布方向总体上都为北西向，在韧性剪切带中有多次脆性构造叠加，形成了多条平行的挤压破碎带。变辉长岩、辉绿岩等为控矿岩体	重要
矿床特征	控矿条件	岩浆控矿：分布本区古元古代基性—超基性岩，为有利成矿期。复式岩体是构造多次活动、岩浆多次侵入产物，多形成大而富矿床，单式岩体分异完善，基性程度愈高，形成熔离型矿床越有利。就地熔离矿体，一般位于岩体底部或下部，深源液态分离贯入型矿体多位于先期侵入岩体底部、边部或近侧围岩中。 构造控矿：分布在穹状背形核部的北东向或北北东向断裂构造是本区控岩、控矿构造；本溪-浑江超岩石圈断裂为控制区域基性—超基性岩浆活动的导矿构造	必要
	矿化蚀变特征	Ⅰ号岩体从不含矿岩相到含矿岩相，黑云母的含量从1.5%增长至3%，最后为5%，在贯入型矿石中金属硫化物周围分布有黑云母等含钾矿物，这是一种钾化的表现。还有次闪石化，在含矿的岩体边部较为发育	重要
综合信息	地球化学	应用1∶20万化探数据圈出8个Ni异常。除4号异常具有二级分带，其余异常均具有清晰的三级分带和明显的浓集中心。其中，2号异常呈北西向条带状连续分布，有12个浓集中心，面积530km^2，反映了太古宙绿岩地质体超高背景晕的铁族元素富集区；其他异常分布在2号异常带的边缘，异常规模小，是成矿带的分支异常。区内与Ni异常空间套合紧密的元素有Au、Ag、Cu、Cr、Co，显示复杂元素组分富集特征，Ni、Cr、Co异常源于变质的超基性—基性岩体，指示了地球化学场的成矿专属性	重要
	地球物理	重力：异常梯度带呈北西向分布，重力低异常带与北西向及近东西向分布的大断裂有关，主要反映了海西期酸性侵入岩体的分布特征。预测区西部是老金厂重力高，平面形态在区内近等轴状，等值线在区内近于环状，反映了太古宙变质基底的隆起；预测区南部，有1处明显的重力低异常，呈舌状近南北向分布，重力低异常附近全部为玄武岩覆盖并有几处火山口分布，推断为火山机构引起。 磁测：1∶5万航磁化极最明显的异常即老牛沟-夹皮沟异常带，该带以新太古代三道沟变质岩的平稳区域负磁场为背景，在此平稳背景场上展示若干条带状异常带，异常带呈北西向延伸，连续性较好，并且强度高，梯度陡，为老牛沟铁矿成矿带。在放牛沟铁矿带南侧，分布1条近南北向，长约35km，宽约10km的异常带，该带背景场100～200nT，分布一系列近南北向或北西向的局部异常，异常与基性—超基性岩有关，反映老金场一带的基性—超基性岩群。预测区东南部是1条北西向的异常带，背景场在100～200nT主要反映了太古宙变质英云闪长岩的磁场，其局部异常与后期中基性或基性脉岩有关。在预测区中部有1个近北东向椭圆状异常，反映了五道溜河二长花岗岩体磁性差异。预测区东部是1条北西向的宽大平静的负异常带，主要反映了中生代沉积岩地层的磁场特征	重要

续表 6-2-28

预测要素		内容描述	预测要素类别
综合信息	重砂	铜族有3个异常，与基性—超基性岩体没有明显的响应关系，因此，对预测熔离型Cu、Ni矿缺少必要的指示意义	次要
	遥感	区域巨型断裂带为敦化-密山岩石圈断裂，同时伴有大型脆韧性变形构造，并且在不同方向断裂交会部位，环形构造成群分布，构成一系列环形构造群，为本区镍矿成矿的导矿构造。矿区内及周围有铁染异常及羟基异常分布	次要
找矿标志		找矿标志为区域辉发河-古洞河超岩石圈断裂控制基性—超基性岩浆活动，与之有成因联系的次级近北西向、北东东向的断裂为控岩(矿)构造；辉长岩类、辉绿岩类基性岩体；地球物理场重力线状梯度带，或中等强度磁异常；地球化学场，Cu、Ni、Co高异常	重要

(二)变质型

1. 荒沟山-南岔预测工作区

1)预测要素

根据荒沟山-南岔预测工作区区域成矿要素和地球化学、地球物理、遥感特征、重砂特征，确立了区域预测要素，见表6-2-29。

2)预测模型

预测模型见图6-2-5。

表6-2-29 荒沟山-南岔地区杉松岗式沉积变质型铜矿预测要素表

预测要素		内容描述	预测要素类别
地质条件	岩石类型	云母片岩、大理岩、千枚岩夹大理岩	必要
	成矿时代	推测成矿时代为古元古代	必要
	成矿环境	前南华纪华北东部陆块(Ⅱ)胶辽吉元古宙裂谷带(Ⅲ)老岭坳陷盆地内	必要
	构造背景	矿区位于老岭背斜的中段南东翼，地层岩石中小的挠曲、揉皱现象十分发育。区内以近南北向断裂与成矿关系最为密切，属横路岭-荒沟山-四平街"S"形断裂带的组成部分，为压-压扭性断裂，矿体产于该断裂上盘花山岩组地层中	重要
矿床特征	控矿条件	地层控矿：矿体严格受老岭(岩)群花山岩组富含碳质的千枚岩层位的控制。 断裂控矿：区内以近南北向断裂与成矿关系最为密切，为压-压扭性断裂，断层两侧岩层发生强烈破碎和片理化、糜棱岩化，并伴随有强烈的矿化作用，沿断裂有花岗岩及闪长岩脉的侵位，显示多期活动特点，矿体产于该断裂上盘花山岩组地层中	必要
	矿化蚀变特征	矿区内围岩蚀变属中-低温热液蚀变，总体上蚀变较弱，蚀变与围岩没有明显的界线，呈渐变过渡关系。主要蚀变类型有硅化、绢云母化、绿泥石化、碳酸盐化，硅化、绢云母化与成矿关系比较密切，在蚀变发育部位，Co、Cu矿化较强	重要
综合信息	地球化学	应用1∶5万补充1∶20万化探数据圈出8个Ni异常。异常具有清晰三级分带和明显的浓集中心，异常强度较高，异常由Ni、Co、Ag、Cu、Pb、Zn异常构成。其中，Ni、Co、Cu异常的浓集中心吻合程度高，而Ag、Pb、Zn异常与Ni异常呈局部伴生，形成复杂组分富集的叠生地球化学场，Ni、Co异常反映元古宙老岭(岩)群的铁镁质基底，Ag、Cu、Pb、Zn异常在Ni、Co背景场上构成金矿岩浆系统无序异常结构的天然富集体，而该天然富集体的热能系统主要是燕山期的花岗斑岩体侵入	重要

表 6-2-29

预测要素		内容描述	预测要素类别
综合信息	地球物理	重力：在 1∶5 万布格重力异常图上，区内从西南部到东部，有一带状布格重力高异常分布，异常强度从西向东逐渐降低。重力高异常带南、北两侧梯度带为老岭（岩）群地层与青白口纪沉积地层、印支期和燕山期侵入花岗岩体及侏罗纪、白垩纪火山沉积盆地的断层接触带的反映。这些重力高异常边缘梯度带上，分布有沉积变质型铜钴矿等。反映了这些与老岭（岩）群老地层有关的矿产和重力高异常的密切关系。 磁测：区磁场特征大片负磁场中有局部正异常带，出现磁场以负为主。预测区西部磁场平稳，局部略有波动，磁场强度－30～－100nT，主要反映了新元古代及古生代碳酸盐岩的磁场特征，表现为大片平缓的负异常梯度带；预测区西南部磁场升高，七道沟附近的幸福山岩体和头道沟岩体磁场中都有不同反映，磁场强度 100～200nT，最高 300～500nT，在负磁场中很明显；预测区中部横路岭—天桥村一带，是 1 条北东向的异常，长约 30km，宽 10～14km，异常带两侧伴有负值，异常带中的低缓异常主要反映了龙岗岩群变质岩磁场，异常梯度带的空间位置与“S”形构造带相对应；预测区东部大面积出露老岭（岩）群及长白组地层，在负背景上分布有北东向的低缓异常带，背景场强度－50～－100nT	重要
	重砂	预测区内重砂组合矿物异常显示弱，无法圈定	次要
	遥感	本预测工作区内解译出 1 条大型断裂带，为集安-松江岩石圈断裂，该断裂带附近的次级断裂是重要的多金属矿产的容矿构造。大路-仙人桥断裂带与其他方向断裂交会部位，为多金属矿产形成的有利部位。区内的脆韧变形趋势带比较发育，为 1 条总体走向北东的“S”形变形带，该带与 Cu、Ni 矿产有密切的关系。区内的环形构造比较发育，矿点多分布于环形构造内部或边部	次要
找矿标志		大栗子（岩）组千枚岩夹大理岩变质建造；经多期变质变形的构造核部；在 1∶20 万水系沉积物地球化学测量中，面积比较大的区域异常，Cu 异常浓集中心；重力高异常分布区；磁场中负异常梯度带	重要

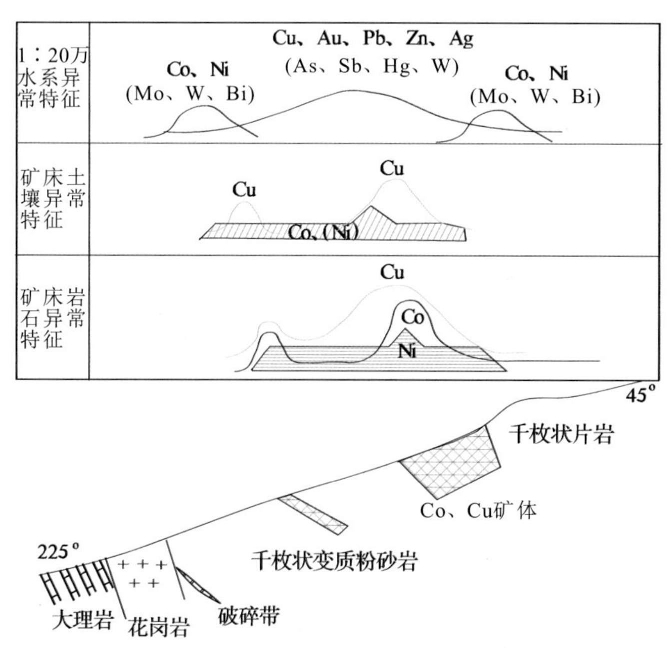

图 6-2-5　杉松岗式沉积变质型铜矿预测模型图

四、区域预测要素图编制及解释

(一)区域预测要素图

区域预测要素图是以区域成矿要素图为底图,综合区域地球化学、地球物理、自然重砂、遥感等综合致矿信息而编制的反映该区域镍矿产预测类型预测要素的图件。图件比例尺为1∶5万。

(二)综合信息要素图

该图件以成矿地质理论为指导,目的为吉林省区域成矿地质构造环境及成矿规律研究,建立矿床成矿模式、区域成矿模式及区域成矿谱系研究提供信息,为圈定成矿远景区和找矿靶区、评价成矿远景区资源潜力、编制成矿区(带)成矿规律与预测图提供物探、化探、遥感、自然重砂方面的依据。因此该图件充分反映了与矿产资源潜力评价相关的物探、化探、遥感、自然重砂等综合信息,并建立空间数据库,为今后开展矿产勘查的规划部署奠定扎实基础。

第三节 预测区圈定

一、预测区圈定方法及原则

预测工作区内最小预测区的确定主要依据是在含矿建造存在的基础上,叠加物探、化探、遥感、自然重砂异常,圈定有找矿前景的区域,参考航磁异常、重力异常、自然重砂异常并经地质矿产专业人员人工修改后的最小区域。

二、圈定预测区操作细则

在突出表达含矿建造、矿化蚀变标志的1∶5万成矿要素图基础上,以含矿建造和化探异常为主要预测要素和定位变量,参考遥感、物探、自然重砂信息,最后由地质专家确认修改,形成最小预测区。

第四节 预测要素变量的构置与选择

一、预测要素及要素的数字化和定量化

预测工作区预测要素构置使用潜力评价项目组提供的预测软件MRAS进行构置和计算。主要依据含矿建造的出露与否来组合预测要素。

应用综合信息网格单元法进行预测时，首选对预测工作区地质及综合信息的复杂程度进行评价，从而来确定网格单元的大小，MRAS能提供网格单元大小的建议值，一般情况下都比较大，需要人工进行修正，比如，进行取整等干预。根据吉林省金矿成矿特征，矿化多数在2000m左右，因此，人工选择时使用小一点的网格单元，以增加预测的精度，网格单元选择20×20网格，相当于1000m×1000m的单元网格。

对预测工作区的地质，也就是含矿建造进行提取，对矿产地和矿（化）体进行提取，提取的矿产地和矿（化）体进行缓冲区分析，形成面图层，为空间叠加准备图层。

将物探、化探、遥感、自然重砂各专题提供的异常要素进行叠加。对物探、化探、遥感、自然重砂各专题提供线要素类图层进行缓冲区分析。

对上述的图层内要素信息进行量化处理，进行有无的量化处理。形成原始的要素变量距阵。

二、变量的初步优选研究

根据含矿建造的空间分布情况，对其他预测要素进行相关性分析，初步进行变量的优选，选择相关性好的要素参与预测。可能含矿的建造是最重要的也是必要的要素。化探异常的元素选取，一般选择3～5个与主成矿元素相关性好的元素参与计算。物探一般选择重力和磁的异常要素，特别是重力梯度带，用零等值线进行缓冲区分析，分析出的缓冲区参与计算，重力和航磁数据由于多数是1∶20万精度的数据，对预测意义不大。自然重砂选择3～5个与主成矿元素有关的矿物的异常图，这些矿种的异常要素参与计算。

初步选择的要素叠加后进行初步计算，这样很多要素参与计算往往得不到理想的效果。还要进行变量的优选。再进行变量相关性研究，去掉一些相关性相对较差的要素。实践证明，参与计算的要素不能太多，一般3～5个要素参与计算，效果相对较好。

量化后要素为网格单元进行有无的赋值，用一定的阈值对每个网格单元进行分类，分出A、B、C三类，一般情况下网格单元值大于3～4的网格单元应该是A类网格单元，大于2～3的网格单元一般为B类。

得出的网格单元分布图能够帮助地质人员更加客观地认识预测工作区，增加客观性，从而能避免一些人为的主观因素参与到预测中。

三、不同矿产预测方法类型预测

（一）侵入岩体型

1. 红旗岭预测工作区

该预测区内镍矿产于辉长岩-辉石岩-橄榄岩型与斜方辉石岩-苏长岩型基性—超基性岩体中。因此，以基性—超基性地质体单元作为重要的预测单元划分依据，同时为必要预测地质变量，磁测、重力、化探异常也是重要的圈定依据和预测变量。遥感、重砂则为次要预测地质要素。

2. 双凤山预测工作区

该预测区内镍矿产于辉长岩-辉石岩-橄榄辉石岩型中。因此，以基性—超基性地质体单元作为重要的预测单元划分依据，同时为必要预测地质变量，磁测、重力、化探异常也是重要的圈定依据和预测变量。遥感、重砂则为次要预测地质要素。

3. 川连沟-二道岭子预测工作区

该预测区内镍矿产于辉长岩-辉石角闪岩型中。因此，以基性—超基性地质体单元作为重要的预测单元划分依据，同时为必要预测地质变量，磁测、重力、化探异常也是重要的圈定依据和预测变量。遥感、重砂则为次要预测地质要素。

4. 漂河川预测工作区

该预测区内镍矿产于辉长岩类、斜长辉岩类、闪辉岩类基性—超基性岩体中。因此，以基性—超基性地质体单元作为重要的预测单元划分依据，同时为必要预测地质变量，磁测、重力、化探异常也是重要的圈定依据和预测变量。遥感、重砂则为次要预测地质要素。

5. 大山咀子预测工作区

该预测区内镍矿产于辉长岩类、斜长辉岩类、闪辉岩、橄辉岩类基性—超基性岩体中。因此，以基性—超基性地质体单元作为重要的预测单元划分依据，同时为必要预测地质变量，磁测、重力、化探异常也是重要的圈定依据和预测变量。遥感、重砂则为次要预测地质要素。

6. 六棵松-长仁预测工作区

该预测区内镍矿产于辉石橄榄岩型、辉石岩型、辉石-橄榄岩型、橄榄岩-辉石岩-辉长岩-闪长岩杂岩型基性—超基性岩体中。因此，以基性—超基性地质体单元作为重要的预测单元划分依据，同时为必要预测地质变量，磁测、重力、化探异常也是重要的圈定依据和预测变量。遥感、重砂则为次要预测地质要素。

7. 赤柏松-金斗预测工作区

该预测区内镍矿产于区元古宙变质辉长岩、橄榄苏长辉长岩、二辉橄榄岩、变质辉绿岩基性—超基性岩体中。因此，以基性—超基性地质体单元作为重要的预测单元划分依据，同时为必要预测地质变量，磁测、重力、化探异常也是重要的圈定依据和预测变量。遥感、重砂则为次要预测地质要素。

8. 大肚川-露水河预测工作区

该预测区内镍矿产于区古元古代变质辉长岩、橄榄苏长辉长岩、二辉橄榄岩基性—超基性岩体中。因此，以基性—超基性地质体单元作为重要的预测单元划分依据，同时为必要预测地质变量，磁测、重力、化探异常也是重要的圈定依据和预测变量。遥感、重砂则为次要预测地质要素。

（二）变质型

荒沟山-南岔预测工作区内镍矿产于古元古代老岭（岩）群花山岩组千枚岩夹大理岩中。因此，古元古代花山岩组地质体单元作为重要的预测单元划分依据，同时为必要预测地质变量，化探异常、重力也是重要的圈定依据和预测变量。磁测、遥感、重砂则为次要预测地质要素。

第五节　预测区优选

预测区圈定以含矿地质体和矿体产出部位为主要圈定依据。首先应用MRAS软件对预测要素进行空间叠加的方法对预测工作区进行空间评价，圈定预测区。优选最小预测区以矿产地、化探异常作为确定依据，特别是矿产地和矿体产出部位是区分资源潜力级别及资源量级别的最主要依据，经过地质专家进一步修正和筛选，最终优选出最小预测区。

各预测工作区圈定的最小预测区及优选最小预测区对比结果见图6-5-1～图6-5-9(红色:A类最小预测区;绿色:B类最小预测区;蓝色:C类最小预测区)。

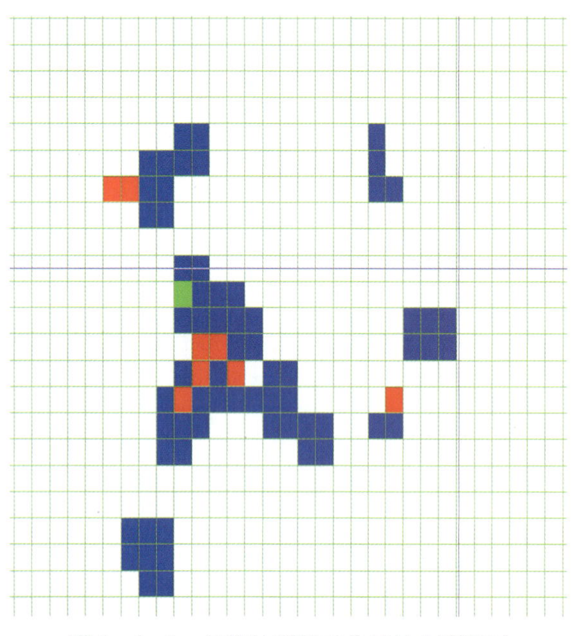

图6-5-1　红旗岭预测工作区最小预测区与优选最小预测区对比图

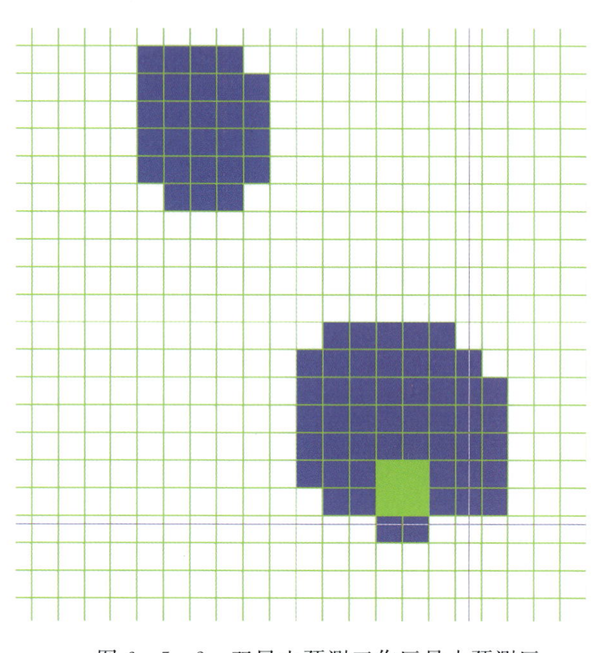

图6-5-2　双凤山预测工作区最小预测区与优选最小预测区对比图

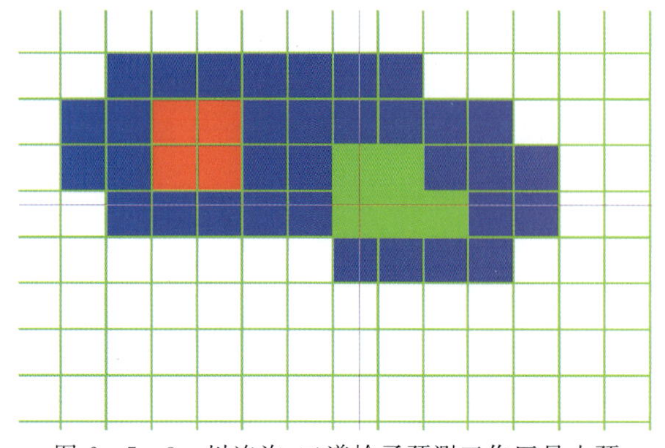

图6-5-3　川连沟-二道岭子预测工作区最小预测区与优选最小预测区对比图

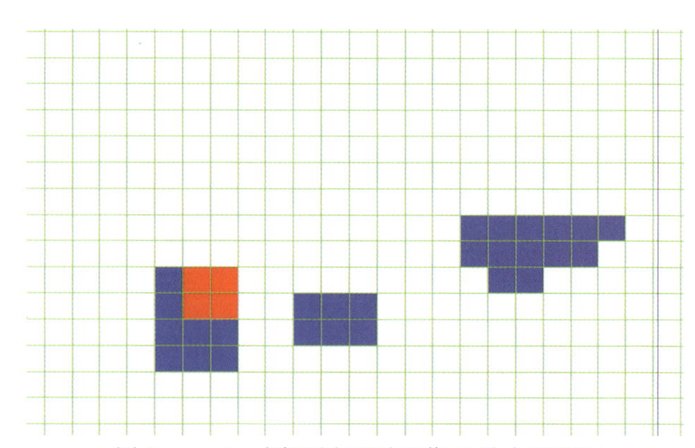

图6-5-4　漂河川预测工作区最小预测区与优选最小预测区对比图

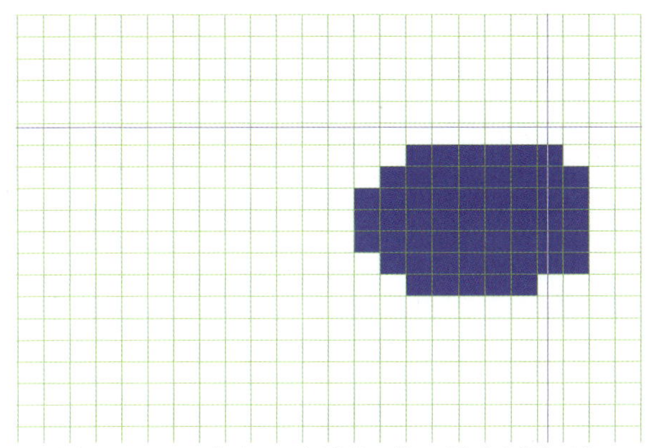

图 6-5-5　大山咀子预测工作区最小预测区与优选最小预测区对比图

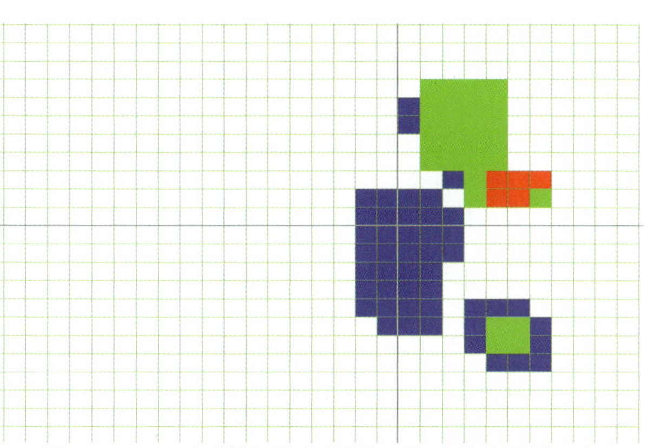

图 6-5-6　六棵松-长仁预测工作区最小预测区与优选最小预测区对比图

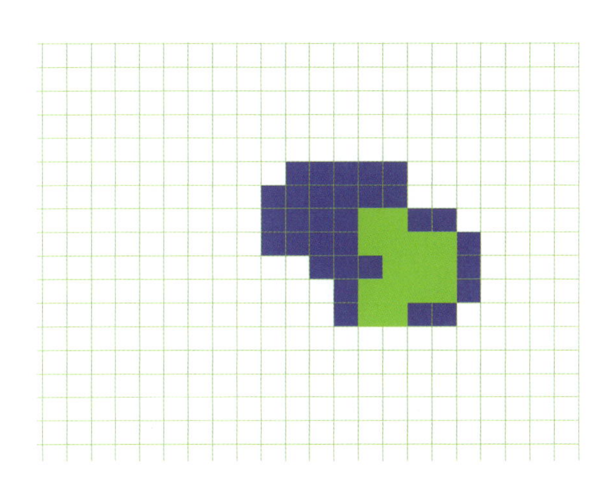

图 6-5-7　赤柏松-金斗预测工作区最小预测区与优选最小预测区对比图

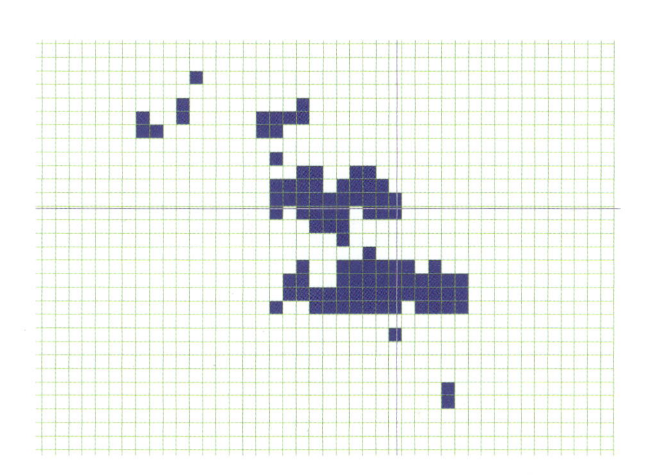

图 6-5-8　大肚川-露水河预测工作区最小预测区与优选最小预测区对比图

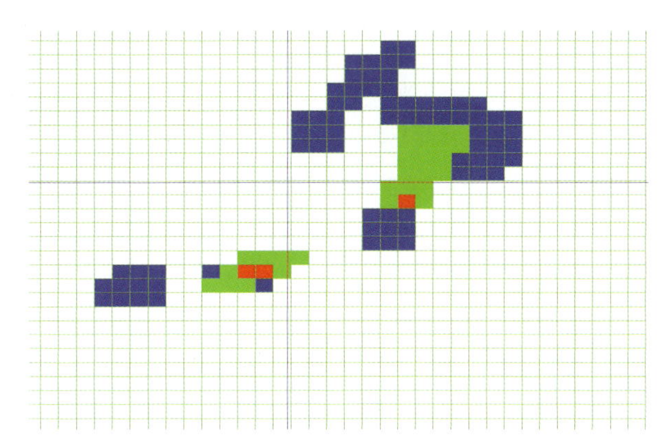

图 6-5-9　荒沟山-南岔预测工作区最小预测区与优选最小预测区对比图

第六节 资源量定量估算

一、最小预测区含矿系数确定

最小预测区含矿系数确定，依据模型区含矿系数，考虑到现有工作程度，模型区之外的最小预测区工作程度低于模型区，因此，在现有工作程度情况下，这些最小预测区显然找矿条件和远景比模型差，这仅仅是在现有工作程度下的判断。根据潜力评价项目技术要求对模型区之外的最小预测区按照预测区内具体的预测要素与模型区的预测要素对比，分别估算最小预测区的含矿系数。依据各个预测要素的可信度，综合评价各个最小预测区的含矿系数。评价结果见最小预测区含矿系数表6-6-1。

表6-6-1 最小预测区含矿系数表

预测工作区	最小预测区序号	最小预测区编号	模型区含矿系数	最小预测区含矿系数
红旗岭	1	A2207201001	0.000 021 8	$6.670\ 8\times10^{-7}$
	2	A2207201002	0.000 021 8	$6.670\ 8\times10^{-7}$
	3	C2207201003	0.000 021 8	$1.667\ 7\times10^{-7}$
双凤山	4	A2207201004	0.000 021 8	$2.221\ 56\times10^{-5}$
	5	C2207201005	0.000 021 8	$1.667\ 7\times10^{-7}$
	6	B2207201006	0.000 021 8	$3.335\ 4\times10^{-7}$
川连沟-二道岭子	7	B2207201007	0.000 021 8	$5.003\ 1\times10^{-7}$
漂河川	8	A2207201008	0.000 052 4	$1.273\ 32\times10^{-6}$
	9	C2207201009	0.000 052 4	$3.183\ 3\times10^{-7}$
大山咀子	10	C2207201010	0.000 021 8	$1.667\ 7\times10^{-7}$
赤柏松-金斗	11	A2207202011	0.000 121 3	$2.316\ 83\times10^{-6}$
六棵松-长仁	12	A2207201012	0.006 770 6	$2.708\ 24\times10^{-6}$
	13	B2207201013	0.006 770 6	$1.354\ 12\times10^{-6}$
	14	C2207201014	0.006 770 6	$2.250\ 85\times10^{-7}$
大肚川-露水河	15	C2207202015	0.000 021 8	$1.667\ 7\times10^{-7}$
	16	C2207202016	0.000 021 8	$1.667\ 7\times10^{-7}$
	17	C2207202017	0.000 021 8	$1.667\ 7\times10^{-7}$
荒沟山-南岔	18	A2207301018	0.000 001 9	$5.954\ 6\times10^{-7}$
	19	A2207301019	0.000 009 3	$2.914\ 62\times10^{-6}$

二、最小预测区预测资源量及估算参数

(一)估算方法

应用含矿地质体预测资源量公式:$Z_{体}=S_{体}\times H_{预}\times K\times\alpha$

式中,$Z_{体}$——模型区中含矿地质体预测资源量;

$S_{体}$——含矿地质体面积;

$H_{预}$——含矿地质体延深(指矿化范围的最大延深),即最大预测深度;

K——模型区含矿地质体含矿系数;

α——相似系数。

(二)估算参数及结果

含矿地质体的含矿系数及估算结果见表6-6-2。

表6-6-2 吉林省预测工作区预测资源量估算结果表

预测工作区	最小预测区序号	最小预测区编号	面积/m^2	延深/m	含矿系数	相似系数	500m以浅预测资源量/t	1000m以浅预测资源量/t	2000m以浅预测资源量/t
红旗岭	1	A2207201001	160 127 500.00	1500	$6.670\ 8\times10^{-7}$	1	17 315.35	56 286.85	109 695.78
	2	A2207201002	32 797 500.00	1500	$6.670\ 8\times10^{-7}$	1	9 926.42	20 460.56	31 399.83
	3	C2207201003	10 440 000.00	1500	$1.667\ 7\times10^{-7}$	0.25	217.63	435.27	652.90
	4	A2207201004	17 975 000.00	1500	$2.221\ 56\times10^{-5}$	1	85 261.28	239 163.41	438 826.12
双凤山	5	C2207201005	16 357 500.00	1500	$1.667\ 7\times10^{-7}$	0.25	340.99	681.99	1 022.98
	6	B2207201006	37 477 500.00	1500	$3.335\ 4\times10^{-7}$	0.5	3 125.06	6 250.12	9 375.18
川连沟-二道岭子	7	B2207201007	26 690 000.00	1500	$5.003\ 1\times10^{-7}$	0.75	545.48	5 552.96	10 560.43
漂河川	8	A2207201008	114 120 000.00	800	$1.273\ 32\times10^{-6}$	1	55 372.64	98 966.02	98 966.02
	9	C2207201009	89 437 500.00	800	$3.183\ 3\times10^{-7}$	0.25	3 558.83	5 694.13	5 694.13
大山咀子	10	C2207201010	209 665 000.00	1500	$1.667\ 7\times10^{-7}$	0.25	4 370.73	8 741.46	13 112.19
赤柏松-金斗	11	A2207202011	168 440 000.00	1500	$2.316\ 83\times10^{-6}$	1	44 686.37	136 759.40	276 219.10
六棵松-长仁	12	A2207201012	70 807 500.00	500	$2.708\ 24\times10^{-6}$	1	64 842.85	64 842.85	64 842.85
	13	B2207201013	25 822 500.00	500	$1.354\ 12\times10^{-6}$	0.5	8 741.69	8 741.69	8 741.69
	14	C2207201014	93 840 000.00	500	$2.250\ 85\times10^{-7}$	0.25	2 640.25	2 640.25	2 640.25
大肚川-露水河	15	C2207202015	101 722 500.00	1500	$1.667\ 7\times10^{-7}$	0.25	2 120.53	4 241.07	6 361.60
	16	C2207202016	189 237 500.00	1500	$1.667\ 7\times10^{-7}$	0.25	3 944.89	7 889.78	11 834.68
	17	C2207202017	245 742 500.00	1500	$1.667\ 7\times10^{-7}$	0.25	5 122.81	10 245.62	15 368.43
荒沟山-南岔	18	A2207301018	27 557 500.00	800	$5.954\ 6\times10^{-7}$	1	6 991.69	11 914.51	11 914.51
	19	A2207301019	12 007 500.00	1500	$2.914\ 62\times10^{-6}$	1	12 454.27	26 926.30	44 424.95
总计							331 579.76	716 434.24	1 161 653.62

三、最小预测区资源量可信度估计

最小预测区资源量可信度估计见表6-6-3。

1.面积可信度

最小预测区内存在含矿建造，与已知模型区比含矿建造相同，同时存在1∶5万化探异常，并且最小预测区内存在已知的矿床，这样的最小预测区面积可信度确定为0.75。

最小预测区存在含矿建造，与已知模型区比含矿建造相同，同时存在1∶5万化探异常，并且最小预测区内存在已知的矿点，这样的最小预测区面积可信度确定为0.50。

最小预测区只存在1∶5万化探异常或者存在矿点，并且最小预测区的圈定是根据1∶5万化探异常圈定的最小区域，最小预测区面积可信度确定为0.25。

最小预测区存在含矿建造，与已知模型区比含矿建造相同，同时存在1∶5万化探异常，但不存在已知的矿点，这样的最小预测区面积可信度确定为0.25。

2.延深可信度

根据已知模型区的最大勘探深度，同时结合区域含矿建造的勘探深度确定的预测深度，模型区延深可信度确定为0.9。

最小预测区中含有已知矿床，有含矿建造的存在，物化探异常反映良好的延深可信度定为0.75。

最小预测区中含有已知矿点，有含矿建造的存在，物化探异常反映良好的延深可信度定为0.5。

最小预测区中有含矿建造的存在，物化探异常反映良好的延深可信度定为0.25。

根据化探和物探磁法反演确定的预测深度，确定的延深可信度为0.7。

根据专家分析确定因素的预测深度，确定的延深可信度为0.5。

3.含矿系数可信度

最小预测区内存在含矿建造，与已知模型区比含矿建造相同，同时存在1∶5万化探异常，并且最小预测区内存在已知的矿床，这样的最小预测区含矿系数可信度确定为0.75。

最小预测区存在含矿建造，与已知模型区比含矿建造相同，同时存在1∶5万化探异常，并且最小预测区内存在已知的矿点，这样的最小预测区含矿系数可信度确定为0.5。

最小预测区只存在1∶5万化探异常或者存在矿点，并且最小预测区的圈定是根据1∶5万化探异常圈定的最小区域，最小预测区含矿系数可信度确定为0.25。

最小预测区存在含矿建造，与已知模型区比含矿建造相同，同时存在1∶5万化探异常，但不存在已知的矿点，这样的最小预测区含矿系数可信度确定为0.25。

第七节　预测区地质评价

一、预测区级别划分

预测区级别划分的主要依据：最小预测区内是否有含矿建造，是否有已知矿点、矿化点，是否有Ni地球化学异常存在。

表 6-6-3 最小预测区预测资源量可信度统计表

最小预测区编号	面积		延深		含矿系数		资源量综合	
	可信度	依据	可信度	依据	可信度	依据	可信度	依据
A2207201001	1	含矿建造+化探异常+物探异常	0.9	最大勘探深度+含矿建造推断+参考磁异常反演	1	模型区预测资源总量/含矿地质体总体积	1	模型区
A2207201002	1	含矿建造+化探异常+物探异常	0.9	与模型区对比	1	与模型区对比	1	综合面积、延深、含矿系数可信度
C2207201003	0.25	与模型区对比	0.5	与模型区对比	0.25	与模型区对比	0.25	综合面积、延深、含矿系数可信度
A2207201004	1	含矿建造+化探异常+物探异常	0.9	与模型区对比	1	与模型区对比	1	综合面积、延深、含矿系数可信度
C2207201005	0.25	与模型区对比	0.5	与模型区对比	0.25	与模型区对比	0.25	综合面积、延深、含矿系数可信度
B2207201006	0.5	与模型区对比	0.5	与模型区对比	0.5	与模型区对比	0.5	综合面积、延深、含矿系数可信度
B2207201007	0.75	与模型区对比	0.75	最大勘探深度+含矿建造推断+参考磁异常反演	0.75	与模型区对比	0.75	综合面积、延深、含矿系数可信度
A2207201008	1	含矿建造+化探异常+物探异常	0.9	最大勘探深度+含矿建造推断+参考磁异常反演	1	模型区预测资源总量/含矿地质体总体积	1	模型区
C2207201009	0.25	与模型区对比	0.5	与模型区对比	0.25	与模型区对比	0.25	综合面积、延深、含矿系数可信度
C2207201010	0.25	与模型区对比	0.25	与模型区对比	0.25	与模型区对比	0.25	综合面积、延深、含矿系数可信度
A2207202011	1	含矿建造+化探异常+物探异常	0.9	最大勘探深度+含矿建造推断+参考磁异常反演	1	模型区预测资源总量/含矿地质体总体积	1	模型区
A2207201012	1	含矿建造+化探异常+物探异常	0.9	最大勘探深度+含矿建造推断+参考磁异常反演	1	模型区预测资源总量/含矿地质体总体积	1	模型区
B2207201013	0.5	与模型区对比	0.75	与模型区对比	0.5	与模型区对比	0.5	综合面积、延深、含矿系数可信度

续表 6-6-3

最小预测区编号	面积		延深		含矿系数		资源量综合	
	可信度	依据	可信度	依据	可信度	依据	可信度	依据
C2207201014	0.25	与模型区对比	0.5	与模型区对比	0.25	与模型区对比	0.25	综合面积、延深、含矿系数可信度
C2207202015	0.25	与模型区对比	0.5	与模型区对比	0.25	与模型区对比	0.25	综合面积、延深、含矿系数可信度
C2207202016	0.25	与模型区对比	0.5	与模型区对比	0.25	与模型区对比	0.25	综合面积、延深、含矿系数可信度
C2207202017	0.25	与模型区对比	0.5	与模型区对比	0.25	与模型区对比	0.25	综合面积、延深、含矿系数可信度
A2207301018	1	二云片岩、变质粉砂岩夹石英及薄层大理岩含矿建造+化探异常+物探异常	0.9	最大勘探深度+含矿建造推断+参考磁异常反演	1	模型区预测资源总量/含矿地质体总体积	1	模型区
A2207301019	1	绢云千枚岩夹大理岩透镜体(含矿建造+化探异常+物探异常	0.9	与模型区对比	1	与模型区对比	1	综合面积、延深、含矿系数可信度

A级:最小预测区与模型区含矿建造相同,区内有已知 Ni 矿点、Ni 矿化点,有 Ni 地球化学异常存在。

B级:最小预测区与模型区含矿建造相同,区内有已知 Ni 矿点、Ni 矿化点,或有与 Ni 关联密切的其他矿点、矿化点存在,有 Ni 地球化学异常存在。

C级:最小预测区与模型区含矿建造相同,最小预测区内无已知 Ni 矿点、Ni 矿化点,但有 Ni 地球化学异常存在。

二、预测区地质评价

依据预测区划分依据,对 9 个预测工作区进行了最小预测区圈定,共圈定出 19 个最小预测区,其中 A 类预测区 8 个,B 类预测区 3,C 类预测区 8 个。每个预测区地质评价见表 6-7-1。

表 6-7-1　预测区地质评价一览表

序号	最小预测区编号	最小预测区级别	预测区地质评价
1	A2207201001	A 类预测区	构造环境有利于成矿,出露有含矿建造,并有套合 Ni 的多元素化探异常,并有已知的矿床
2	A2207201002	A 类预测区	与已知矿床具有相同的构造环境,出露有含矿建造,并有 Ni 的化探异常显示,并有已知矿床
3	C2207201003	C 类预测区	与已知矿床具有相同的构造环境,出露有含矿建造,并有 Ni 的化探异常显示
4	A2207201004	A 类预测区	与已知矿床具有相同的构造环境,出露有含矿建造,并有 Ni 的化探异常显示,并有已知矿床
5	C2207201005	C 类预测区	与已知矿床具有相同的构造环境,出露有含矿建造,并有 Ni 的化探异常显示
6	B2207201006	B 类预测区	与已知矿床具有相同的构造环境,出露有含矿建造,并有 Ni 的化探异常显示,并有已知矿床(点)
7	B2207201007	B 类预测区	与已知矿床具有相同的构造环境,出露有含矿建造,并有 Ni 的化探异常显示,并有已知矿床(点)
8	A2207201008	A 类预测区	构造环境有利于成矿,出露有含矿建造,并有套合 Ni 的多元素化探异常,并有已知的矿床
9	C2207201009	C 类预测区	与已知矿床具有相同的构造环境,出露有含矿建造,并有 Ni 的化探异常显示
10	C2207201010	C 类预测区	与已知矿床具有相同的构造环境,出露有含矿建造,并有 Ni 的化探异常显示
11	A2207202011	A 类预测区	构造环境有利于成矿,出露有含矿建造,并有套合 Ni 的多元素化探异常,并有已知的矿床
12	A2207201012	A 类预测区	构造环境有利于成矿,出露有含矿建造,并有套合 Ni 的多元素化探异常,并有已知的矿床
13	B2207201013	B 类预测区	与已知矿床具有相同的构造环境,出露有含矿建造,并有 Ni 的化探异常显示,并有已知矿床(点)
14	C2207201014	C 类预测区	与已知矿床具有相同的构造环境,出露有含矿建造,并有 Ni 的化探异常显示

续表 6-7-1

序号	最小预测区编号	最小预测区级别	预测区地质评价
15	C2207202015	C类预测区	与已知矿床具有相同的构造环境，出露有含矿建造，并有Ni的化探异常显示
16	C2207202016	C类预测区	与已知矿床具有相同的构造环境，出露有含矿建造，并有Ni的化探异常显示
17	C2207202017	C类预测区	与已知矿床具有相同的构造环境，出露有含矿建造，并有Ni的化探异常显示
18	A2207301018	A类预测区	构造环境有利于成矿，出露有含矿建造，并有套合Ni的多元素化探异常，并有已知的矿床
19	A2207301019	A类预测区	构造环境有利于成矿，出露有含矿建造，并有套合Ni的多元素化探异常，并有已知的矿床

三、评价结果综述

通过对吉林省镍矿产预测工作区的综合分析，依据最小预测划分条件共划分19个最小预测区，预测了吉林省镍矿资源潜力1 161 653.62t，从吉林省几十年镍矿的找矿经验和吉林省镍矿成矿地质条件看，在目前的经济技术条件下，吉林省镍矿找矿潜力巨大。

四、预测工作区资源总量成果汇总

1. 按精度

预测工作区预测资源量按精度统计表见表6-7-2。

表6-7-2　预测工作区预测资源量按精度统计表

预测工作区序号	预测工作区名称	精度		
		334-1/t	334-2/t	总计/t
1	红旗岭	579 921.73	652.90	
2	双凤山		10 398.16	
3	川连沟-二道岭子		10 560.43	
4	漂河川	98 966.02	5 694.13	
5	大山咀子		13 112.19	
6	赤柏松-金斗	276 219.10		
7	六棵松-长仁	73 584.54	2 640.25	
8	大肚川-露水河		33 564.71	
9	荒沟山-南岔	56 339.46		
合计		1 085 030.85	76 622.77	1 161 653.62

2. 按深度

预测工作区预测资源量按深度统计表见表 6－7－3。

表 6－7－3　预测工作区预测资源量按深度统计表

序号	名称	500m 以浅/t		1000m 以浅/t		2000m 以浅/t	
		334－1	334－2	334－1	334－2	334－1	334－2
1	红旗岭	112 503.05	217.63	315 910.82	435.27	579 921.73	652.90
2	双凤山		3 466.05		6 932.11		10 398.16
3	川连沟-二道岭子		545.48		5 552.96		10 560.43
4	漂河川	55 372.64	3 558.83	98 966.02	5 694.13	98 966.02	5 694.13
5	大山咀子		4 370.73		8 741.46		13 112.19
6	赤柏松-金斗	44 686.37		136 759.40		276 219.10	
7	六棵松-长仁	73 584.54	2 640.25	73 584.54	2 640.25	73 584.54	2 640.25
8	大肚川-露水河		11 188.23		22 376.47		33 564.71
9	荒沟山-南岔	19 445.97		38 840.81		56 339.46	
合计		305 592.57	25 987.20	664 061.59	52 372.65	1 085 030.85	76 622.77

3. 按矿床类型

工作区预测资源量按矿产类型统计表见表 6－7－4。

表 6－7－4　工作区预测资源量按矿产类型统计表

矿床类型	预测工作区序号	预测工作区名称	精度			
			334－1/t	334－2/t	334－1 总计/t	334－2 总计/t
侵入岩型	1	红旗岭	579 921.73	652.90	1 028 691.39	76 622.77
	2	双凤山		10 398.16		
	3	川连沟-二道岭子		10 560.43		
	4	漂河川	98 966.02	5 694.13		
	5	大山咀子		13 112.19		
	6	赤柏松-金斗	276 219.10			
	7	六棵松-长仁	73 584.54	2 640.25		
	8	大肚川-露水河		33 564.71		
变质型	9	荒沟山-南岔	56 339.46		56 339.46	
合计			1 085 030.85	76 622.77	1 085 030.85	76 622.77

4. 按可利用性类别

工作区预测资源量按可利用性统计表见表 6-7-5。

表 6-7-5　工作区预测资源量按可利用性统计表

预测工作区序号	预测工作区名称	可利用		暂不可利用	
		334-1/t	334-2/t	334-1/t	334-2/t
1	红旗岭	579 921.73	652.90		
2	双凤山		10 398.16		
3	川连沟-二道岭子		10 560.43		
4	漂河川	98 966.02	5 694.13		
5	大山咀子		13 112.19		
6	赤柏松-金斗	276 219.10			
7	六棵松-长仁	73 584.54	2 640.25		
8	大肚川-露水河		33 564.71		
9	荒沟山-南岔	56 339.46			
合计		1 085 030.85	76 622.77		

5. 按可信度统计分析

1)预测资源量可信度确定原则

对于有已知矿床存在，深部探矿工程见矿最大深度以上的预测资源量，可信度≥0.75；最大深度以下部分合理估算的预测资源量，可信度 0.5～0.75。

对于有已知矿点或矿化点存在，含矿建造发育，化探异常推断为由矿体引起，探矿工程见矿最大深度以下部分合理估算的预测资源量，或经地表工程揭露，已经发现矿体，但没有经深部工程验证的预测资源量，其 500m 以浅预测资源量可信度≥0.75，500～1000m 预测资源量可信度为 0.5～0.75，1000m 以下预测资源量可信度 0.25～0.5。

对于建造发育，化探异常推断为由矿体引起，仅以地质、物探、化探异常估计的预测资源量，其 500m 以浅预测资源量可信度≥0.5，500～1000m 预测资源量可信度 0.25～0.5，1000m 以下预测资源量可信度≤0.25。

2)预测资源量可信度统计

吉林省镍矿共预测资源量 1 161 653.62t。

预测资源量可信度估计概率≥0.75 的有 1 086 849.59t，其中 334-1 预测资源量为 1 076 289.16t，334-2 预测资源量为 10 560.43t。

预测资源量可信度估计概率 0.5～0.75 的有 18 116.87t，其中 334-1 预测资源量为 8 741.69t，334-2 预测资源量为 9 375.18t。

预测资源量可信度估计概率 0.25～0.5 的有 56 687.16t，全部为 334-2 预测资源量。见表 6-7-6。

3)预测资源量可信度分析

地质体积法吉林省预测资源量结果为 1 161 653.62t。可信性估计概率≥0.75 的占 93.56%，可信性估计概率 0.5～0.75 的占 1.56%，可信性估计概率 0.25～0.5 的占 4.88%。

表 6-7-6 预测工作区预测资源量可信度统计分析

预测工作区编号	预测工作区名称	≥0.75			0.75～0.5			0.5～0.25			<0.25		
		334-1/t	334-2/t	334-3/t	334-1/t	334-2/t	334-3/t	334-1/t	334-2/t	334-3/t	334-1/t	334-2/t	334-3/t
1	红旗岭	579 921.73							652.90				
2	双凤山					9 375.18			1 022.98				
3	川连沟-二道岭子		10 560.43										
4	漂河川	98 966.02							5 694.13				
5	大山咀子								13 112.19				
6	赤柏松-金斗	276 219.10											
7	六棵松-长仁	64 842.85			8 741.69				2 640.25				
8	大肚川-露水河								33 564.71				
9	荒沟山-南岔	56 339.46											
合计		1 076 289.16	10 560.43		8 741.69	9 375.18			56 687.16				

0～500m预测资源量可信度分析。0～500m预测资源量331 579.78t,其中可信性估计概率>0.75的297 396.36t,占89.69%,可信性估计概率0.5～0.75的11 866.75t,占3.58%,可信性估计概率0.25～0.5的22 316.67t,占6.73%。

500～1000m预测资源量可信度分析。500～1000m预测资源量716 434.23t,其中可信性估计概率>0.75的660 872.86t,占92.24%,可信性估计概率0.5～0.75的14 991.81t,占2.10%,可信性估计概率0.25～0.5的40 569.56t,占5.66%。

1000～2000m预测资源量可信度分析。1000～2000m预测资源量1 161 653.62t,其中可信性估计概率>0.75的1 086 849.60t,占93.56%,可信性估计概率0.5～0.75的18 116.87t,占1.56%,可信性估计概率0.5～0.25的56 687.15t,占4.88%。

第八节　全省镍资源总量潜力分析

吉林省已查明镍资源储量按照矿产预测类型分类统计。

本次预测沉积变质型模型区内查明资源总量为1213t,占累计查明资源总量的0.27%;侵入岩浆型模型区内查明资源总量为416 339t,占累计查明资源总量的92.79%。

吉林省目前探明的镍矿资源储量全部为近期可利用资源。从本次预测的资源量分析,探明资源量与总资源量(探明资源量+预测资源量)25%。说明吉林省镍矿找矿资源潜力巨大。

第七章　镍矿种成矿规律总结

第一节　成矿区带划分

根据吉林省镍矿的控矿因素、成矿规律、空间分布，在参考全国成矿区带划分、吉林省综合成矿区带划分的基础上，对吉林省镍矿单矿种成矿区带进行了详细的划分，见表 7-1-1。

表 7-1-1　吉林省镍矿成矿区带划分表

Ⅰ级	Ⅱ级	Ⅲ级	Ⅲ级亚带	Ⅳ级	Ⅴ级	代表性矿床
Ⅰ-4 滨太平洋成矿域	Ⅱ-12 大兴安岭成矿省	Ⅲ-50 突泉-翁牛特成矿带				
	Ⅱ-13 吉黑成矿省	Ⅲ-55 吉中-延边（活动陆缘）Cu 成矿带	Ⅲ-55-①吉中 Cu 成矿亚带	Ⅳ$_{2}$ 山门-乐山 Ni 成矿带	Ⅴ$_{2}$ 山门 Ni 找矿远景区	山门镍矿
				Ⅳ$_{7}$ 红旗岭-漂河川 Ni 成矿带	Ⅴ$_{22}$ 红旗岭 Cu 找矿远景区	红旗岭铜镍矿
					Ⅴ$_{23}$ 漂河川 Cu 找矿远景区	漂河川铜镍矿
			Ⅲ-55-②延边 Cu 成矿亚带	Ⅳ$_{9}$ 大蒲柴河-天桥岭 Ni 成矿带	Ⅴ$_{25}$ 大蒲柴河 Ni 找矿远景区	
				Ⅳ$_{12}$ 天宝山-开山屯 Ni 成矿带	Ⅴ$_{37}$ 天宝山 Ni 找矿远景区	
					Ⅴ$_{38}$ 长仁 Ni 找矿远景区	长仁铜镍矿
	Ⅱ-14 华北（陆块）成矿省	Ⅲ-56 辽东（隆起）Cu 成矿带	Ⅲ-56-①铁岭-靖宇（次级隆起）Cu 成矿亚带	Ⅳ$_{13}$ 柳河-那尔轰 Ni 成矿带		
					Ⅴ$_{44}$ 王家店 Ni 找矿远景区	
				Ⅳ$_{14}$ 夹皮沟-金城洞 Ni 成矿带	Ⅴ$_{47}$ 两江 Ni 找矿远景区	
					Ⅴ$_{48}$ 金城洞 Ni 找矿远景区	
				Ⅳ$_{15}$ 二密-靖宇 Ni 成矿带		
					Ⅴ$_{51}$ 赤柏松 Ni 找矿远景区	赤柏松铜镍矿
				Ⅳ$_{17}$ 集安-长白 Ni 成矿带	Ⅴ$_{58}$ 青石 Ni 找矿远景区	
					Ⅴ$_{59}$ 南岔-荒沟山 Ni 找矿远景区	

第二节　区域成矿规律

一、地质构造背景演化及镍矿成矿规律

(一)地质构造背景演化

太古宙陆核形成阶段:其表壳岩都为一套基性火山-硅铁质建造,以含 Fe、含 Au 为特征;变质深成侵入体为石英闪长质片麻岩-英云闪长质片麻岩-奥长花岗质片麻岩、变质二长花岗岩为主。成矿以 Fe、Au、Cu 为主,但 Cu 矿多为共伴生矿产。

古元古代陆内裂谷(拗陷)演化阶段:新太古代末期的构造拼合作用使得吉南地区形成统一的龙岗复合陆块,在古元古代早期以赤柏松岩体群侵位为标志,开始裂解形成裂谷,并伴有 Cu、Ni 矿化,形成赤柏松铜镍矿床。裂谷主体即为所谓的"辽吉裂谷带",裂谷早期沉积物为一套蒸发岩-基性火山岩建造,以含 Fe、B 为特征。古元古代晚期已形成的克拉通地壳发生拗陷,形成坳陷盆地,其早期沉积物为一套石英砂岩建造;中期为一套富镁碳酸盐岩建造,以含 Mg、Au、Pb、Zn 为特点;上部为一套页岩-石英砂岩建造,富含 Au、Fe、Cu,代表性矿床有大横路铜钴矿,但该阶段形成的 Cu 矿多为共伴生矿产;古元古代末期盆地闭合,见有巨斑状花岗岩侵入。

新元古代—晚古生代古亚洲构造域多幕陆缘造山阶段:新元古代—古生代吉南地区构造环境为稳定的克拉通盆地环境,其沉积物为典型的盖层沉积,其中新元古界下部为一套河流红色复陆屑碎屑建造;中部为一套单陆屑碎屑建造夹页岩建造,以含 Au、Fe 为特点;上部为一套台地碳酸盐岩-藻礁碳酸盐岩-礁后盆地黑色页岩建造组合。下古生界下部为一套红色页岩建造,红色页岩夹浅海碳酸盐岩建造,以含 P、石膏为特征;上部为台地碳酸盐岩建造,大多可作为水泥灰岩利用。上古生代早期为含煤单陆屑建造,构成了浑江煤田的主体,晚期为一套河流相红色多陆屑建造。

在吉黑造山带上前寒武纪末期至早寒武世,吉中地区处于华北板块稳定大陆边缘的中亚-蒙古洋扩张中脊形成阶段,早寒武世在九台的机房沟、四平的下二台一带具有拉张过渡壳特征,主要形成了一套大洋底基性火山喷发,夹有碎屑岩、少量碳酸盐岩和含 Fe、Mn 沉积,构成一套完整的火山沉积旋回。

延边地区的海沟地区、万宝地区的粉砂岩及板岩和龙白石洞地区的大理岩均见有具刺凝源类或波罗的刺球藻等化石,敦化地区的塔东岩群一般认为也可与黑龙江的张广才岭群对比,时代为新元古代晚期。塔东岩群以 Fe、V、Ti、P 成矿为主。海西期侵入岩以 Cu、Ni、Pt、Pd 成矿作用为主,代表性矿床有仁和洞铜镍矿。

中晚石炭世—早二叠世地层主要为一套碳酸盐岩建造,中二叠世为一套海相陆源碎屑岩夹火山岩建造,晚二叠世—早三叠世为陆相磨拉石建造。海西早期形成 2 条花岗岩带,1 条为和龙百里坪-敦化六棵松二叠纪花岗岩带,为一套钙碱性—碱性花岗岩组合;另 1 条为延吉依兰-敦化官地二叠纪花岗岩带,同样为一套钙碱性系列花岗岩。同时,可见有超铁镁岩侵入,见有 Cr 矿化,代表性矿床有龙井彩秀洞铬铁矿点。海西晚期在所谓的槽台边界构造带内形成 1 条东起龙井江域经和龙长仁、海沟直至桦甸色洛河的几千米到十几千米宽的构造岩片堆叠带,带内堆叠了不同时代不同性质的构造岩片,以富含 Au 为特点。

古亚洲多幕造山运动结束于三叠纪,其侵入岩标志为长仁-獐项镁铁—超镁铁质岩体群的就位,在区域上构造了长仁-漂河川-红旗岭镁铁质—超镁铁质岩浆岩带,以 Cu、Ni 成矿作用为主,代表性矿床有长仁铜镍矿。而同期沉积作用的标志为白水滩拉分盆地的陆相含煤碎屑岩建造。

中新生代滨太平洋构造域演化阶段：晚三叠世以来，吉林省进入滨太平洋构造域的演化阶段，受太平洋板块向欧亚板块俯冲作用的影响，在吉南地区浑江小河口、抚松小营子等地形成断陷含煤盆地，同时，在长白地区发育有长白组火山岩，在通化龙头村等地见有石英闪长岩-花岗闪长岩-二长花岗岩侵入；早侏罗世的构造活动基本延续晚三叠世的活动特征，其中主要沉积物为一套陆相含煤建造，代表性盆地有临江的义和盆地、辉南杉松岗盆地等，但火山岩不发育。侵入岩为一套石英闪长岩-花岗闪长岩-二长花岗岩-白云母花岗岩组合；中侏罗世—早白垩世受太平洋板块斜俯冲作用的影响，区内形成一系列北东向走滑拉分盆地，沉积一系列火山-陆源碎屑岩，其中中侏罗世为一套红色细碎屑岩，晚侏罗世为一套钙碱性火山岩，早白垩世为一套钙碱性—偏碱性火山岩夹陆源碎屑岩，局部夹煤（如石人盆地），与火山岩相伴出现一套岩石地球化学相当的侵入岩，局部地段见碱性花岗岩侵入。

晚三叠世早期，在吉黑造山带上，沿两江构造形成安图两江-汪清天桥岭幔源侵入岩带，主要出露在安图两江、三岔、青林子、亮兵、汪清天桥岭等地，大致沿两江断裂带的北段呈小岩株状出露，岩性为一套碱性辉长岩、角闪正长岩、石英正长岩、碱长花岗岩组合。以 Fe、V、Ti、P 成矿作用为主，代表性矿床有三岔铁矿点、南土城子铁矿点。晚三叠世中晚期钙碱性岩系侵位，构成了和龙三合-珲春-东宁老黑山晚三叠世花岗岩带，岩性为闪长岩-石英闪长岩-花岗闪长岩-二长花岗岩组合。以 Au、Cu、W 成矿作用为主，代表性矿床有小西南岔金铜矿。与此同时，伴生有大量火山喷发，形成一系列火山盆地，代表性盆地有天宝山盆地，天桥岭盆地等。两者共同构成了滨西太平洋的晚三叠世岩浆弧，与之相关的次火山岩具有多金属成矿作用，代表性矿床有天宝山多金属矿。

早侏罗世—中侏罗世基本上继承了晚三叠世岩浆弧的特点，但火山作用不明显，未见火山岩及沉积岩层，而钙碱性侵入岩较发育，但有 2 条侵入岩带，1 条为和龙崇善-汪清春阳早侏罗世花岗岩带，岩性为闪长岩-石英闪长岩-花岗闪长岩-二长花岗岩-碱长花岗岩组合；另 1 条为大蒲柴河中侏罗世花岗岩带，岩性为花岗闪长岩-似斑状花岗岩闪长岩-二云母花岗组合。

晚侏罗世岩浆作用以火山喷发为主，形成一套钙碱性火山岩系（屯田营组），侵入岩仅在火山盆地周边局部发育，具有次火山岩的特点。及至早白垩世随着欧亚板块的向外增生，受太平洋板块俯冲的远距离效应的影响，地壳明显处于拉分的状态，具有向裂谷系方向演化的特点，形成一系列断陷盆地，沉积了一系列陆相含煤建造（长财组），偏碱性火山岩建造（泉水村组）及含油建造（大拉子组），同时伴生有碱性花岗岩侵入（和龙仙景台岩体）。

晚白垩世盆地的裂谷性质已趋成熟，其中罗子沟等盆地发现有覆盖在大拉子组之上的一套安山玄武岩-流纹岩组合，具有双峰式火山岩的特点；而龙井组可能代表了该时期的类磨拉石建造。

晚侏罗世—白垩纪是吉黑造山带的一个重要成矿期，成矿以 Au、Cu 为主，矿产地众多，代表性的有五凤金矿、刺猬沟金矿、九三沟金矿等。

新生代以来火山作用加剧，火山喷发物为大陆拉斑玄武岩-碱性玄武岩-粗面岩-碱流岩组合。

新生代地质体主要分布在长白山地区，为一套裂谷型大陆拉斑玄武岩-碱性玄武岩-碱流岩组合，以及少量河湖相砂砾岩夹硅藻土，另外在敦密构造带见有少量古近纪辉长岩侵入，同位素年龄为 32Ma 左右。

（二）镍矿成矿规律

通过对 9 个预测工作区、5 个典型矿床的研究，对不同成矿预测类型的铜矿床成矿规律总结如下。

1. 沉积变质型

分布在荒沟山-南岔预测工作区。

1）空间分布

主要分布在辽吉裂谷区的大横路-杉松岗地区。

2)成矿时代

古元古代晚期,成矿时代为18亿年左右。

3)大地构造位置

前南华纪华北东部陆块(Ⅱ)胶辽吉元古宙裂谷带(Ⅲ)老岭坳陷盆地内。

4)矿体特征

矿体主要赋存在花山岩组第二岩性段含碳绢云千枚岩中。矿体主要受三道阳岔-三岔河复式背斜北西翼次一级褶皱构造控制。矿体均呈层状、似层状、分枝状或分枝复合状,矿体均赋存在同一含矿层内,与围岩呈渐变关系,并同步褶皱,矿体连续性好。

5)地球化学特征

矿区碳质绢云千枚岩稀土总量$161.39\times10^{-6}\sim249.09\times10^{-6}$,轻重稀土分馏明显,δEu与δCe为负异常。绢云千枚岩夹薄层石英岩稀土总量$49.09\times10^{-6}\sim55.09\times10^{-6}$,轻重稀土分馏不明显,δEu与δCe为负异常。含矿石英脉稀土总量$28.8\times10^{-6}\sim67.38\times10^{-6}$,轻重稀土分馏明显,δEu为负异常,δCe为明显的正异常。金属硫化物稀土总量18.19×10^{-6},δEu与δCe为负异常,说明铜钴矿床成矿物质及围岩与岩浆活动无关。

金属硫化物黄铁矿、闪锌矿、方铅矿、黄铜矿硫同位素组成较稳定,$\delta^{34}S$变化介于$5.13\times10^{-3}\sim10.12\times10^{-3}$之间,在$\delta^{34}S$ $7.0\times10^{-3}\sim9.0\times10^{-3}$间出现的频率最高。硫同位素组成特征反映了成矿硫质来源的单一性。与岩浆硫特征相去甚远,与沉积硫相比较分布较窄,则成矿硫质来源可能为混合来源,亦或继承了物源区硫同位素的分布特征。

铅同位素地球化学特征较稳定,反映了铅矿石与围岩组成的一致性。

6)成矿地球物理化学条件

成矿压力1170×10^{5} Pa,相应成矿深度约4.25 km,这一深度及温压数据与该区绿片岩相区域变质条件基本一致。

7)控矿条件

区域上直接赋矿层为一套富含碳质的千枚岩,严格受这一层位的控制,且矿石品位的变化明显与碳质含量变化有关,这些特征反映了地层的控矿作用。

8)成矿作用及演化

太古宙地体经长期风化剥蚀,陆源碎屑及大量Cu、Co组分被搬运到裂谷海盆中,与海水中S等相结合,或被有机质、碳质或黏土质吸附,固定沉积物中,实现了Cu、Co金属硫化物富集,形成原始矿层或"矿源层"。之后在辽吉裂谷的抬升回返过程中,含矿地层发生褶皱和断裂,为热液环流提供了构造空间。同时在伴随的区域变质作用下,Cu、Co及其伴生组分,发生活化变质热液从围岩和原始矿层或"矿源层"中萃取Cu、Co及其伴生组分,形成含矿热液,含矿热液运移到有利的构造空间沉淀或叠加到原始矿层或"矿源层"之上,使成矿构造进一步富集成矿。矿床属沉积变质热液矿床。

2.侵入岩体型

分布在红旗岭、双凤山、川连沟-二道岭子、漂河川、赤柏松-金斗、六棵松-长仁、大山咀子、大肚川-露水河、荒沟山-南岔预测工作区。

1)空间分布

大部分分布在吉黑造山带吉中-延边地区,龙岗复合地块区辽吉裂谷的北缘赤柏松-金斗、正岔-复兴地区。

2)成矿时代

225Ma前后的印支中期为主要成矿时代。

3)大地构造位置

天山-兴蒙-吉黑造山带(Ⅰ)包尔汉图-温都尔庙弧盆系(Ⅱ)下二台-呼兰-伊泉陆缘岩浆弧(Ⅲ)清河-西保安-江域岩浆弧(Ⅲ)。

前南华纪华北东部陆块(Ⅱ)龙岗-陈台沟-沂水前新太古代陆核(Ⅲ)板石新太古代地块(Ⅳ)内的二密-英额布中生代火山-岩浆盆地的南侧。

4)矿体特征

一是似层状矿体赋存在岩体底部橄榄辉岩相中,上悬透镜状矿体主要赋存于橄榄岩相的中、上部,脉状矿体发育于岩体两侧边部,纯硫化物矿脉多见于似层状矿体的原生节理中。

二是似板状矿体含矿岩石主要是顽火辉岩或蚀变辉岩,脉状矿体主要产于辉橄岩脉中,纯硫化物脉状矿体产于顽火辉岩与辉橄岩脉的接触破碎带中。

三是受压扭性-张扭性复性断裂控制的矿体走向北北东或近南北,向西或北西西倾斜;受张扭性-压扭性复性断裂控制的矿体走向北西,倾向南西。

5)地球化学特征

岩体相同的硫同位素组成,相似的稀土分布模型,相近的辉石组成和金属矿物组合,说明它们成分上的同源性,它们均有幔源性。

6)成矿地球物理化学条件

矿石中硫化物包体测温资料,硫化物结晶温度约300℃,且浸染状矿石早晶出于块状矿石;岩体矿石包体测温结果:磁黄铁矿爆裂温度290℃~300℃,结合岩带中其他含矿岩体矿石包体测温资料,推测硫化物结晶温度低于300℃。

7)控矿条件

基性—超基性岩体为含矿岩体、中性-中酸性闪长岩、闪长玢岩、花岗斑岩体。

区域上受槽台两大构造单元接触带辉发河-古洞河超岩石圈断裂控制,是区域导岩构造。与辉发河-古洞河超岩石圈断裂有成因联系的次一级北西向断裂是控岩控矿构造。

8)成矿作用及演化

具有两种熔离作用,即深部熔离作用和就地熔离作用。岩体中造岩、造矿元素和矿物的分布特征,表明岩浆侵位于岩浆房后,发生了液态重力分异。从而导致上部基性岩相及下部超基性岩相的形成。且由于岩浆在分异演化过程中,当分异作用达到一定程度时,随岩浆酸度的增加,降低了硫化物熔融体的溶解度,促成了熔离作用的发生。经熔离生成的硫化物熔浆因重力作用而沉于岩体底部,而部分硫化物熔浆则顺层贯入岩体底板的片岩中,从而形成目前岩体中的硫化镍矿床。根据矿石中硫化物包体测温资料,硫化物结晶温度在300℃左右,且浸染状矿石早晶出于块状矿石。

二、区域成矿规律图编制

通过对镍矿种成矿规律研究,从典型矿床到预测工作区成矿要素及预测要素的归纳总结,编制了吉林省镍矿区域成矿规律图。

1.底图

成矿规律图应采用成矿地质背景组编制的1∶50万吉林省大地构造相图为底图,但因大地构造相图没有及时完成,现采用1∶50万吉林省地质图。

2.编图内容

区域成矿规律图中反映了镍矿床、矿点、矿化点及与其共生矿种的规模、类型、成矿时代;成矿区带界线及区带名称、编号、级别;与镍矿种的主要和重要类型矿床勘查与预测有关和综合预测信息;主要矿化蚀变标志;圈定了主要类型矿床和远景区及级别。

3. 矿种的选择

吉林省镍成矿规律图所表达的矿种主要是镍及与镍共伴生的矿种,与本次预测无关或在成因上没有必要联系的其他矿种图面上没有表达。

第八章　勘查部署工作建议

第一节　已有勘查程度

吉林省镍矿经过了几十年的勘查及研究，但已往镍矿勘查工作程度较低。在勘查区域上只是对典型矿床所在区域进行了大比例尺的工作，其他地区没有开展深入工作。在勘查程度上只有红旗岭预测工作区、赤柏松-金斗预测工作区、荒沟山-南岔预测工作区较高，达到详查以上工作程度。除红旗岭预测工作区、赤柏松-金斗预测工作区个别最大勘探深度达到700m左右，大部分地区仍然停留在普查以下，勘探深度只在300m左右。

第二节　矿业权设置情况

吉林省镍矿矿业权设置主要集中在红旗岭预测工作区、漂河川预测工作区、赤柏松-金斗预测工作区、六棵松-长仁预测工作区，其余预测工作区零星分布。

第三节　勘查部署建议

一、工作程度较高的地区

在工作程度较高的红旗岭预测工作区、漂河川预测工作区、赤柏松-金斗预测工作区、六棵松-长仁预测工作区开展深部找矿工作，加大外围勘探。

二、工作程度较低的地区

对工作程度较低的预测工作区，应有计划的系统地开展地质找矿工作，加大1∶5万矿产资源调查，加强矿产预查、普查工作。

本次结合地质、物探、化探、遥感等资料成果重新进行综合分析，圈定了1∶5万预测工作区中的最小预测区共19个，并进行了相应的分级，其中A级预测区8个，为成矿条件良好区，具有良好的找矿前景；B级预测区3个，成矿条件较好，具有较好的找矿前景。因此应注意对这些可能有中、大型矿床的预测区组织力量开展矿产勘查工作。

第四节　勘查机制建议

着眼当前，兼顾长远。围绕解决资源瓶颈问题重点部署相关工作，工作安排突出重点成矿区带，围绕工作程度相对较高的重点勘查区部署矿产勘查工作，力争近期取得重大突破，同时对基础地质调查和矿产资源远景调查评价工作进行详细安排，为今后的矿产勘查工作提供选区。

统筹协调，有机衔接。按照"公益先行，基金衔接，商业跟进，整装勘查，快速突破"的原则，尊重市场经济规律和地质工作规律，主要依靠社会资金开展勘查工作，公益性地质工作主要打好找矿基础，摸清资源潜力，积极引入商业性矿产勘查，发挥地勘基金调控和降低勘查风险的作用。鼓励地勘单位的专业技术优势与矿业企业资金管理优势的联合，协调推进，集团施工，加快推进整装勘查的实施。

因地制宜，分类实施。对于工作程度较低的重点区域，统筹规划，主要由财政资金投入勘查，已经具有一定工作基础、有望达到大型矿产地的普查区矿产地引进大企业规模开发，中小型矿产地进行储备。其他地区由财政资金开展前期基础地质调查和矿产远景调查工作，后续的风险勘查工作主要由社会资金承担。

统一部署，联合攻关。在整装勘查区内根据工作程度，统筹部署地质填图、区域地球化学、区域地球物理等基础地质工作以及矿产远景调查、矿产勘查和科学研究工作。大力推广新技术新方法的应用，加强成果集成和综合研究，深化成矿规律认识，指导区内找矿。

深挖掘资料，有序推进。充分利用国土资源大调查、战略性矿产远景调查、危机矿山接替资源找矿以及吉林省矿产资源潜力评价等专项成果与资料，以现代成矿理论为指导，研究成矿规律，总结找矿模武，充分依靠现代深部探测方法技术，应用地质、物探、化探、遥感和探矿工程等综合手段；加大深部验证力度，加强综合研究，全面统筹安排整装勘查，相互衔接，有序推进。

深浅部结合，整体控制。矿产远景调查、矿产调查评价和矿产普查、详查工作要合理安排各种地质、物探、化探工作和探矿工程，构成一个整体。对主要矿床、主要矿体加大工程验证和控制力度，进行浅、中、深部整体控制，查明资源储量；同时加强外围找矿，扩大勘查区资源远景，力求通过系统的勘查工作形成接替资源基地。

地表转隐伏，攻深找盲。随着地质工作程度提高，特别是东部地区，要从找地表矿向找深部隐伏矿转变，建立模式找矿理念。以当代成矿理论为指导，加强矿化富集规律研究和找矿模式的总结与运用，综合应用大比例尺地质、物探、化探等手段，充分依靠现代深部探测方法技术，开展深部找矿预测，加大钻探验证力度。

产学研结合，培养人才。为进一步加强产学研相结合，拟将吉林大学纳入项目承担单位的范畴，发挥高校优势，既解决与成矿有关的重大理论问题，又培养具有理论知识和实际经验的合格人才。

第五节　未来勘查开发工作预测

一、吉林省镍矿预测资源量

(1)红旗岭预测工作区：334－1为579 921.73t，334－2为652.90t，合计580 574.63t。

(2)双凤山预测工作：334－2为10 398.16t。

(3)川连沟-二道岭子预测工作区：334－2为10 560.43t。

(4)漂河川预测工作区:334－1为98 966.02t,334－2为5 694.13t,合计104 660.15t。

(5)大山咀子预测工作区:334－2为13 112.19t。

(6)赤柏松-金斗预测工作区:334－1为276 219.10t。

(7)六棵松-长仁预测工作区:334－1为73 584.54t,334－2为2 640.25t,合计76 224.79t。

(8)大肚川-露水河预测工作区:334－2为33 564.71t。

(9)荒沟山-南岔预测工作区:334－1为56 339.46t。

二、未来开发基地预测

根据镍矿预测资源量,对有望形成的资源开发基地、规模、产能等的预测,见表8－5－1。

表8－5－1　吉林省未来镍矿开发基地预测表

序号	基地名称	储量/万t	规模	产能(金属量)/$t \cdot a^{-1}$
1	红旗岭-漂河镇未来镍矿开发基地	68.52	大型	>10 000
2	赤柏松未来镍矿开发基地	27.62	大型	3000～10 000
3	和龙未来镍矿开发基地	7.62	小型	<3000
4	大横路未来铜矿开发基地	5.63	小型	<3000

第九章　结　论

一、取得的主要成果

(1)系统地总结了吉林省镍矿勘查研究历史及存在的问题、资源分布;划分了镍矿矿床类型;研究了镍矿成矿地质条件及控矿因素。从空间分布、成矿时代、大地构造位置、赋矿层位、岩浆岩特点、围岩蚀变特征、成矿作用及演化、矿体特征、控矿条件等方面总结了预测区及吉林省镍矿成矿规律。建立了不同成因类型典型矿床成矿模式和预测模型。

(2)确立了不同预测方法类型预测工作区的成矿要素和预测要素,建立了不同预测方法类型预测工作区的成矿模式和预测模型。

(3)第一次全面系统地用地质体积法预测了吉林省镍矿不同级别的资源量。在9个镍矿预测工作区中圈定了5个模型区,14个最小预测区。

(4)对吉林省镍矿未来勘查工作规划提出了部署建议,对未来矿产开发基地进行了预测。

二、质量评述

(1)本次预测工作的全部技术流程完全是按照全国项目办的矿产预测技术要求和预测资源量技术估算技术要求(2010年补充)开展的,技术含量较高,预测的资源量可靠。

(2)所有工作几乎全部做到三级质量检查,成果质量是可信的,是几十年来少有的高水平、全面系统的科研成果。

三、建议

建议将来开展此项工作,要调整技术流程。首先应该在1∶25万或1∶20万建造构造图的基础上,叠加1∶20万物探、化探异常,在此基础上圈定1∶25万或1∶20万尺度的预测区;在1∶25万或1∶20万尺度预测区的范围内编制1∶5万构造建造图,叠加1∶5万物探化探异常,得到1∶5万最小预测区,开展资源储量预测;在1∶5万最小预测区的基础上亦可开展更大比例尺的资源预测。

四、致谢

本书是吉林省地质工作者集体智慧的结晶,在编写过程中参考和援引了大量前人的科研成果,由于时间和通信等因素制约,没能和每一位原作者取得联系,在此,对他们的辛勤劳动表示崇高的敬意和衷心的感谢!

原吉林省国土资源厅田力厅长、滕纪奎副厅长、杨振华处长等,在项目的实施过程中积极组织领导、落实资金、组织协调,对各种问题做出的指示或指导性意见与建议,确保了项目的顺利实施,在此表示衷心的感谢!

原吉林省地质矿产勘查开发局郭文秀局长,吉林省地质调查院赵志院长、刘建民副院长在整个项目的实施过程中给予技术上和人员上的大力支持;陈尔臻教授级高工在项目的实施过程中给予悉心的技术指导,提出了宝贵的建议。在此一并致以诚挚的谢意!

主要参考文献

长春地质学院地勘系地层科研组，1975. 吉中地区石炭二叠纪地层[J]. 吉林大学学报（地球科学版），1：31－75.

陈毓川，王登红，等，2010. 全国重要矿产和区域成矿规律研究技术要求[M]. 北京：地质出版社.

陈毓川，王登红，等，2010. 重要矿产预测类型划分方案[M]. 北京：地质出版社.

董耀松，范继璋，杨言辰，等，2004. 吉林红旗岭铜镍矿床的地质特征及成因[J]. 现代地质，18(2)：6.

范正国，黄旭钊，熊盛青，等，2010. 磁测资料应用技术要求[M]. 北京：地质出版社.

龚一鸣，杜远生，冯庆来，等，1996. 造山带沉积地质与圈层耦合[M]. 武汉：中国地质大学出版社.

吉林省地质矿产局，1989. 吉林省区域地质志[M]. 北京：地质出版社.

贾大成，1988. 吉林中部地区古板块构造格局的探讨[J]. 吉林地质，(3)61－67.

姜春潮，1957. 东北南部震旦纪地层[J]. 地质学报，1：33－56＋135－140.

蒋国源，沈华悌，1980. 辽、吉地区太古界的划分与对比[C]//中国地质科学院沈阳地质矿产研究所文集(1)：46－68.

金伯禄，张希友，1994. 长白山火山地质研究[M]. 延吉：东北朝鲜民族教育出版社.

李东津，车仁顺，1982. 密山—抚顺大陆裂谷的新生代沉积建造及火山岩特征[J]. 吉林地质，3：32－42.

李东津，万庆有，许良久，等，1997. 吉林省岩石地层[M]. 武汉：中国地质大学出版社.

刘尔义，徐公榆，李云，1984. 吉林省南部晚元古代地层[J]. 中国区域地质，1：33－50.

刘嘉麒，1989. 论中国东北大陆裂谷系的形成与演化[J]. 地质科学，3：209－216.

刘嘉麒，1999. 中国火山[M]. 北京：科学出版社.

欧祥喜，马云国，2000. 龙岗古陆南缘光华岩群地质特征及时代探讨[J]. 吉林地质，19(3)：16－25.

彭玉鲸，苏养正，1997. 吉林中部地区地质构造特征[J]. 沈阳地质矿产研究所所刊，(5/6)：335－376.

邵济安，唐志东，等，1995. 中国东北地体与东北亚大陆边缘演化[M]. 北京：地震出版社.

邵建波，范继璋，2004. 吉南珍珠门组的解体与古-中元古界层序的重建[J]. 吉林大学学报（地球科学版），34(2)：161－166.

松权衡，李景波，于城，等，2002. 白山市大横路铜钴矿床找矿地球化学模式[J]. 吉林地质，21(1)：56－64.

松权衡，魏发，2000. 白山市大横路铜钴矿区稀土元素地球化学特征[J]. 吉林地质，19(1)：5.

松权衡，魏发，罗琛，2000. 白山市大横路铜钴矿区含矿岩系大栗子组原岩性质及沉积环境地球化学特征[J]. 吉林地质，19(3)：55－60.

唐志东，等，1995. 中国东北地体与东北亚大陆边缘演化[M]. 北京：地震出版社.

王集源，吴家弘，1984. 吉林省元古宇老岭群的同位素地质年代学研究[J]. 吉林地质，1：11－21.

王友勤，苏养正，刘尔义，等，1997. 全国地层多重划分对比研究东北区区域地层[M]. 武汉：中国地质大学出版社.

王志新，陈春福、韩雪，等，1991. 吉林省通化-浑江地区金银铜铅锌锑锡比例尺成矿预测报告[R].

长春:吉林省地质矿产局第四地质调查所.

韦延光,王可勇,杨言辰,等,2002.吉林白山市大横路 Cu－Co 矿床变质成矿流体特征[J].吉林大学学报(地球科学版),32(2):128－133.

郗爱华,顾连兴,李绪俊,等,2005.吉林红旗岭铜镍硫化物矿床的成矿时代讨论[J].矿床地质,24(5):6.

向运川,任天祥,牟绪赞,等,2010.化探资料应用技术要求[M].北京:地质出版社.

熊先孝,薛天兴,商朋强,等,2010.重要化工矿产资源潜力评价技术要求[M].北京:地质出版社.

杨言辰,冯本智,刘鹏鹗,2001.吉林老岭大横路式热水沉积叠加改造型钴矿床[J].长春科技大学学报,31(1):40－45.

杨言辰,王可勇,冯本智,2004.大横路式钴(铜)矿床地质特征及成因探讨[J].地质与勘探,40(1):7－11.

姚连兴,萤南庭,1984.吉林省地质矿产局普查找矿总结及今后工作方向[J].吉林地质.3:74－78.

叶慧文,1998.辽东—吉南地区中元古代变质地体的组成及主要特征[J].长春科技大学学报,2:121－126.

叶天竺,姚连兴,萤南庭,1984.吉林省地质矿产局普查找矿总结及今后工作方向[J].吉林地质,3:74－78.

殷长建,1995.吉林省中部早二叠世菊石动物群的发现及石炭二叠系界线讨论[J].吉林地质,2:51－56.

殷长建,2003.吉林南部古—中元古代地层层序研究及沉积盆地再造[D].长春:吉林大学.

于学政,曾朝铭,燕云鹏,等,2010.遥感资料应用技术要求[M].北京:地质出版社.

苑清杨,武世忠,苑春光,1985.吉中地区中侏罗世火山岩地层的定量划分[J].吉林地质,(2):72－76.

张德英,高殿生,1988.吉林省中部上三叠统南楼山组火山岩初议[J].吉林地质,1:65－71.

张秋生,李守义,1985.辽吉岩套——早元古宙的一种特殊化优地槽相杂岩[J].吉林大学学报(地球科学版),1:1－12.

赵冰仪,周晓东,2009.吉南地区古元古代地层层序及构造背景[J].世界地质,28(4):424－429.

赵春荆,等,1996.吉黑东部构造格架及地壳演变[DS].北京:全国地质资料馆,DOI:10.35080/no1.c.84594.

内部参考资料

陈尔臻,彭玉鲸,韩雪,等,2001.中国主要成矿区(带)研究(吉林省部分)[R].长春:吉林省地质矿产勘查开发局.

崔翼万,等,1980.吉林省蛟河县漂河川镍矿 4 号岩体初勘及 5 号岩体普查评价报告(1978－1979年)[R].长春:吉林省地质局第二地质大队.

崔翼万,等,1984.吉林省蛟河-桦甸县漂河川基性岩带镍矿普查总结报告(1976－1983 年)[R].长春:吉林省地质局第一地质大队.

吉林吉恩镍业股份有限公司,2007.吉林省和龙市长仁矿区 4 号岩体镍矿床补充详查报告[R].长春:吉林吉恩镍业股份有限公司.

吉林省地质局通化地区综合地质大队,1976.吉林省通化县赤柏松硫化铜镍矿床Ⅰ号矿体地质勘探报告[R].长春:吉林省地质局通化地区综合地质大队.

吉林省冶金地质勘探公司第七勘探队,1961.吉林省红旗岭矿区 1961 年地质勘探总结报告[R].长春:吉林省冶金地质勘探公司第七勘探队.

吉林省有色金属地质勘查局六〇二队,2005.吉林省临江市杉松岗钴矿详查报告[R].长春:吉林省有色金属地质勘查局六〇二队.

金蓬洙,等,1980.吉林省和龙县獐项-长仁地区铜镍矿区划说明书[R].长春:吉林省地质矿产局第六地质调查所.

金丕兴,高银度,王振中,等,1992.吉林省东部山区贵金属及有色金属矿产成矿预测报告[R].长春:吉林省地质矿产局.

李德威,荀义贵,许秀龙,等,1990.吉林省四平-梅河地区金银铜铅锌锑锡中比例尺成矿预测报告[R].长春:吉林省地质矿产局第三地质调查所.

孙信,等,1991.吉林省延边地区金银铜铅锌锑锡中比例尺成矿预测报告[R].长春:吉林省地质矿产局第六地质调查所.

魏发,松权衡,1997.吉林省白山市大横路铜钴矿床控矿构造及富集规律研究[R].长春:吉林省地质科学研究院.